MaRu-WaKaRiサイエンティフィックシリーズ—I

場の量子論

ディビッド・マクマーホン【著】
David McMahon
富岡 竜太【訳】
Tomioka Ryuta

プレアデス出版

MaRu-WaKaRi サイエンティフィックシリーズ——I

場の量子論

Quantum Field Theory Demystified

by David McMahon

Japanese translation rights arranged with

McGraw-Hill Global Education Holdings, LLC.

through Japan UNI Agency, Inc., Tokyo

著者について

ディビッド・マクマーホン（David McMahon）はサンディア国立研究所の研究員として働いている．彼は物理学と応用数学の学位を持ち，『**Quantum Mechanics Demystified**』，『**Relativity Demystified**』，『**MATLAB Demystified**』などのヒット作の著者でもある．

概略目次

目次

まえがき

場の量子論はアインシュタインの特殊相対論と量子力学の融合である．それは科学者たちが標準模型と呼ぶ重力を除く全ての既知粒子及び相互作用を説明する理論的枠組みの基礎を形作る．建設中の大型ハドロン衝突型加速器（LHC）は標準模型の最終的な部分（ヒッグス機構）をテストして，標準模型を超える物理学を探求するだろう（訳注：2015 年現在，LHC はすでに完成し，ヒッグス粒子も見つかっている）．加えて場の量子論は，全ての既知粒子や力を１つの理論的枠組みに統一する現在のところ最有力候補である弦理論の土台を形作る．いまがこれを学ぶ絶好のチャンスといえるだろう．

場の量子論は科学において最も難しい分野の１つでもある．この本はこの分野に関心を持つ可能な限り多くの人々に，この分野の単純化された掲示を提供することによって，場の量子論へ扉を開くことを目的としている．この本は授業の副読本や自習用として使うのに便利である．ただし，この本はこの分野で使われる数学や数式も含むことはあらかじめご了承頂きたい．

この本は，一部の“専門家”には浅い，あるいは冗長な計算で埋め尽くされていると感じられるかもしれない．しかし，この本は専門家や研究室主席の優秀な大学院生のために書かれたものではなく，この科目が難しいか理解不能と感じている方のために書かれている．新しい人々をこの分野に招くこと，または物理学から遠ざかっていた人々のリフレッシュのために場の量子論の特定の題材が選ばれている．

この本を読み終えた後，場の量子論のほかの本を読むのが易しくなっていることだろう．そしてこの本の巻末の，参考文献リストの更に発展した話題を扱った参考書に取り組むことにより，読者は場の量子論を習得することができるであろう．率直に言って，これらの参考文献を構成している本のすべてがとても素晴らしいのだが，ほとんどが難解である．実際，多くの場の量子論の本は読めたものではない．私のお勧めは，まずこの本を読破し，次にアンソニー・ジー（Anthonyh Zee）による『Quantum Field Theory in a Nutshell』に取り組むことである．この分野のどの本とも違い，読みやすく，素晴らしい物理的直観が詰め込まれている．熟練するか深い理解を目指している方でも，この本を読み終えた後なら，参考文献に挙げた他の本に取り組む能力が付いていることだろう．

あいにく，場の量子論を習うには物理と数学のある程度の予備知識を必要とする．この本では読者がそれを持つものと仮定しているので注意してほしい．この本で要求される予備知識は，量子力学，多少の特殊相対論，ある程度の電磁気学とマクスウェル方程式への慣れ，微分積分，線形代数，微分方程式である．もし，読者にこれらの予備知識が欠けているのならば，これらの分野について何らかの学習をしてから，この本を試してみると良い．

さあ，今こそ前進し，場の量子論の学習を始めよう．

ディビッド　マクマーホン

Chapter 1 素粒子物理学と特殊相対論

場の量子論とは，**量子力学**と**特殊相対論**を融合する理論的枠組みである．一般的に言って量子力学は原子や個々の電子など小さな系の挙動を記述する理論である．一方，特殊相対論は光速付近の速度における系や粒子の運動などのように高エネルギー物理学の研究分野である（ただし重力の影響を除く）．以下は場の量子論がどのようなものであるのかについての入門的議論である．我々は続く章で各々の概念の詳細を探索していく．

量子力学から 3 つの鍵となる概念を思い出そう．まず最初にこの理論において物理量は**数学的演算子**である．たとえば，**単調和振動子**のハミルトニアン（つまりエネルギー）は，演算子

$$\hat{H} = \hbar\omega\left(\hat{a}^\dagger\hat{a} + \frac{1}{2}\right)$$

と表される．ここで $\hat{a}^\dagger$，$\hat{a}$ は生成，消滅演算子であり，$\hbar$ は換算プランク定数である[*1]．

量子力学において思い出すべき 2 つ目の鍵となる概念は，不確定性原理である．不確定関係にある位置演算子 $\hat{x}$ と運動量演算子 $\hat{p}$ に対して

[*1] 訳注：換算プランク定数 $\hbar = \dfrac{h}{2\pi}$ はディラック定数とも呼ぶ．h はもちろんプランク定数である．

$$\Delta x \Delta p \geq \frac{\hbar}{2} \tag{1.1}$$

の関係がある．また同様にエネルギーと時間との間には次のような不確定性関係がある．

$$\Delta E \Delta t \geq \frac{\hbar}{2} \tag{1.2}$$

ここで，エネルギーと時間の不確定性を考えるとき，時間は非相対論的量子力学において，ただのパラメータであって，演算子ではないということが重要である．

量子力学において思い出すべき最後の鍵となる概念は，交換関係である．例を挙げるなら，

$$[\hat{x}, \hat{p}] = \hat{x}\hat{p} - \hat{p}\hat{x} = i\hbar$$

である．次に特殊相対論に目を向けてみよう．我々は誰でも知っているアインシュタインの有名な式まで飛ぶことによって，特殊相対論がどのようにして量子論に衝撃を与えることになったのかを見てみよう．これは，エネルギーと質量との関係性を表す式である．

$$E = mc^2 \tag{1.3}$$

この式からどのようなことが言えるであろうか？　気が付くことは，もし式 (1.3) によって表される与えられた素粒子の質量に対して十分なエネルギーがあれば，我々はその素粒子を “生成” できるということである．保存則によって，実際にはその素粒子の 2 倍の質量に相当する量が必要で，それにより，我々は粒子と反粒子を生成することができる．したがって，高エネルギー過程では，

- 粒子数は一定でない．
- 存在する粒子の種類は一定でない．

が成り立つ.

これら 2 つの事実は，非相対論的量子力学の中で直接矛盾を引き起こす．非相対論的量子力学において，1 次元空間をポテンシャル V の影響下で運動する 1 つの粒子のシュレディンガー方程式に従った系の時間発展は

$$-\frac{\hbar^2}{2m}\frac{\partial^2\Psi}{\partial x^2}+V\Psi=i\hbar\frac{\partial\Psi}{\partial t} \tag{1.4}$$

となる．我々はこの形式を複数の粒子が存在する場合に拡張できる．しかし，粒子数と粒子の種類については完全に固定される．シュレディンガー方程式は相対論が許すようにはいかなる形であれ，粒子数を変更したり，新しい種類の粒子を出現させたり消したりはできない.

実際，非相対論的量子力学におけるいかなる種類の波動方程式でも，相対論と量子論を真の意味で矛盾なく両立させることはできない．量子力学と特殊相対論を結びつける初期の試みは相対論的なシュレディンガー方程式を作ることに注目して行われた．実際，シュレディンガー自身が今日彼を有名にした波動方程式にたどり着く前に相対論的方程式を導いていた．のちにクラインとゴルドンによって独立して発見されたその方程式（現在クライン-ゴルドン方程式として知られる）は，

$$\frac{1}{c^2}\frac{\partial^2\varphi}{\partial t^2}-\frac{\partial^2\varphi}{\partial x^2}=-\frac{m^2c^2}{\hbar^2}\varphi$$

である．先の章では我々はこの方程式についてより多くのことを述べる必要があるだろう．シュレディンガーはこの方程式を棄却した．何故ならそれは水素原子について間違った微細構造を与えたからである．この方程式は，本来持っていて欲しくない特徴にも苦しめられた——負の確率を許すように見え，何かが明らかに量子力学の精神に矛盾するのだ．この方程式はまた，奇妙な特徴も持っていた——負のエネルギー状態を許すのだ.

相対論的量子力学の次の試みはディラックによって行われた．彼の有名な方程式は

$$i\hbar\frac{\partial\Psi}{\partial t} = -i\hbar c\vec{\alpha}\cdot\nabla\Psi + \beta mc^2\Psi$$

である．ここで，$\vec{\alpha}$ と β は実は行列である．我々は詳細をのちの章で確認することになるのだが，この方程式は，クライン-ゴルドン方程式のいくつかの問題を解決するが，それでもなお負のエネルギー状態を許す．

のちに強調するように，これら相対論的波動方程式の問題の一部は，それらの解釈の中にある．我々は場の量子論へ移行するに当たって，現象に対する解釈を変更する．特に，特殊相対論に真に対応するために，単一粒子状態を記述するクライン-ゴルドン 及びディラック方程式の中の φ と Ψ というものの今までの概念を棄却する必要がある．それらの場所には，次の概念を持つものを当てはめる：

- 波動関数 φ と Ψ はもはや波動関数ではなく，それらは**場**である．
- 場とは新しい粒子を生成したり，消滅させたりできる演算子である．

我々が場を演算子に昇格させた結果，それらは交換関係を満たさなくてはならなくなった．のちに

$$[\hat{x},\hat{p}] \to [\hat{\varphi}(x,t),\hat{\pi}(y,t)]$$

のような型に移行することを見るだろう．ここで，$\hat{\pi}(y,t)$ は場の量子論で運動量の役割を果たす別の場である．連続体に移行した結果，交換関係は

$$[\hat{\varphi}(x,t),\hat{\pi}(y,t)] = i\hbar\delta(x-y)$$

の形になる．ここで，x と y は空間の 2 点である．この型の関係は特殊相対論でとても大切な因果関係の概念と関わっている——もし 2 つの場が空間的に隔たっていたら，一方から他方へ影響を及ぼすことはできない．

場が演算子に昇格されたことによって，量子力学の普通の演算子は一体どうなってしまうのだろうか？　と思うことだろう．覚えておくべき非常に重要な一つの変更点がある．量子力学では，時間 t はただのパラメータであるにもかかわらず，位置 x は演算子であった．一方，相対論においては，時間

と空間は同等に扱われるから，相対論的量子力学でも時間と空間を同等に扱うことを期待するかもしれない．これは時間を演算子 $\hat{t}$ に昇格することを意味するだろう．しかし，実はこのようなことは通常の場の量子論で行われていない．我々は逆方向を採用する――位置をパラメータ x に降格する．したがって，場の量子論では，

- 場 φ と Ψ は演算子である．
- 位置 x および時間 t は時空上の点を決めるただの数であり，演算子ではない．
- 運動量は引き続き演算子として扱う．

という道を選ぶ．

場の量子論において，場を扱うために古典力学の道具を頻繁に使う．具体的には，ラグランジアン

$$L = T - V \tag{1.5}$$

をよく使う．ラグランジアンはラグランジアン不変量として対称性（回転など）を保持するから重要である．質点の古典路は作用

$$S = \int L dt \tag{1.6}$$

を極小にするものである．我々はこれらの手法がどのように場に応用されるかを第 2 章で見る．

特殊相対論

場の量子論が展開されるのは，特殊相対論の関係する高いエネルギー領域である．したがって，特殊相対論の基礎概念に精通し，いろいろな記号法に慣れておくことが場の量子論の理解を得るために重要になる．

特殊相対論は 2 つの単純な原理を基礎としている．簡単に言えばそれらは，

- 全ての慣性系の観測者に対して物理法則は等しい．
- 光の速さ c は一定である．

の 2 つである．

慣性系とはニュートンの第 1 法則が成り立つような系である．特殊相対論において，時空は各点の事象によって特徴付けられる．事象とは特定の時間 t に，ある空間的位置 (x, y, z) で起こるような何かをいう．ここで，光の速さ c が変換因子として働き，時間的変位の一部を空間的変位の一部に変換したり，またその逆をしたりすることが可能なことも注意すべきである．空間と時間はしたがって統一された枠組みを構成するので，その座標を距離の次元で統一して (ct, x, y, z) で表す．

第 2 の原理からの帰着として**世界間隔の不変性**がある．特殊相対論において，我々は距離を，空間と時間を一緒にして測定する．いま，光の閃光が原点の時刻 $t = 0$ において放出されたものと考えよう．すると，それよりのちのある時刻 t における光の球面波の先端 (ct, x, y, z) は

$$
\begin{aligned}
c^2t^2 &= x^2 + y^2 + z^2 \\
\Rightarrow c^2t^2 &- x^2 - y^2 - z^2 = 0
\end{aligned}
$$

によって表せる．光の速さが不変であることより，この方程式は (ct', x', y', z') で表される座標系で座標を測定する別の観測者に対しても成り立つべきである．それは，

$$
c^2t'^2 - x'^2 - y'^2 - z'^2 = 0
$$

であるので，このとき

$$
c^2t^2 - x^2 - y^2 - z^2 = c^2t'^2 - x'^2 - y'^2 - z'^2
$$

が成り立つ．いま，普通の空間で，ある点 (x,y,z) から $(x+dx,y+dy,z+dz)$ までの微小距離は，

$$dr^2 = dx^2 + dy^2 + dz^2$$

によって与えられた．我々はここで時空に対して似た概念を定義する．それは**世界間隔**と呼ばれる．これは，ds^2 で表され，

$$ds^2 = c^2dt^2 - dx^2 - dy^2 - dz^2 \tag{1.7}$$

と書かれる[*2]．式 (1.7) において，世界間隔が不変であることを特殊相対論の帰結として得ることができる．2 つの異なる慣性系にいる 2 人の観測者を考えよう．たとえ彼らが異なる空間的座標 (x,y,z) 及び (x',y',z') と，異なる時間的座標 t 及び t' で指し示された同じ無限小離れた 2 つの事象を測定しても，各々の観測者の計算する世界間隔は等しい．つまり，

$$ds^2 = c^2dt^2 - dx^2 - dy^2 - dz^2 = c^2dt'^2 - dx'^2 - dy'^2 - dz'^2 = ds'^2$$

である[*3]．これは光の速さが全ての慣性系の観測者に対して等しいという事実からの帰結である．

ここで，計量と呼ばれるものを導入すると便利である．計量は世界間隔に現れる微分の係数を書くために使われる．この場合は単に ±1 である．特殊相対論の計量（“平らな空間の計量”）は

$$\eta^{\mu\nu} = \begin{pmatrix} 1 & 0 & 0 & 0 \\ 0 & -1 & 0 & 0 \\ 0 & 0 & -1 & 0 \\ 0 & 0 & 0 & -1 \end{pmatrix} \tag{1.8}$$

[*2] 訳注：無限小離れた 2 点 (ct,x,y,z) と $(c(t+dt), x+dx, y+dy, z+dz)$ の世界間隔（の 2 乗）が $ds^2 = c^2dt^2 - dx^2 - dy^2 - dz^2$ である．

[*3] 訳注：つまり，ここで定義した世界間隔の不変性は光の速さで隔てられた 2 点間だけでなく一般の無限小離れた 2 つの事象に対して成り立つのである．証明は例えば，シュッツ著，江里口良治・二間瀬敏史共訳『相対論入門 I』の 1.6 節　間隔の不変性　などを参考にすると良い．

によって与えられる．計量は逆元がある．それはこの場合は同じ行列になる．この逆元を下付き添字を使って

$$\eta_{\mu\nu} = \begin{pmatrix} 1 & 0 & 0 & 0 \\ 0 & -1 & 0 & 0 \\ 0 & 0 & -1 & 0 \\ 0 & 0 & 0 & -1 \end{pmatrix}$$

と表す．記号 $\eta_{\mu\nu}$ は特殊相対論用の計量である．より一般に，曲がった時空の計量は $g_{\mu\nu}$ によって表されるが，以後，この本では平らな時空の計量 $\eta_{\mu\nu}$ のことを一般の計量と同じ記号 $g_{\mu\nu}$ で表す．これは，この本での約束である．ここで，

$$g_{\mu\nu}g^{\nu\rho} = \delta_\mu^\rho \tag{1.9}$$

が成り立ち，δ_μ^ρ は**クロネッカーのデルタ**で

$$\delta_\mu^\rho = \begin{cases} 1 & \mu = \rho\text{のとき} \\ 0 & \mu \neq \rho\text{のとき} \end{cases}$$

によって定義される．このため式 (1.9) は単に

$$gg^{-1} = I$$

によって記述できる．ここで I は単位行列である．相対論では，座標に数字を付けるのが便利である．この数字を**添字**と呼ぶ．我々は，$ct = x^0$ 及び $(x, y, z) \to (x^1, x^2, x^3)$ と採る．これにより，時空内の事象は**反変**ベクトルの座標で印付けられる．

$$x^\mu = (x^0, x^1, x^2, x^3) \tag{1.10}$$

反変とはローレンツ変換の下でのそのベクトルの変換性に関わる性質である．しかし，ここでは反変ベクトルは単に上付き添字のものであると覚えてけば十分である．**共変**ベクトルは

$$x_\mu = (x_0, x_1, x_2, x_3)$$

のように下付き添字で表される．添字は計量を使って上げたり下げたりできる．特に，

$$x_\alpha = g_{\alpha\beta} x^\beta \qquad x^\alpha = g^{\alpha\beta} x_\beta \tag{1.11}$$

である．計量を見ることによって，共変ベクトルの成分は反変ベクトルの同じ成分の符号を

$$x_0 = x^0 \qquad x_1 = -x^1 \qquad x_2 = -x^2 \qquad x_3 = -x^3$$

のように変えたものになっていることを知ることができる[*4]．我々は**アインシュタインの和に関する規約**を採用する．もし，ある添字が数式の上下に現れたら，その添え字で和をとる，すなわち，

$$s_\alpha s^\alpha \equiv \sum_{\alpha=0}^{3} s_\alpha s^\alpha = s_0 s^0 + s_1 s^1 + s_2 s^2 + s_3 s^3$$

のように．したがって，たとえば，式 (1.11) に現れる添字を下げる表式は

$$x_\alpha = g_{\alpha\beta} x^\beta = g_{\alpha 0} x^0 + g_{\alpha 1} x^1 + g_{\alpha 2} x^2 + g_{\alpha 3} x^3$$

のようにとても簡略に表すことができる．α, β, μ, ν などのギリシャ文字は時空の添字の全範囲を走る．すなわち，$\mu = 0, 1, 2, 3$ を走る．もし，空間成分の添字だけを走らせたいときには，i, j, k などのラテン文字が使われる．すなわち，$i = 1, 2, 3$ である．

ローレンツ変換

ローレンツ変換 Λ は異なる慣性系同士の間の同じ点の座標の変換を与える．話を単純化するために，慣性系 x'^μ はべつの慣性系 x^μ に対して x 軸方向に速さ $v < c$ で運動していると考えよう．ここで，

[*4] 訳注：このことが成り立つのは，計量があくまでも特殊相対論の計量 $g_{\mu\nu} = \eta_{\mu\nu}$ の場合だけである．

$$\beta = \frac{v}{c} \qquad \gamma = \frac{1}{\sqrt{1-\beta^2}} \tag{1.12}$$

と定義すると，2 つの慣性系を結びつけるローレンツ変換は

$$\Lambda^{\mu}{}_{\nu} = \begin{pmatrix} \gamma & -\beta\gamma & 0 & 0 \\ -\beta\gamma & \gamma & 0 & 0 \\ 0 & 0 & 1 & 0 \\ 0 & 0 & 0 & 1 \end{pmatrix} \tag{1.13}$$

によって与えられる．特に，

$$\begin{aligned} x'^0 &= \gamma(x^0 - \beta x^1) \\ x'^1 &= \gamma(-\beta x^0 + x^1) \\ x'^2 &= x^2 \\ x'^3 &= x^3 \end{aligned} \tag{1.14}$$

である．我々は 2 つの座標系に関するローレンツ変換を簡単に

$$x'^{\mu} = \Lambda^{\mu}{}_{\nu} x^{\nu} \tag{1.15}$$

と表すことができる．また，**速度パラメータ（ラピディティー rapidity）**ϕ は

$$\tanh\phi = \beta = \frac{v}{c} \tag{1.16}$$

によって定義される．速度パラメータを使うことによってローレンツ変換は（数学的にいえば）回転の一種で，それは時間と空間の座標をお互いに回転させるものであることを示すことができる．すなわち，

$$\begin{aligned} x'^0 &= x^0 \cosh\phi - x^1 \sinh\phi \\ x'^1 &= -x^0 \sinh\phi + x^1 \cosh\phi \end{aligned}$$

である．

速度を変えることによって一つの慣性系から別の慣性系へ移動することはローレンツ変換によって行われ，これは**ブースト**（**boost**）と呼ばれる．

我々は座標微分にも簡略化された添字の記号法を拡張する．これは，次の定義によって行われる：

$$\frac{\partial}{c\partial t} \to \frac{\partial}{\partial x^0} = \partial_0 \qquad \frac{\partial}{\partial x} \to \frac{\partial}{\partial x^1} = \partial_1$$
$$\frac{\partial}{\partial y} \to \frac{\partial}{\partial x^2} = \partial_2 \qquad \frac{\partial}{\partial z} \to \frac{\partial}{\partial x^3} = \partial_3$$

添字を上げることもできるので

$$\partial^\mu = g^{\mu\nu}\partial_\nu$$
$$\partial^0 = \partial_0 \qquad \partial^i = -\partial_i$$

も成り立つ．

特殊相対論において，多くの物理的ベクトルは空間と時間の成分を持っている．このような物体を**4 元ベクトル**と呼ぶ．またそれらの空間成分は矢印を付けることにする．すると，任意の 4 元ベクトル A^μ は

$$\begin{aligned} A^\mu &= (A^0, A^1, A^2, A^3) \\ A_\mu &= (A^0, -A^1, -A^2, -A^3) \\ A^\mu &= (A^0, \vec{A}) \\ A_\mu &= (A^0, -\vec{A}) \end{aligned}$$

という成分を持つ．本書では 4 元ベクトルの通常のベクトルの部分を 3 元ベクトルとして表す．したがって，A^μ の 3 元ベクトルの部分は $\vec{A}$ になる．ベクトルの大きさ（の 2 乗）は一般化されたドット積

$$\begin{aligned} A \cdot A = A^\mu A_\mu &= A^0A^0 - A^1A^1 - A^2A^2 - A^3A^3 \\ &= g^{\mu\nu}A_\mu A_\nu \end{aligned}$$

によって計算される．この大きさは**スカラー**であり，それはローレンツ変換で不変である．ローレンツ変換である量が不変であるとき，全ての慣性

系の観測者がその値について同一の値を得ることになる．我々はこれを**スカラー**と呼ぶ．ドット積はスカラーなのでこれをスカラー積ともいう．スカラー積が不変量，すなわち $x'^{\mu}x'_{\mu} = x^{\mu}x_{\mu}$ であるということの帰結として

$$\Lambda^{\alpha\beta}\Lambda_{\alpha\mu} = \delta^{\beta}_{\mu} \tag{1.17}$$

が成り立つ．さて，いまから偏微分を相対論的記号法を使って考えてみよう．場の偏微分は

$$\frac{\partial\varphi}{\partial x^{\mu}} = \partial_{\mu}\varphi \tag{1.18}$$

と書ける．添字は偏微分が共変4元ベクトルであるので下に付けた．このベクトルの成分は

$$\left(\frac{\partial\varphi}{\partial x^0}, \frac{\partial\varphi}{\partial x^1}, \frac{\partial\varphi}{\partial x^2}, \frac{\partial\varphi}{\partial x^3},\right)$$

である．我々は

$$\frac{\partial\varphi}{\partial x_{\mu}} = \partial^{\mu}\varphi$$

も使用する．こちらは反変4元ベクトルである．任意の4元ベクトルと同様に，ラプラシアンの4次元的一般化である**ダランベール演算子**となるスカラー積を計算することができる．それは通常の記号では，$\frac{1}{c^2}\frac{\partial^2}{\partial t^2} - \nabla^2 \equiv \Box$ と表される．偏微分の相対論的記号法を一般化されたドット積と一緒に使うと

$$\partial^{\mu}\partial_{\mu} = \frac{1}{c^2}\frac{\partial^2}{\partial t^2} - \nabla^2 \equiv \Box \tag{1.19}$$

を得る．

特に重要な4元ベクトルが**4元運動量ベクトル**である．これはエネルギーと運動量を1つの物体として統一するものである．これは，

$$\begin{aligned} p^\mu &= (E/c, \vec{p}) = (E/c, p^1, p^2, p^3) \\ \Rightarrow p_\mu &= (E/c, -\vec{p}) = (E/c, -p^1, -p^2, -p^3) \end{aligned} \tag{1.20}$$

によって与えられる．4 元運動量ベクトルの大きさ（の 2 乗）はエネルギー，運動量と質量を結びつけるアインシュタインの関係式を与える．

$$E^2 = \vec{p}^{\,2} c^2 + m^2 c^4 \tag{1.21}$$

我々はいつでも，ローレンツ変換を使うことによって，系をブーストさせ，粒子の 3 元運動量を $\vec{p} = 0$ にとることができる．これは，エネルギーと静止質量に関するアインシュタインの有名な関係式

$$E = mc^2$$

を与える．

別の重要な 4 元ベクトルに 4 元電流ベクトル J がある．このベクトルの時間成分は電荷密度 ρ に光速 c を掛けたものであり，J の 3 元ベクトル部分は電流密度 $\vec{J}$ になる．すなわち，

$$J^\mu = (c\rho, J_x, J_y, J_z) \tag{1.22}$$

である．4 元電流は

$$\partial_\mu J^\mu = 0 \tag{1.23}$$

の意味で保存されている．これは電荷保存則として知られている次の関係式に他ならない*5．

$$\begin{aligned} &\partial_\mu J^\mu = \partial_t \rho + \partial_x J_x + \partial_y J_y + \partial_z J_z = 0 \\ &\Rightarrow \frac{\partial \rho}{\partial t} + \nabla \cdot \vec{J} = 0 \end{aligned}$$

---

*5 訳注：時間成分は $c\rho$ の ct による偏微分なので，$\partial_t \rho$ で間違いではない．

素粒子物理学の簡単なあらまし

場の量子論の主な応用は素粒子物理学の研究である．これは，物理学者たちが標準模型と呼ぶものを使って場の量子論が基本粒子とその相互作用を説明するからである．標準模型は重力を除く全ての物理現象を説明することができると考えられている．標準模型では次の3つの相互作用または力が説明できる：

- 電磁相互作用
- 弱い相互作用
- 強い相互作用

それぞれの力は**ゲージボソン**と呼ばれる力を媒介する粒子によって仲介される．ゲージボソンは力を媒介する粒子として整数スピンを持つ．電磁力，弱い力，強い力のゲージボソンは全てスピン1の粒子である．もし，重力が量子化されたとすると，その力を媒介する粒子（**グラビトン**と呼ばれる）はスピン2の粒子になる．

自然界の力はゲージボソンの交換の結果であると考えられている．それぞれの相互作用において，場が存在し，ゲージボソンはその場の量子である．特定な場に存在するゲージボソンの個数は，その場の**生成子**の個数によって与えられる．特定の場に対して，そのユニタリ群生成子は場の対称性を説明する（このことはのちに本書で明らかになる）．

電磁力

電磁場の対称性を表す群は $U(1)$ と呼ばれるユニタリ変換である．単一の生成子が存在することより，この力は単一の粒子によって媒介されることが分かる．この粒子は質量を持たないことが知られている．電磁力は光子の交換に起因する．これを我々は γ で表す．光子はスピン1であり，2つの偏極を持つ．一般に，もし粒子が質量を持たず，かつスピン1ならば，それはたった 2 つの偏極状態しか持たない．光子はいかなるチャージ（荷）も帯びない．

弱い力

弱い力のゲージ群は $SU(2)$ で表され，それは 3 つの生成子を持つ．弱い力を媒介する 3 つの物理的ゲージボソンはそれぞれ W^+, W^-, 及び Z である．のちに見るように，これらの粒子はゲージ群の生成子の重ね合わせである．弱い力のゲージボソンは質量を持つ．

- W^+ は 80 GeV/c^2 の質量で $+1$ の電荷を帯びる．
- W^- は 80 GeV/c^2 の質量で -1 の電荷を帯びる．
- Z は 91 GeV/c^2 の質量で電気的に中性である．

弱い相互作用に関する質量を持つゲージボソンはスピン 1 を持ち，3 つの偏極状態を持つことができる．

強い力

強い力のゲージ群は $SU(3)$ である．それは 8 つの生成子を持つ．これらのゲージボソンに対応する生成子は**グルーオン**と呼ばれる．グルーオンはクォーク（下記参照）同士の相互作用を仲介し，したがって原子核の中で中性子と陽子を束ねる役割を果たしている．グルーオンは重いスピン 1 の粒子で，光子のように 2 つの偏極状態を持っている．グルーオンは強い力のチャージを帯び，それは**色（カラー color）**と呼ばれる．グルーオンもまた色荷を帯びることより，それらはそれら同士で相互作用する．これは光子では不可能である．何故なら光子はいかなるチャージも帯びないからである．強い力を説明する理論を**量子色力学**と呼ぶ．

力の及ぶ範囲

力の及ぶ範囲は主にその力を媒介するゲージボソンの質量によって決まる．力の及ぶ範囲は不確定性原理に基づく単純な式によって見積もることができる．粒子に相互作用する力の交換に必要なすべてのエネルギーは静止質

量に関するアインシュタインの関係式

$$\Delta E \approx mc^2$$

を使って使うことによって発見された．いまから，不確定性原理を使って，そのゲージ粒子がどれだけの時間存在できるのかをここに示そう．

$$\Delta t \approx \frac{\hbar}{\Delta E} = \frac{\hbar}{mc^2}$$

特殊相対性理論はいかなるものも光の速さ c より速くは運動できないことを教えてくれる．したがって，我々は力を伝える粒子の速度の上限を光の速さに設定することができる．そして，時間 Δt の間に運動する範囲を見積もる．すなわち，

$$\text{速度} = \frac{\text{距離}}{\text{時間}}$$
$$\Rightarrow \Delta x = c\Delta t = \frac{c\hbar}{mc^2} = \frac{\hbar}{mc}$$

である．これがその力の及ぶ範囲である．この関係式より，もし $m \to 0$ とすれば $\Delta x \to \infty$ となることが分かるだろう．したがって，電磁力の及ぶ範囲は無限大である．しかし，弱い力の及ぶ範囲はとても制約される．何故なら弱い力のゲージボソンは大きな質量を持つからである．W の質量として 80 GeV/c^2 を代入すると，その範囲は

$$\Delta x \approx 10^{-3}\text{fm}(10^{-18}\text{m})$$

と確かめられる[*6]．これは何故弱い力が原子核程度の距離でないと感じられないのかを説明する．この主張は質量を持たないグルーオンには適用できない．何故なら強い力はより複雑で，**閉じ込め**として知られる概念を含んでいるからである．上に述べたように，強い力のチャージは**色荷**と呼ばれ，グ

[*6] 訳注：f はフェムトと呼び，10^{-15} を表す．

ルーオンが色を帯びる．色荷は，色を帯びる粒子を束ねる恒常的な力を及ぼすという点で変わった特徴を持つ．これはゴムひもとの類似性を使うことでイメージできる．より強く引っ張ればより固く感じる．もし，全く引っ張らなければ．緩んでしまう．強い力はゴムひものように振る舞う．とても小さい距離では，それは緩んでいて，粒子は自由粒子として振る舞う．粒子たちの距離が大きくなると，それらを引き戻そうとする力は強くなる．これは強い力の及ぶ範囲を制限し，それは核子のオーダーである 10^{-15}m のオーダーであると考えられている．閉じ込めの結果，グルーオンはクォークの間の相互作用を媒介することに関与している．しかし，それは中性子と陽子を間接的に束ねるだけで，中性子と陽子を直接束ねるのは**中間子**と呼ばれる別の粒子によって達成されるものである．

素粒子

場の量子論の素粒子は内部構造を持たない数学的点の物体として扱われる．物質を構成する粒子は全てスピン 1/2 を持ち，**レプトン**と**クォーク**の 2 つのグループに分けられる．それぞれのグループは，3 つの世代に分けられる．全ての素粒子は重力の影響を受ける．

レプトン

レプトンは電磁力と弱い力を介して相互作用する．しかし，強い力は働かない．レプトンが色荷を帯びないことより，それらは強い相互作用には関与しないからである．それらは（電子の電荷）-1 で表される電荷 $-e$ を帯びることができるか，電気的に中性である．レプトンは次の粒子を含む：

- 電子 e は電荷 -1 を帯び，質量 0.511 MeV/c^2 を持つ．
- ミューオン μ^- は電荷 -1 を帯び，質量 106 MeV/c^2 を持つ．
- タウ粒子 τ^- は電荷 -1 を帯び，質量 1777 MeV/c^2 を持つ．

上で紹介した各々のレプトンはレプトンを構成する 3 つの世代の 1 つを限定する．端的にいえば，ミューオンとタウ粒子は電子の重い複製品にすぎない．物理学者たちは何故粒子に 3 つの世代があるのかわかっていない．ミューオンとタウ粒子は不安定で電子とニュートリノに崩壊する．

各々のレプトンに対応して，ニュートリノが存在する．ニュートリノは長い間質量を持たないと思われていた．しかし，最近の実験事実はニュートリノの質量の上限は低いが，ゼロではないことを示している．電子，ミューオン，タウ粒子のように，3 つの型のニュートリノはそれぞれの世代が上がるごとに質量が増える．それらは電気的に中性で

- 電子ニュートリノ ν_e
- ミューニュートリノ ν_μ
- タウニュートリノ ν_τ

と表される．電気的に中性であることより，ニュートリノは電磁相互作用に関与しない．また，レプトンであることより，強い相互作用にも関与しない．それらは弱い力経由でのみ相互作用する．

それぞれのレプトンに対して対応する反レプトンが存在する．電子，ミューオン，タウ粒子に対応する反粒子は，全て +1 の電荷を持つが，それらは全て対応する粒子と等しい質量を持つ．それらは次のように表される：

- 陽電子 e^+ は電荷 +1 を帯び，質量 0.511 MeV/c^2 を持つ．
- 反ミューオン μ^+ は電荷 +1 を帯び，質量 106 MeV/c^2 を持つ．
- 反タウ粒子 τ^+ は電荷 +1 を帯び，質量 1777 MeV/c^2 を持つ．

素粒子物理学において，我々はしばしば反粒子（同じ性質を持つが逆のチャージを持つ粒子）をバー（上線）で表す．したがって，p が与えられた粒子の場合，対応する反粒子は $\overline{p}$ によって表される．のちに見るように，チャージのみが興味のある量子数ではない；レプトンは**レプトン数**と呼ばれる量子数も帯びる．それは，正粒子に対しては +1 であり，対応する反粒子に対しては −1 になる．反ニュートリノ $\overline{\nu}_e, \overline{\nu}_\mu, \overline{\nu}_\tau$ はその対応する粒子と同

様，電気的に中性である．しかし，ニュートリノ ν_e, ν_μ, ν_τ が全てレプトン数 $+1$ を持つにも関わらず，反ニュートリノ $\overline{\nu}_e, \overline{\nu}_\mu, \overline{\nu}_\tau$ はレプトン数 -1 を持つ．

粒子の相互作用において，レプトン数は常に保存する．レプトンでない粒子のレプトン数は 0 に割り当てられる．レプトン数は，反ニュートリノが普通のニュートリノと同様，中性なのに，何故反ニュートリノが存在するかを説明する．中性子の β 崩壊をここに示そう．

$$n \to p + e + \overline{\nu}_e$$

中性子と陽子はどちらもレプトンではない．そのためそれらはレプトン数 0 を帯びる．反応の前後でレプトン数は変化しない．左辺の全レプトン数は 0 である．右辺において

$$0 + n_e + n_{\overline{\nu}_e}$$

が成り立つ．ここで電子がレプトンであることより，$n_e = 1$ である．これはこの反応において，レプトン数が保存することを認めると，この崩壊で放出されるこのニュートリノが反ニュートリノであり，そのレプトン数が $n_{\overline{\nu}_e} = -1$ であることを教えてくれる．

クォーク

クォークは中性子と陽子を構成する粒子である．それらは電荷を帯び，したがって電磁相互作用に関与する．それらは弱い相互作用と強い相互作用にも関与する．強い相互作用による**色荷**は**赤**，**青**，**緑**からなる．これらの色の名称はただのラベルであり，したがって文字通りに受け止めるべきではない．反色荷も存在し，反赤，反青，反緑がある．色荷は全ての粒子の組み合わせが**白**になるようにしか配置できない．白の色荷を得るためには 3 つの方法が存在する：

- 赤，青，緑 1 つずつのクォーク 3 つを一緒にする．

- 反赤，反青，反緑1つずつのクォーク3つを一緒にする．
- 色と反色1つずつのクォーク2つを一緒にする．たとえば赤クォークと反赤クォークのように．

クォークの電荷は（電子の電荷 e を単位として）$-1/3$ または $+2/3$ である．クォークには“フレーバー”と呼ばれるものがあり，次の6つの型がある：

- アップクォーク u は電荷が $+2/3$.
- ダウンクォーク d は電荷が $-1/3$.
- チャームクォーク c は電荷が $+2/3$.
- ストレンジクォーク s は電荷が $-1/3$.
- トップクォーク t は電荷が $+2/3$.
- ボトムクォーク b は電荷が $-1/3$.

レプトン同様，クォークも3つの世代からなる．世代の一方は電荷 $+2/3$ を持ち，それ以外は電荷 $-1/3$ を持つ．世代は，$(\mathrm{u},\mathrm{d}),(\mathrm{c},\mathrm{s}),(\mathrm{t},\mathrm{b})$ である．一般に世代が上がるごとに質量が増加する．たとえば，アップクォークの質量は

$$m_u \approx 4\ \mathrm{MeV/c^2}$$

しかないが，トップクォークの質量は重い

$$m_t \approx 172\ \mathrm{GeV/c^2}$$

もあり，これは1つの金原子と同じくらいの重さである．レプトン同様，それぞれのクォークに対して反粒子が存在する．

クォークの束縛状態は**ハドロン**と呼ばれる．観測にかかる束縛状態のクォークは2つか3つのクォークから構成されるものしかない．**バリオン**は3つのクォークか，3つの反クォークからなるハドロンである．2つの有名なバリオンが次の2つである．

- 陽子は 3 つのクォーク状態 uud である．
- 中性子は 3 つのクォーク状態 udd である．

クォークと反クォークから構成される束縛状態は**中間子**と呼ばれる．それらは次を含む：

$$\text{パイオン}\pi^0 = \mathrm{u\bar{u}}\text{または}\ \mathrm{d\bar{d}}$$
$$\text{荷電パイオン}\pi^+ = \mathrm{u\bar{d}}\text{または}\quad \pi^- = \mathrm{\bar{u}d}$$

素粒子の世代の要約

素粒子は 3 つの世代に分けられる：

- 第 1 世代は，電子，電子ニュートリノ，アップクォーク，ダウンクォーク及び，対応する反粒子からなる．
- 第 2 世代は，ミューオン，ミューニュートリノ，チャームクォーク，ストレンジクォークに加えて対応する反粒子からなる．
- 第 3 世代は，タウ粒子，タウニュートリノ，トップクォーク，ボトムクォークに加えて対応する反粒子からなる．

ヒッグス機構

素粒子物理学の標準模型が定式化されると，全ての粒子の質量が 0 となる．このため，**ヒッグス場**と呼ばれる余分な場が粒子の質量を与えるために理論からではなく観測事実に基づいてその値を人の手で追加する必要があった．ヒッグス場の量子は**ヒッグスボソン**と呼ばれるスピン 0 の粒子である．ヒッグスボソンは電気的に中性である．

ヒッグス場は，もしそれが存在するなら，宇宙全体のすべての空っぽの空間を通して埋め尽くされていると考えられる．素粒子はそれらのヒッグス場との相互作用を通して質量を獲得する．数学的には，ヒッグス場に問題となっている粒子の場を結合させる相互作用項をラグランジアンに入れて理論に質量を導入する．普通，場の最小エネルギー状態は期待値0を持つ．対称性の破れにより，我々は場に0でない最小エネルギー状態を導入する．このプロセスは，理論的には，粒子質量の獲得につながる．定性的には，陸地にいるのと，水の中に完全に沈んでいるのとの違いとして想像することができるかもしれない．乾いた陸地の上では，あなたは何の問題もなく腕を上げたり下げたり動かせる．水の中では腕を上げたり下げたり動かすのは大変になる．何故なら水があなたの動きを邪魔するからである．我々は，それぞれの粒子がヒッグス場と異なる強さで相互作用するということによって，ヒッグス場に逆らって運動する素粒子を想像することができる．もし，ヒッグス場とその粒子の結合が強ければ，その粒子の質量は大きい．光子のように静止質量が0の粒子はヒッグス場と全く相互作用しない．もし，ヒッグス場が存在しなかったら，全ての粒子は質量を持たない．ヒッグスボソンの質量ははっきりしないが，現在の見積もりの上限は大体140 GeV/c^2である．2008年に大型ハドロン衝突型加速器(Large Hadron Collider)が運用を開始すれば，ヒッグス粒子を検出することができるはずである．もし，存在すれば．

大統一

上で説明した標準模型は，電磁相互作用，弱い力，そして量子色力学から構成されている．理論家たちはこれらを，単一の力や相互作用に統一したいと思っている．様々な問題が理論物理学に存在し，過去には様々な問題が何らかの統一によって解決してきた．多くの場合において，2つの見た目上異なる現象は同じコインの裏表である．この手の推論の典型例が，ファラデー，マクスウェル，その他による発見である光，電気，磁気が我々が現在電磁気としてひとまとめにしている同じ物理現象であるというものである．

電磁気と弱い力は**電弱理論**と呼ばれる単一の理論的枠組みの下で統一され

てきた．**大統一理論**あるいは**GUT**は量子色力学（したがって強い力）をこの統一の枠組みに持ち込もうという試みである．

もし，そのような理論が有効だとすると，電磁気，弱い力，強い力が単一の力に統一される**大統一エネルギー**が存在することになる．電磁力と弱い力が高いエネルギー（ただし，強い力の統一が起こると想像されているエネルギーより低いエネルギー）で統一されることが知られていることより，この考えはある程度支持されている．

超対称性

GUT によって取り組まれるそれを越えたさらにもう一つの統一計画が，存在する．素粒子物理学において，2 つの基本的な型の粒子が存在する．それらは，スピン 1/2 の物質を構成する粒子たち（フェルミオン）とスピン 1 の力を伝える粒子たち（ボソン）である．基礎的な量子力学では，ボソンとフェルミオンが異なる統計に従うと間違いなく学んだ．パウリの排他原理により 2 つのフェルミオンが同じ状態に入ることができないにもかかわらず，ボソンにはそのような制限は存在しない．

読者は，何故これら 2 つの型の粒子が存在するのか？　と思うかも知れない．超対称性は，マクスウェルの推論を適用して，ボソンとフェルミオンの間に対称性が存在するとする試みを提唱するものである．つまり，それぞれのフェルミオンに対して，超対称性は同じ質量のボソンが存在し逆もまた成り立つと提唱する．これら知られている粒子の相手となる粒子は**超対称性粒子**と呼ばれている．あいにく，これが事実であるという証拠はどこにもない．超対称性粒子が同じ質量を持たないという事実は，理論の対称性が崩壊していて，その場合には超対称性粒子の質量が予想されるよりはるかに大きいか，あるいはこの理論は全く正しくなく，超対称性は存在しないことを意味する．

弦理論

場の量子論を究極まで推し進めると，**弦理論**として知られる統一理論に到達する．この理論はもともとは強い相互作用のための理論として提唱された．しかし，量子色力学が発展すると，嫌われるようになった．弦理論の基本的な考えは，この世界の基本的な物体は点状の基本粒子ではなく，1次元に広がった弦とよばれる物体にとって代わるというものである．弦理論は現在大変人気がある．何故ならそれは完全に統一された理論のように思えるからである．場の量子論は量子力学と特殊相対論を統一し，その結果，知られている4つの力のうち，関連する3つの相互作用を説明する．4番目の力，重力が取り残された．いまのところ，重力はアインシュタインの一般相対性理論によって最もうまく説明されているが，これは古典理論であり，量子力学は考慮されていない．

量子論を重力分野に持ちこむか，その逆の努力は様々な困難を伴う．一つの理由は，点に働く相互作用はその理論を“発散させる”——別の言い方をすれば，計算に無限大の結果を得てしまうが，理論の基本的な物体を点粒子ではなく，弦にすれば，相互作用は広がり，重力相互作用に伴う発散は消える．加えて，スピン2状態の弦が弦理論には自然に生まれるが，重力場を量子化できたとすると，それは質量を持たないスピン2の粒子になることが知られているので，多くの人々が弦理論が全ての相互作用を統一する理論の強力な候補であると考えている．

まとめ

場の量子論は非相対論的量子力学と特殊相対論を統一する理論的枠組みである．この統一の一つの成果が相互作用において粒子の型や個数が変化できるというものである．その結果，理論は単一粒子の波動関数を使って表せなくなった．この理論の基本的な物体は演算子として振る舞う量子場であり，粒子を生成したり，消滅したりができる．

章末問題

1. 量子場は
   (a) 演算子である量子を伴う場である．
   (b) 位置演算子によってパラメータ化された場である．
   (c) ハミルトニアンと交換する．
   (d) 粒子を生成したり消滅したりできる演算子である．
2. 粒子の世代は
   (a) お互いにある意味重複し，各世代で増加する質量を持つ．
   (b) 3 粒子それぞれの世代で発生する．
   (c) 変化する電荷をもつが，同じ質量を持つ．
   (d) それぞれ 3 つのレプトンと 3 つのクォークから構成される．
3. 相対論的状況下で，
   (a) 粒子の個数と型は一定ではない．
   (b) 粒子の個数は一定であるが，粒子の型は一定でない．
   (c) 粒子の個数は変化するが，新しい型の粒子は現れない．
   (d) 粒子の個数と型は一定である．
4. 場の量子論において
   (a) 時間は演算子に昇格される．
   (b) 時間と運動量は交換関係を満足する．
   (c) 位置は演算子から降格される．
   (d) 位置と運動量は引き続き正準交換関係を満たす．
5. レプトンに働くのは
   (a) 強い力は働くが，弱い力は働かない．
   (b) 弱い力と電磁力．

(c) 弱い力のみ.
(d) 弱い力と，強い力.

6. 力を伝える粒子の個数は
(a) その場のゲージ群の生成子の個数に等しい.
(b) ランダムである.
(c) 相互作用中の物質を構成する基本粒子の個数に比例する.
(d) 生成子の個数 -1 に比例する.

7. 強い力のゲージ群は
(a) $SU(2)$ である.
(b) $U(1)$ である.
(c) $SU(3)$ である.
(d) $SU(1)$ である.

8. 反ニュートリノは
(a) 電荷 -1 をもちレプトン数は 0 である.
(b) レプトン数 $+1$ であり，電荷は 0 である.
(c) レプトン数は -1 であり，電荷は 0 である.
(d) 電荷を帯びないので中性子と全く同じである.

9. 最も軽い素粒子の世代は
(a) 電子，ミューオン，ニュートリノである.
(b) 電子，アップクォーク，ダウンクォークである.
(c) 電子，電子ニュートリノ，アップクォーク，ダウンクォークである.
(d) 電子とその反粒子である.

10. ヒッグス場は
(a) W ボソンと Z ボソンをお互いに結合させる.
(b) 質量 0 の場である.
(c) 質量 0 で電荷が $+1$ である.
(d) 素粒子に質量を与える.

Chapter 2 ラグランジュ形式による場の理論

我々は場の量子論の考察を始めるにあたって全ての基礎的な物理理論に応用される基礎的な数学的道具を構成することから始めよう．この章の興味の大半は**ラグランジアン**として知られる関数である．それは，運動エネルギーと位置エネルギーの差をとることによって作られる．古典力学において，ラグランジュ形式はニュートン力学と同等の方法で，それは運動方程式を導くことができる．ラグランジュ形式の方法を場に応用すると，同じテクニックで場の方程式を導くことができる．

ラグランジュ力学の基礎

さしあたり，1 つの空間次元を x とし，1 つの質点の運動を考えよう．T をポテンシャル V の中を運動する質点の運動エネルギーとしよう．ラグランジアン L は

$$L = T - V \tag{2.1}$$

として定義される．ラグランジアンはその系の全ての力学を捉える基本的な概念で，平均や力学的振る舞いなど数多くの便利な性質を決定する．

与えられた L によって，**オイラー-ラグランジュ方程式**から得られる運動

方程式を見つけることができる．単一の質点が1次元を運動するとき，これは1つの方程式によって与えられる．

$$\frac{d}{dt}\frac{\partial L}{\partial \dot{x}} - \frac{\partial L}{\partial x} = 0 \tag{2.2}$$

ここで，時間に関する微分にドット $\cdot$ を使った．すなわち，

$$\dot{x} = \frac{dx}{dt}$$

である．

例 2.1

ポテンシャル $V(x)$ のある1次元を運動エネルギー $T = \frac{1}{2}m\dot{x}^2$ で運動する質量 m の質点を考えよう．オイラー-ラグランジュ方程式を使って運動方程式を見つけよ．

解答

5つのステップに分ける．（1）まず，ラグランジアン L を書き下し，オイラー-ラグランジュ方程式で必要となる偏微分を求める．（2）最初は，L の $\dot{x}$ に関する偏微分 $\frac{\partial L}{\partial \dot{x}}$ である．（3）この量の時間微分 $\frac{d}{dt}\left(\frac{\partial L}{\partial \dot{x}}\right)$ をとる．（4）次は，L の x に関する偏微分 $\frac{\partial L}{\partial x}$ である．（5）こうして最終的に $\frac{d}{dt}\left(\frac{\partial L}{\partial \dot{x}}\right) = \frac{\partial L}{\partial x}$ という形を得ることができる．

ラグランジアンを書き下すこと（ステップ1）から始めると，

$$L = \frac{1}{2}m\dot{x}^2 - V(x)$$

となる．次は，L の $\dot{x}$ に関する偏微分である．ラグランジアンを含む計算を行うとき，$\dot{x}$ は独立変数と思って扱う．たとえば，$\frac{\partial}{\partial \dot{x}}(\dot{x})^2 = 2\dot{x}$ 及び，$\frac{\partial}{\partial \dot{x}}V(x) = 0$ のように．これをステップ2に適用すると

$$\frac{\partial L}{\partial \dot{x}} = \frac{\partial}{\partial \dot{x}}\left[\frac{1}{2}m\dot{x}^2 - V(x)\right] = m\dot{x}$$

を得る．これは運動量項：質量 $\times$ 速度である．さて，我々はここで，この運動量の時間微分をとろう（ステップ 3）．これは

$$\frac{d}{dt}\left(\frac{\partial L}{\partial \dot{x}}\right) = \frac{d}{dt}(m\dot{x}) = \dot{m}\dot{x} + m\ddot{x} = m\ddot{x}$$

であり，質量 $\times$ 加速度である．残った偏微分は簡単で（ステップ 4），

$$\frac{\partial L}{\partial x} = \frac{\partial}{\partial x}\left[\frac{1}{2}m\dot{x}^2 - V(x)\right] = -\frac{\partial V}{\partial x}$$

である．次（ステップ 5）は，次のように系の力学的挙動を記述する方程式を書き下すことで

$$\frac{d}{dt}\left(\frac{\partial L}{\partial \dot{x}}\right) - \frac{\partial L}{\partial x} = 0 \Rightarrow \frac{d}{dt}\left(\frac{\partial L}{\partial \dot{x}}\right) = \frac{\partial L}{\partial x} \Rightarrow m\ddot{x} = -\frac{\partial V}{\partial x}$$

である．このエレガントな結果はよく知られている．古典力学より，力 F が保存力のとき

$$\vec{F} = -\nabla V$$

であることを思い出すだろう．これが 1 次元の場合は

$$F = -\frac{\partial V}{\partial x}$$

になる．したがって，$\frac{\partial L}{\partial x} = -\frac{\partial V}{\partial x} = F$ になる．ここまでの計算を利用すると，

$$m\ddot{x} = -\frac{\partial V}{\partial x} = F$$

を得る．その結果，我々はニュートンの第 2 法則，

$$F = m\ddot{x} = ma$$

に到達する．ここで加速度 a は $a = \frac{d^2x}{dt^2} = \ddot{x}$ によって与えられる．

例 2.2

単振動する質量 m の質点を考えよう．その質点に働く力は，フックの法則 $F(x) = -kx$ によって与えられる．オイラー-ラグランジュ方程式を使って，運動方程式を決定せよ．

解答

ここで，運動エネルギーが

$$T = \frac{1}{2}m\dot{x}^2$$

で与えられることを再確認しておこう．我々は力 $F(x) = -kx$ を積分することによってポテンシャルを計算し，

$$V = \frac{1}{2}kx^2$$

という解を見つける．式 (2.1) を使うことにより，ラグランジアンは（ステップ 1）

$$L = T - V = \frac{1}{2}m\dot{x}^2 - \frac{1}{2}kx^2$$

となる．ステップ 2 は $\frac{\partial}{\partial \dot{x}}(L) = \frac{\partial}{\partial \dot{x}}\left(\frac{1}{2}m\dot{x}^2 - \frac{1}{2}kx^2\right) = m\dot{x}$ である．上で見たように，（ステップ 3）運動量の時間微分は力 $\frac{d}{dt}(m\dot{x}) = m\ddot{x}$ である．最後の偏微分（ステップ 4）は

$$\frac{\partial L}{\partial x} = \frac{\partial}{\partial x}\left[\frac{1}{2}m\dot{x}^2 - \frac{1}{2}kx^2\right] = -kx$$

である．質点の運動方程式を求めるためには（ステップ 5）式 (2.2) を使う．これより

$$m\ddot{x} = -kx$$

を得る．これは単調和振動子の方程式としてよく知られる．すなわち，

$$\frac{d^2x}{dt^2} + {\omega_0}^2 x = 0$$

である．ここで ${\omega_0}^2 = k/m$ は固有振動数である．

作用と運動方程式

ラグランジアンを時間に関して積分すると，**作用**と呼ばれる新しい量を得る．これを S で表す．すなわち，

$$S = \int L dt \tag{2.3}$$

である．作用は**関数**を定義域に持ち，数値を返すから**汎関数**である．質点は常に作用を最小にする経路に従う*1．作用を変化（変分を最小化）させると粒子が従う実際の経路を決定することができる．2 つの固定された点 $x(t_1)$ と $x(t_2)$ を考えよう．これらの点をつなぐ経路は無限にある．これはこれら 2 点を通る質点の経路が無数にあることを意味する．実際の質点が従う経路は作用が最小となる経路である．作用が最小の経路は最短経路である．この経路を見つけるために作用の変分を最小化しよう．我々はこれを行うために未知の作用が最小である項と変分を記述する．

$$S \to S + \delta S$$

すると，質点が従う経路では

$$\delta S = 0 \tag{2.4}$$

が成り立つ．これは変分が 0 の経路である．これが作用最少の経路である．

---

*1 訳注：通常最小作用の原理と呼ばれ，作用を最小にする場合が多いが，一般には必ずしも最小である必要はなく，作用の変分が 0 となる停留点であればよい．ここでの証明でも実際には停留点であることしか使ってない．

変分 δS を計算することで系の運動方程式を導くことができる．これがどのようにして働くのか見るために，単純な例であるニュートンの第2法則の導出に戻ろう．座標の小さな変化

$$x \to x + \varepsilon$$

を考える．ここで ε は小さいものとする．この変量は終端が固定されていることにより束縛されている．すなわち，

$$\varepsilon(t_1) = \varepsilon(t_2) = 0 \tag{2.5}$$

である．テイラー展開を使うことにより，ポテンシャルは

$$V(x+\varepsilon) \approx V(x) + \varepsilon \frac{dV}{dx}$$

と近似できる．すると作用は

$$\begin{aligned} S &= \int_{t_1}^{t_2} L dt \\ &= \int_{t_1}^{t_2} \frac{1}{2} m\dot{x}^2 - V(x) dt \\ &= \int_{t_1}^{t_2} \frac{1}{2} m(\dot{x}+\dot{\varepsilon})^2 - \left(V(x) + \varepsilon \frac{dV}{dx} \right) dt \end{aligned}$$

となる．さて初項，運動エネルギー項を展開しよう．

$$(\dot{x}+\dot{\varepsilon})^2 = \dot{x}^2 + 2\dot{x}\dot{\varepsilon} + \dot{\varepsilon}^2 \approx \dot{x}^2 + 2\dot{x}\dot{\varepsilon}$$

ここで ε が小さいから，これの2乗は無視できるので，$\dot{\varepsilon}^2$ は落とした．すなわち，主要なオーダーである1次の微小量だけを残す．その結果

$$S = \int_{t_1}^{t_2} \frac{1}{2} m(\dot{x}^2 + 2\dot{x}\dot{\varepsilon}) - \left(V(x) + \varepsilon \frac{dV}{dx} \right) dt$$

を得る．この表現は様々な操作でより便利な流儀で書くことができる．考え方としては，ε を含む項を分離する．我々はこれを項 $2\dot{x}\dot{\varepsilon}$ の部分積分をとることによって，時間微分を ε から $\dot{x}$ に移動する．まず，部分積分の公式を思い出そう．

$$\int_{t_1}^{t_2} f(t)\frac{dg}{dt}dt = f(t)g(t)\Big|_{t_1}^{t_2} - \int_{t_1}^{t_2} g(t)\frac{df}{dt}dt \tag{2.6}$$

この場合，$f(t) = \dot{x}$ かつ $\frac{dg}{dt} = \dot{\varepsilon}$ である．式 (2.5) を思い出すと，間隔の終端で変分が消えるという事実より，この場合境界の項は消える．そのため，

$$\int_{t_1}^{t_2} \frac{1}{2}m(\dot{x}+\dot{\varepsilon})^2 dt = \frac{1}{2}m\int_{t_1}^{t_2}(\dot{x}+\dot{\varepsilon})^2 dt \approx \frac{1}{2}m\int_{t_1}^{t_2}(\dot{x}^2+2\dot{x}\dot{\varepsilon})dt$$

$$\int_{t_1}^{t_2} \frac{1}{2}m(\dot{x}^2+2\dot{x}\dot{\varepsilon})dt = \int_{t_1}^{t_2}\frac{1}{2}m\dot{x}^2 dt - \int_{t_1}^{t_2} m\ddot{x}\varepsilon dt$$

が成り立つ．こうしていま，ε を含む項を集めることができて

$$\begin{aligned}
S &= \int_{t_1}^{t_2}\frac{1}{2}m\dot{x}^2 dt - \int_{t_1}^{t_2} m\ddot{x}\varepsilon dt - \int_{t_1}^{t_2}\left(V(x)+\varepsilon\frac{dV}{dx}\right)dt \\
&= \int_{t_1}^{t_2}\frac{1}{2}m\dot{x}^2 - V(x)dt + \int_{t_1}^{t_2}\left(-m\ddot{x}-\frac{dV}{dx}\right)\varepsilon dt \\
&= S + \delta S
\end{aligned}$$

を得る．$\delta S = 0$ なる条件を満たすのは第 2 項の積分が 0 になる場合だけである．終端が任意であることより[*2]，この積分は恒等的に 0 でなければならない．すなわち，

$$m\ddot{x} + \frac{dV}{dx} = 0 \Rightarrow m\ddot{x} = -\frac{dV}{dx}$$

[*2] 訳注：t_1 と t_2 の間隔を小さくとると滑らかな被積分関数はこの区間内でほぼ一定の値をとることを使えばよい．

である．さて，N 個の一般化座標 $q_i(t) \quad i = 1, \ldots, N$ がある，より一般的な状況を考えよう．ここでは，ラグランジアンが座標とその 1 階微分のみで表現されていると考えることにしよう．すると作用は

$$S = \int_{t_1}^{t_2} L(q, \dot{q}) dt$$

の形になる．この場合，系はある初期地点 $q_1 = q(t_1)$ からある最終地点 $q_2 = q(t_2)$ に時間発展する．系に従った軌跡（trajectory）を見つけるために，最小作用の原理を適用し，$\delta S = 0$ を解く．もう一度言うと，軌道の終端は固定されているので，

$$\delta q(t_1) = \delta q(t_2) = 0$$

が成り立つ．また

$$\delta \dot{q}(t) = \frac{d}{dt}(\delta q) \tag{2.7}$$

に注意すると，

$$\begin{aligned} \delta S &= \delta \int_{t_1}^{t_2} L(q, \dot{q}) dt \\ &= \int_{t_1}^{t_2} \sum_i \left[\frac{\partial L}{\partial q_i} \delta q_i + \frac{\partial L}{\partial \dot{q}_i} \delta \dot{q}_i \right] dt \\ &= \int_{t_1}^{t_2} \sum_i \left[\frac{\partial L}{\partial q_i} \delta q_i + \frac{\partial L}{\partial \dot{q}_i} \frac{d}{dt}(\delta q_i) \right] dt \end{aligned}$$

が得られる．ここで第 2 行から第 3 行に移行するところで式 (2.7) を適用した．さて，ここで第 2 項に部分積分を適用すると

$$\delta S = \int_{t_1}^{t_2} \sum_i \left[\frac{\partial L}{\partial q_i} \delta q_i - \frac{d}{dt} \left(\frac{\partial L}{\partial \dot{q}_i} \right) \delta q_i \right] dt$$

が得られる．この式が消滅するためには，δq_i が任意であることより，各座標添字について

$$\frac{\partial L}{\partial q_i} - \frac{d}{dt}\left(\frac{\partial L}{\partial \dot{q}_i}\right) = 0 \tag{2.8}$$

が成り立たねばならない．これはもちろんオイラー-ラグランジュ方程式であり，$i = 1, \ldots, N$ 全てでこの式が成り立つ．したがって，我々は最小作用の原理がオイラー-ラグランジュ方程式を与えることを見た．そのため，ラグランジアンは各座標ごとに独立にオイラー-ラグランジュ方程式を満たす．

正準運動量とハミルトニアン

例 2.1 及び 2.2 では，運動エネルギーの速度での偏微分が運動量になることを見てきた．これは完全に古典論の結果である．すなわち，

$$\frac{\partial}{\partial \dot{x}}(L) = \frac{\partial}{\partial \dot{x}}(T - V) = \frac{\partial}{\partial \dot{x}}\left(\frac{1}{2}m\dot{x}^2\right) = m\dot{x}$$

である．この結果は，より一般的でより便利な形に作り替えられる．**正準運動量**は

$$p_i = \frac{\partial L}{\partial \dot{q}_i} \tag{2.9}$$

によって定義される．これはハミルトニアン関数を定義することを許す．それは，ラグランジアンと正準運動量に関する量

$$H(p, q) = \sum_i p_i \dot{q}_i - L \tag{2.10}$$

によって与えられる．

ラグランジュ形式による場の理論

さて，我々はラグランジュ形式の基礎について復習したので，これらのテクニックを一般化し，それらを場に対して適用しよう[*3]．すなわち，時空上の関数 $\varphi(x,t)$，より簡単には $\varphi(x)$ と書かれるものに適用しよう．このような，連続的な場合に対しては，我々は実際上ラグランジアン密度を扱う．

$$L = T - V = \int \mathcal{L} d^3x \tag{2.11}$$

すると作用 S はこの表式の時間積分になる．

$$S = \int dtL = \int \mathcal{L} d^4x \tag{2.12}$$

一般的に，場の量子論で遭遇するラグランジアンは，場とその1階偏微分に従属するものだけである．

$$\begin{aligned} &\mathcal{L} = \mathcal{L}(\varphi, \partial_\mu \varphi) \\ &L \to L(\varphi, \partial_\mu \varphi) \end{aligned} \tag{2.13}$$

さらに言えば，我々が興味がある場は**局所的**なものである．この意味は，与えられた時空上の点 x に対して，ラグランジアン密度は，その点の場とその1階偏微分だけで評価されるものに依存するということである．

さて，式 (2.12) に最小作用の原理を適用しよう．次のように，場 $\varphi(x)$ とその1階偏微分 $\partial_\mu\varphi(x)$ に関して作用の変分をとる：

$$\begin{aligned} 0 &= \delta S \\ &= \delta \int d^4x \mathcal{L} \\ &= \int d^4x \left\{ \frac{\partial \mathcal{L}}{\partial \varphi} \delta\varphi + \frac{\partial \mathcal{L}}{\partial [\partial_\mu \varphi]} \delta(\partial_\mu \varphi) \right\} \end{aligned}$$

[*3] 訳注：これ以後特に断らない限り $c = 1$ の単位系で考える．

いま，

$$\delta(\partial_\mu \varphi) = \partial_\mu(\delta\varphi)$$

を使ってこの表式の第 2 項に部分積分を適用する．境界項は端点が固定されていることより消え，第 2 項は

$$\int d^4x \frac{\partial \mathcal{L}}{\partial[\partial_\mu \varphi]} \delta(\partial_\mu \varphi) = \int d^4x \frac{\partial \mathcal{L}}{\partial[\partial_\mu \varphi]} \partial_\mu(\delta\varphi)$$
$$= -\int d^4x \partial_\mu \left(\frac{\partial \mathcal{L}}{\partial[\partial_\mu \varphi]} \right) \delta\varphi$$

となる．以上をまとめると，作用の変分は

$$0 = \delta S = \int d^4x \left\{ \frac{\partial \mathcal{L}}{\partial \varphi} - \partial_\mu \left(\frac{\partial \mathcal{L}}{\partial[\partial_\mu \varphi]} \right) \right\} \delta\varphi$$

となる．この積分が 0 とはどのような意味であろうか？　2 つの場合がある：被積分関数が正になったり負になったりして打ち消しあうか，積分領域全体で 0 である場合．この場合，積分領域は変えられるから，いつでも打ち消しあうことはできない．これより，被積分関数は恒等的に 0 であることが分かる．すなわち，カッコの中の項が消える．これは，場 φ のオイラー-ラグランジュ方程式を与える．

$$\frac{\partial \mathcal{L}}{\partial \varphi} - \partial_\mu \left(\frac{\partial \mathcal{L}}{\partial[\partial_\mu \varphi]} \right) = 0 \tag{2.14}$$

ここで，アインシュタインの和に関する規約より，第 2 項は和をとっている．すなわち，

$$\partial_\mu \left(\frac{\partial \mathcal{L}}{\partial[\partial_\mu \varphi]} \right)$$
$$= \partial_t \left(\frac{\partial \mathcal{L}}{\partial[\partial_t \varphi]} \right) + \partial_x \left(\frac{\partial \mathcal{L}}{\partial[\partial_x \varphi]} \right) + \partial_y \left(\frac{\partial \mathcal{L}}{\partial[\partial_y \varphi]} \right) + \partial_z \left(\frac{\partial \mathcal{L}}{\partial[\partial_z \varphi]} \right)$$

である．この場の正準運動量密度は古典論と同様

$$\pi(x) = \frac{\partial \mathcal{L}}{\partial \dot{\varphi}} \tag{2.15}$$

によって与えられる．すると，ハミルトニアン密度は

$$\mathcal{H} = \pi(x)\dot{\varphi}(x) - \mathcal{L} \tag{2.16}$$

となる．ハミルトニアンを求めるには，この密度を空間で積分して

$$H = \int \mathcal{H} d^3x \tag{2.17}$$

とする．

例 2.3

ラグランジアン

$$\mathcal{L} = \frac{1}{2}\left\{(\partial_\mu \varphi)^2 - m^2\varphi^2\right\}$$

に従う運動方程式とハミルトニアンを求めよ．

解

式 (2.14) を直接適用すれば，この場の方程式を得ることができる．前の例の 5 ステップの手順に従おう．ラグランジアンは与えられているのだからステップ 1 は済んでいる．残りのステップはいくらか洞察力が必要になる．

この問題を解くにあたって鍵となるのが $\partial_\mu \varphi$ を変数として扱うということである．この考えに慣れるための思考の補助が必要なら，φ を x, $\partial_\mu \varphi$ を y として考えるアナロジーを使うと良い．すると，$\frac{\partial}{\partial \varphi}[\frac{1}{2}(\partial_\mu \varphi)^2]$ は $\frac{\partial}{\partial x}[\frac{1}{2}(y)^2] = 0$ のように計算できる．

ステップ 2 の準備が整ったので $\frac{\partial}{\partial[\partial_\mu \varphi]}(\mathcal{L})$ を計算しよう．

まず，ラグランジアンの最初の項にはダミー添字 μ が含まれているが，これ

はこのままでは $\dfrac{\partial}{\partial[\partial_\mu\varphi]}$ で偏微分する場合，添字 μ がダミー添字なのかそうでないかの区別がつかなくなり，計算がきちんと行えない．ダミー添字はどんな文字に置き換えてもよいのだったから，ここでは文字 μ を α に置き換えておこう．このとき，ラグランジアンの最初の項を展開することによって

$$(\partial_\alpha\varphi)^2=(\partial_\alpha\varphi)(\partial^\alpha\varphi)=(\partial_\alpha\varphi)g^{\alpha\beta}(\partial_\beta\varphi)$$

を得る．これより，

$$\begin{aligned}\frac{\partial\mathcal{L}}{\partial[\partial_\mu\varphi]}&=\frac{\partial}{\partial[\partial_\mu\varphi]}\left(\frac{1}{2}\left\{(\partial_\alpha\varphi)^2-m^2\varphi^2\right\}\right)\\&=\frac{1}{2}\frac{\partial}{\partial[\partial_\mu\varphi]}\left\{(\partial_\alpha\varphi)g^{\alpha\beta}(\partial_\beta\varphi)\right\}-\frac{1}{2}\frac{\partial}{\partial[\partial_\mu\varphi]}(m^2\varphi^2)\end{aligned}$$

を得る．これらの偏微分の計算において $\partial_\mu\varphi$ が単純に変数として働くという我々の観察を使うことにより，

$$\frac{\partial}{\partial[\partial_\mu\varphi]}(m^2\varphi^2)=0$$

となることは明らかである．これは，残るのが

$$\frac{\partial\mathcal{L}}{\partial[\partial_\mu\varphi]}=\frac{1}{2}\frac{\partial}{\partial[\partial_\mu\varphi]}\left\{(\partial_\alpha\varphi)g^{\alpha\beta}(\partial_\beta\varphi)\right\}$$

であることを意味する．しかし

$$\begin{aligned}\frac{\partial}{\partial[\partial_\mu\varphi]}\left\{(\partial_\alpha\varphi)g^{\alpha\beta}(\partial_\beta\varphi)\right\}=&\delta^\mu_\alpha g^{\alpha\beta}(\partial_\beta\varphi)+(\partial_\alpha\varphi)g^{\alpha\beta}\delta^\mu_\beta\\=&\delta^\mu_\alpha\partial^\alpha\varphi+(\partial^\beta\varphi)\delta^\mu_\beta\\=&2\partial^\mu\varphi\end{aligned}$$

であるので[*4]，

[*4] 訳注：左辺を微分するとでてくる初項の $\frac{\partial}{\partial[\partial_\mu\varphi]}(\partial_\alpha\varphi)$ の部分の計算は，偏微分が $\mu=\alpha$ のときに限り 1 になる．ついている添字の上下を揃えると，式のようになる．第 2 項についても同様．

$$\frac{\partial \mathcal{L}}{\partial[\partial_\mu \varphi]} = \partial^\mu \varphi$$

が成り立つ．ステップ3は必然的にこの結果の偏微分をとる．

$$\partial_\mu \left(\frac{\partial \mathcal{L}}{\partial[\partial_\mu \varphi]} \right) = \partial_\mu (\partial^\mu \varphi)$$

次のステップ4は最も簡単である．

$$\begin{aligned}
\frac{\partial \mathcal{L}}{\partial \varphi} &= \frac{\partial}{\partial \varphi} \left[\frac{1}{2} \left\{ (\partial_\mu \varphi)^2 - m^2 \varphi^2 \right\} \right] \\
&= \frac{\partial}{\partial \varphi} \left[\frac{1}{2} (\partial_\mu \varphi)^2 \right] - \frac{\partial}{\partial \varphi} \left[\frac{1}{2} (m^2 \varphi^2) \right] \\
&= -\frac{\partial}{\partial \varphi} \left[\frac{1}{2} (m^2 \varphi^2) \right] \\
&= -m^2 \varphi
\end{aligned}$$

最後にステップ5で運動方程式を形作る．

$$\begin{aligned}
0 &= \frac{\partial \mathcal{L}}{\partial \varphi} - \partial_\mu \left(\frac{\partial \mathcal{L}}{\partial[\partial_\mu \varphi]} \right) \\
&= -m^2 \varphi - \partial_\mu (\partial^\mu \varphi)
\end{aligned}$$

$\partial_\mu \partial^\mu = \frac{\partial^2}{\partial t^2} - \nabla^2$ を使うことにより，この問題で与えられたラグランジアンに従った場の方程式は

$$\frac{\partial^2 \varphi}{\partial t^2} - \nabla^2 \varphi + m^2 \varphi = 0$$

と書けることになる[*5]．

*5 訳注：この運動方程式はクライン-ゴルドン方程式として知られるものである．

例 2.4

サイン-ゴルドン方程式 (**sine-Gordon equation**) $\frac{\partial^2\varphi}{\partial t^2}-\frac{\partial^2\varphi}{\partial x^2}+\sin\varphi=0$ をラグランジアン

$$\mathcal{L}=\frac{1}{2}\left\{(\partial_t\varphi)^2-(\partial_x\varphi)^2\right\}+\cos\varphi$$

から導け[*6].

解

まず，次を計算する．

$$\begin{aligned}\frac{\partial\mathcal{L}}{\partial\varphi}&=\frac{\partial}{\partial\varphi}\left[\frac{1}{2}\left\{(\partial_t\varphi)^2-(\partial_x\varphi)^2\right\}+\cos\varphi\right]\\&=\frac{\partial}{\partial\varphi}\left[\frac{1}{2}\left\{(\partial_t\varphi)^2-(\partial_x\varphi)^2\right\}\right]+\frac{\partial}{\partial\varphi}\cos\varphi\\&=\frac{\partial}{\partial\varphi}(\cos\varphi)\\&=-\sin\varphi\end{aligned}$$

このラグランジアンは 1 つしか空間座標を持たないから，

$$\partial_\mu\left(\frac{\partial\mathcal{L}}{\partial[\partial_\mu\varphi]}\right)=\partial_t\left(\frac{\partial\mathcal{L}}{\partial[\partial_t\varphi]}\right)+\partial_x\left(\frac{\partial\mathcal{L}}{\partial[\partial_x\varphi]}\right)$$

となる．さて，時間と空間の偏微分に取り組むことにより，

$$\begin{aligned}\frac{\partial\mathcal{L}}{\partial[\partial_t\varphi]}&=\frac{\partial}{\partial[\partial_t\varphi]}\left[\frac{1}{2}\left\{(\partial_t\varphi)^2-(\partial_x\varphi)^2\right\}+\cos\varphi\right]=\partial_t\varphi\\\frac{\partial\mathcal{L}}{\partial[\partial_x\varphi]}&=\frac{\partial}{\partial[\partial_x\varphi]}\left[\frac{1}{2}\left\{(\partial_t\varphi)^2-(\partial_x\varphi)^2\right\}+\cos\varphi\right]=-\partial_x\varphi\end{aligned}$$

---

*6 訳注：$(\partial_\mu\varphi)^2=\partial_\mu\varphi\partial^\mu\varphi$ であったが，ここでは，$(\partial_t\varphi)^2=\partial_t\varphi\partial_t\varphi$，$(\partial_x\varphi)^2=\partial_x\varphi\partial_x\varphi$ としている．このため，空間成分に関しては，$\partial_x\varphi\partial_x\varphi=\partial_1\varphi\partial_1\varphi=-\partial_1\varphi\partial^1\varphi$ となるので注意が必要である．

が導かれるから,

$$\partial_\mu\left(\frac{\partial\mathcal{L}}{\partial[\partial_\mu\varphi]}\right)=\partial_t\left(\frac{\partial\mathcal{L}}{\partial[\partial_t\varphi]}\right)+\partial_x\left(\frac{\partial\mathcal{L}}{\partial[\partial_x\varphi]}\right)=\partial_t(\partial_t\varphi)-\partial_x(\partial_x\varphi)$$
$$=\frac{\partial^2\varphi}{\partial t^2}-\frac{\partial^2\varphi}{\partial x^2}=\Box\varphi$$

となる[*7]．したがって，この場合の運動方程式は

$$\Box\varphi+\sin\varphi=(\Box+\sin)\varphi=0$$

となる．この方程式は，クライン-ゴルドン方程式に似ていることから**サイン-ゴルドン方程式**と呼ばれている．

対称性と保存則

対称性とは，運動方程式の不変性を保つような，視点の変化である．たとえば，空間の並進，時間の原点の取り換え，そして回転などの変化である．これらは外部対称性，すなわち，それらは時空の変化に依存する．それとは別に**内部対称性**と呼ばれるものも存在し，それは時空に関するいかなる変化も含まない場の変化である．

古典力学における有名な定理として，**ネーターの定理**として知られる大変重要な定理がある．この定理は対称性を保存量，たとえば，電荷，エネルギー，運動量，などと関係付ける．数学的には，対称性は運動方程式を不変に保つような場やラグランジアンのある種の変換である．これからどのようにしてそのような変化を作るか，そしてそこからどのようにして不変量を演繹するかを見ていく．

物理学における 2 つの最も基礎的な結果，エネルギーと運動量の保存則は時空の小さな位置変化の結果としての対称性による．すなわち，時空の座標を

---

*7 訳注：いうまでもなくこの場合のダランベール演算子 □ は 2 次元時空のものである．

$$x^\mu \to x^\mu + a^\mu \tag{2.18}$$

のように変化させよう．ここで a^μ は時空の位置変化を表す任意の小さなパラメータである．テイラー展開によって

$$\varphi(x) \to \varphi(x+a) = \varphi(x) + a^\mu \partial_\mu \varphi \tag{2.19}$$

のように変化する．小さな変化（摂動）の下で場は

$$\varphi \to \varphi + \delta\varphi$$

のように表される．これは場の変分が明らかに

$$\delta\varphi = a^\mu \partial_\mu \varphi \tag{2.20}$$

と書けることを意味する．さて，再びラグランジアンの変分を考えよう．ラグランジアンが場とその 1 階偏微分のみに依存するとすると，

$$\delta\mathcal{L} = \frac{\partial\mathcal{L}}{\partial\varphi}\delta\varphi + \frac{\partial\mathcal{L}}{\partial[\partial_\mu\varphi]}\delta(\partial_\mu\varphi)$$

となる．オイラー-ラグランジュ方程式 (2.14) より

$$\frac{\partial\mathcal{L}}{\partial\varphi} = \partial_\mu\left(\frac{\partial\mathcal{L}}{\partial[\partial_\mu\varphi]}\right)$$

が成り立つことが分かっている．そのため，ラグランジアンの変分は

$$\begin{aligned}\delta\mathcal{L} &= \partial_\mu\left(\frac{\partial\mathcal{L}}{\partial[\partial_\mu\varphi]}\right)\delta\varphi + \frac{\partial\mathcal{L}}{\partial[\partial_\mu\varphi]}\delta(\partial_\mu\varphi) \\ &= \partial_\mu\left(\frac{\partial\mathcal{L}}{\partial[\partial_\mu\varphi]}\right)\delta\varphi + \frac{\partial\mathcal{L}}{\partial[\partial_\mu\varphi]}\partial_\mu(\delta\varphi)\end{aligned}$$

と書ける．こうして我々は全体の微分として書ける表式を得る．常微分の積の法則 $(fg)' = f'g + fg'$ を思い出そう．

$$f = \frac{\partial \mathcal{L}}{\partial[\partial_\mu \varphi]} \qquad g = \delta\varphi$$

と置くと，

$$\delta\mathcal{L} = \partial_\mu \left(\frac{\partial \mathcal{L}}{\partial[\partial_\mu \varphi]} \delta\varphi \right) = (fg)'$$

と書くことができる．すると，式 (2.20) を適用できる．同じ添字は 2 回までしか，一つの表式で使えないから，式 (2.20) の中の添字はべつのダミー添字，たとえば，$\delta\varphi = a^\mu \partial_\mu \varphi = a^\nu \partial_\nu \varphi$ に変える必要がある．含まれる量はただのスカラーだから，それらを移動して，$\delta\varphi = \partial_\nu \varphi a^\nu$ と書くことができる．すると，次の表式を得る．

$$\delta\mathcal{L} = \partial_\mu \left(\frac{\partial \mathcal{L}}{\partial[\partial_\mu \varphi]} \partial_\nu \varphi \right) a^\nu$$

同じように，ラグランジアンの変分は

$$\delta\mathcal{L} = \partial_\mu(\mathcal{L}) a^\mu = \delta^\mu_\nu \partial_\mu(\mathcal{L}) a^\nu$$

と書くこともできる*8．つまりここでは，式 (2.18) の位置変化に関しラグランジアンが直接どのように変化するのかを考えている．これらを等号で結ぶと

$$\delta\mathcal{L} = \delta^\mu_\nu \partial_\mu(\mathcal{L}) a^\nu = \partial_\mu \left(\frac{\partial \mathcal{L}}{\partial[\partial_\mu \varphi]} \partial_\nu \varphi \right) a^\nu$$

を得る．これらの項を片側に移項すると

$$\partial_\mu \left(\frac{\partial \mathcal{L}}{\partial[\partial_\mu \varphi]} \partial_\nu \varphi - \delta^\mu_\nu \mathcal{L} \right) a^\nu = 0$$

が得られる．さてここで，a^ν が任意であることを思い出そう．すると，この表式が消えるためには，偏微分は 0 でなくてはならない．すなわち，

*8 訳注：$\delta\mathcal{L}(\{x^\mu\}) = \mathcal{L}(\{x^\mu + \delta x^\mu\}) - \mathcal{L}(\{x^\mu\}) = \partial_\mu[\mathcal{L}(\{x^\mu\})]\delta x^\mu = \partial_\mu(\mathcal{L}) a^\mu$

$$\partial_\mu \left(\frac{\partial \mathcal{L}}{\partial [\partial_\mu \varphi]} \partial_\nu \varphi - \delta^\mu_\nu \mathcal{L} \right) = 0$$

である．この表式はとても重要なのでこの量には特別な名前を与えておこう．これは**エネルギー運動量テンソル**に他ならない．これを

$$T^\mu_\nu = \frac{\partial \mathcal{L}}{\partial [\partial_\mu \varphi]} \partial_\nu \varphi - \delta^\mu_\nu \mathcal{L} \tag{2.21}$$

と書く．それ故，全発散が 0 となる表現の保存関係は

$$\partial_\mu T^\mu_\nu = 0 \tag{2.22}$$

となる．このとき，

$$T^0_0 = \frac{\partial \mathcal{L}}{\partial \dot{\varphi}} \dot{\varphi} - \mathcal{L} = 0 = \mathcal{H} \tag{2.23}$$

において，T^0_0 はハミルトニアン密度に他ならない．それはエネルギー密度であり，式 $\partial_0 T^0_0 = 0$ はエネルギー保存則を反映したものである．運動量密度成分は T^0_i によって与えられる．ここで i は空間的添字を走る．場の運動量成分はこれらの項をそれぞれ空間で積分したものによって求められる．すなわち，

$$P_i = \int d^3x T^0_i \tag{2.24}$$

である．

ネーターカレント

さて，前節で使った手順を踏まえて，ネーターの定理がどのようにしてネーターカレントと，関連するネーターチャージを導くのに適用できるのかを見ていこう．場を微小量

$$\varphi \to \varphi + \delta\varphi \tag{2.25}$$

だけ変化させよう．我々は，この変分でラグランジアンが変化しないという前提で始める．式 (2.25) によるラグランジアンの変分は

$$\mathcal{L} \to \mathcal{L} + \delta\mathcal{L} \tag{2.26}$$

という形をとるだろう．変分でラグランジアンが変化しないということは，

$$\delta\mathcal{L} = 0 \tag{2.27}$$

ということを意味する．いま，通常の手順によって，場の変分によるラグランジアンの変分は

$$\delta\mathcal{L} = \frac{\partial\mathcal{L}}{\partial\varphi}\delta\varphi + \frac{\partial\mathcal{L}}{\partial[\partial_\mu\varphi]}\partial_\mu(\delta\varphi)$$

になる．ここで，再びオイラー-ラグランジュ方程式 (2.14) より，

$$\frac{\partial\mathcal{L}}{\partial\varphi} = \partial_\mu\left(\frac{\partial\mathcal{L}}{\partial[\partial_\mu\varphi]}\right)$$

と書くことができるから，

$$\delta\mathcal{L} = \partial_\mu\left(\frac{\partial\mathcal{L}}{\partial[\partial_\mu\varphi]}\right)\delta\varphi + \frac{\partial\mathcal{L}}{\partial(\partial_\mu\varphi)}\partial_\mu(\delta\varphi) = \partial_\mu\left(\frac{\partial\mathcal{L}}{\partial[\partial_\mu\varphi]}\delta\varphi\right)$$

を得る．我々は場の変分がラグランジアンを変化させない（式 (2.27)）という前提で進めているのだったから，これは

$$\partial_\mu\left(\frac{\partial\mathcal{L}}{\partial[\partial_\mu\varphi]}\delta\varphi\right) = 0 \tag{2.28}$$

という結果を導く．このカッコ内の量を**ネーターカレント**と呼ぶ．電磁気学の類似性でこれを文字 J で表し

$$J^\mu = \frac{\partial\mathcal{L}}{\partial[\partial_\mu\varphi]}\delta\varphi \tag{2.29}$$

と書く．よって保存則，式 (2.28) は

$$\partial_\mu J^\mu = 0 \tag{2.30}$$

と書くことができる．これは，ネーターの定理の中心的結果である：

- ラグランジアンの全ての連続的対称性，すなわち，ラグランジアンを不変に保つ全ての場の変分に対して，ネーターカレントが存在し，それは式 (2.29) を使うことによって，ラグランジアンから導ける形をしている．

ラグランジアンの対称性の結果得られるネーターカレントに関連して**ネーターチャージ**が存在する．これは，J の時間成分を空間積分することによって求められる：

$$Q = \int d^3x J^0 \tag{2.31}$$

これにより，前節でエネルギー運動量テンソルを導くときに紹介した時空の並進対称性は，ネーターチャージがエネルギーや運動量である，ネーターの定理の特別な場合であることが分かる．

電磁場

ファラデーテンソルあるいは電磁テンソルは

$$F^{\mu\nu} = \partial^\mu A^\nu - \partial^\nu A^\mu = \begin{pmatrix} 0 & -E_x & -E_y & -E_z \\ E_x & 0 & -B_z & B_y \\ E_y & B_z & 0 & -B_x \\ E_z & -B_y & B_x & 0 \end{pmatrix} \tag{2.32}$$

によって与えられる[*9]．A^μ はただのベクトルポテンシャルであるが，これは時間成分がスカラーポテンシャルで空間成分が磁場を書き下すことによって得られる普通のベクトルポテンシャルになっている4元ベクトルである．すなわち，$A^\mu = (\Psi, \vec{A})$ である．$F^{\mu\nu}$ はマクスウェル方程式を満たす，あるいは導くことを示すことができる．$F^{\mu\nu}$ は反対称，つまり添字を交換すると符号が反転する．式で書くと，

$$F^{\mu\nu} = -F^{\nu\mu} \tag{2.33}$$

である．同次マクスウェル方程式は電磁テンソルについて

$$\partial^\alpha F^{\beta\gamma} + \partial^\gamma F^{\alpha\beta} + \partial^\beta F^{\gamma\alpha} = 0 \tag{2.34}$$

のように書くことができる．一方，非同次マクスウェル方程式は

$$\partial_\mu F^{\mu\nu} - J^\nu = 0 \tag{2.35}$$

と書くことができる．ここで J^ν たちは電流密度である．変分法を使ってマクスウェル方程式を導くことは教育的である．それにより，高階テンソル，すなわちベクトル場がどのように働くかを学ぶことができる．次の例では式(2.35)をラグランジアンから導く．

例 2.5

ラグランジアン $\mathcal{L} = -\frac{1}{4}F_{\mu\nu}F^{\mu\nu} - J^\mu A_\mu$ が非同次マクスウェル方程式(2.35)を導くことを示せ．ただし，ポテンシャル A_μ を変化させても，電流密度は変化しないものとする．

解

いつもと同じように作用をラグランジアン密度の積分として書こう．この場合の作用は

[*9] 訳注：ここでは $c = \varepsilon_0 = \mu_0 = 1$ とする単位系を採用している．

$$S = \int d^4x \left(-\frac{1}{4} F_{\mu\nu} F^{\mu\nu} - J^\mu A_\mu \right)$$

と書ける．我々が計算する変分は δA_μ である．すると

$$\delta S = \int d^4x \left(-\frac{1}{4}(\delta F_{\mu\nu}) F^{\mu\nu} - \frac{1}{4} F_{\mu\nu}(\delta F^{\mu\nu}) - J^\mu \delta A_\mu \right)$$

を得る．まず，最初の項を考えよう．電磁テンソルの定義式 (2.32) を使うことにより，$F_{\mu\nu} = \partial_\mu A_\nu - \partial_\nu A_\mu$ と書けるから

$$-\frac{1}{4}(\delta F_{\mu\nu}) F^{\mu\nu} = -\frac{1}{4}(\partial_\mu \delta A_\nu - \partial_\nu \delta A_\mu) F^{\mu\nu}$$

が得られる．さて，部分積分を行うことにより，偏微分を δA_ν から項 $F^{\mu\nu}$ に移動する．その結果

$$\begin{aligned} -\frac{1}{4}(\delta F_{\mu\nu}) F^{\mu\nu} &= -\frac{1}{4}(\partial_\mu \delta A_\nu - \partial_\nu \delta A_\mu) F^{\mu\nu} \\ &= \frac{1}{4}(\partial_\mu F^{\mu\nu} \delta A_\nu - \partial_\nu F^{\mu\nu} \delta A_\mu) \end{aligned}$$

という変形が許される．しかし，上下に付く同じ添え字はダミー添字だったから，第 2 項の μ と ν を入れ替えて

$$\frac{1}{4}(\partial_\mu F^{\mu\nu} \delta A_\nu - \partial_\mu F^{\nu\mu} \delta A_\nu)$$

のように書こう．さて，ここで添字の交換に関する電磁テンソルの反対称性 (2.33) を使う．これは第 2 項からマイナス符号を取り除く．

$$\begin{aligned} \frac{1}{4}(\partial_\mu F^{\mu\nu} \delta A_\nu - \partial_\mu F^{\nu\mu} \delta A_\nu) &= \frac{1}{4}(\partial_\mu F^{\mu\nu} \delta A_\nu + \partial_\mu F^{\mu\nu} \delta A_\nu) \\ &= \frac{1}{2} \partial_\mu F^{\mu\nu} \delta A_\nu \end{aligned}$$

その結果

$$-\frac{1}{4}(\delta F_{\mu\nu}) F^{\mu\nu} = \frac{1}{2} \partial_\mu F^{\mu\nu} \delta A_\nu \tag{2.36}$$

を得る．さて，次の項 $-\frac{1}{4}F_{\mu\nu}(\delta F^{\mu\nu})$ に取り組もう．この場合

$$-\frac{1}{4}F_{\mu\nu}(\delta F^{\mu\nu}) = -\frac{1}{4}F_{\mu\nu}\delta(\partial^\mu A^\nu - \partial^\nu A^\mu) = -\frac{1}{4}F_{\mu\nu}(\partial^\mu \delta A^\nu - \partial^\nu \delta A^\mu)$$

である．添字を計量によって上げ下げして（第 1 章参照）この式を式 (2.36) の形に持っていこう．最初のステップは電磁テンソル項の添字を上げる．

$$-\frac{1}{4}F_{\mu\nu}(\partial^\mu \delta A^\nu - \partial^\nu \delta A^\mu) = -\frac{1}{4}g_{\mu\rho}g_{\nu\sigma}F^{\rho\sigma}(\partial^\mu \delta A^\nu - \partial^\nu \delta A^\mu)$$

さて，$F^{\rho\sigma}$ をカッコの中に入れて，部分積分を行い偏微分をそこに移動しよう．

$$\begin{aligned}
&-\frac{1}{4}g_{\mu\rho}g_{\nu\sigma}F^{\rho\sigma}(\partial^\mu \delta A^\nu - \partial^\nu \delta A^\mu) \\
&= \frac{1}{4}g_{\mu\rho}g_{\nu\sigma}[\partial^\mu(F^{\rho\sigma})\delta A^\nu - \partial^\nu(F^{\rho\sigma})\delta A^\mu] \\
&= \frac{1}{4}g_{\mu\rho}g_{\nu\sigma}\partial^\mu(F^{\rho\sigma})\delta A^\nu - \frac{1}{4}g_{\mu\rho}g_{\nu\sigma}\partial^\nu(F^{\rho\sigma})\delta A^\mu
\end{aligned}$$

微分演算子の添字を下げると

$$\begin{aligned}
&= \frac{1}{4}g_{\mu\rho}g_{\nu\sigma}\partial^\mu(F^{\rho\sigma})\delta A^\nu - \frac{1}{4}g_{\mu\rho}g_{\nu\sigma}\partial^\nu(F^{\rho\sigma})\delta A^\mu \\
&= \frac{1}{4}g_{\nu\sigma}\partial_\rho(F^{\rho\sigma})\delta A^\nu - \frac{1}{4}g_{\mu\rho}\partial_\sigma(F^{\rho\sigma})\delta A^\mu
\end{aligned}$$

が得られる．次に，同じことをベクトルポテンシャル項に行う．

$$\begin{aligned}
&= \frac{1}{4}g_{\nu\sigma}\partial_\rho(F^{\rho\sigma})\delta A^\nu - \frac{1}{4}g_{\mu\rho}\partial_\sigma(F^{\rho\sigma})\delta A^\mu \\
&= \frac{1}{4}\partial_\rho(F^{\rho\sigma})\delta A_\sigma - \frac{1}{4}\partial_\sigma(F^{\rho\sigma})\delta A_\rho
\end{aligned}$$

ここで再び上下につく同じ添字はダミー添字だったから，添字を交換できる．第 2 項に注目して，$\rho \to \nu, \sigma \to \mu$ の置き換えを行うと

$$\begin{aligned}&\frac{1}{4}\partial_\rho(F^{\rho\sigma})\delta A_\sigma-\frac{1}{4}\partial_\sigma(F^{\rho\sigma})\delta A_\rho\\&=\frac{1}{4}\partial_\rho(F^{\rho\sigma})\delta A_\sigma-\frac{1}{4}\partial_\mu(F^{\nu\mu})\delta A_\nu\end{aligned}$$

が得られる．さて，電磁テンソルの反対称性を第 2 項に適用すると，次のようにマイナス符号が取り除かれる．

$$\begin{aligned}&\frac{1}{4}\partial_\rho(F^{\rho\sigma})\delta A_\sigma-\frac{1}{4}\partial_\mu(F^{\nu\mu})\delta A_\nu\\&=\frac{1}{4}\partial_\rho(F^{\rho\sigma})\delta A_\sigma+\frac{1}{4}\partial_\mu(F^{\mu\nu})\delta A_\nu\end{aligned}$$

添字の張り替えは初項にも適用できる．今回は，$\rho\to\mu,\sigma\to\nu$ としよう．すると

$$\begin{aligned}\frac{1}{4}\partial_\rho(F^{\rho\sigma})\delta A_\sigma+\frac{1}{4}\partial_\mu(F^{\mu\nu})\delta A_\nu&=\frac{1}{4}\partial_\mu(F^{\mu\nu})\delta A_\nu+\frac{1}{4}\partial_\mu(F^{\mu\nu})\delta A_\nu\\&=\frac{1}{2}\partial_\mu(F^{\mu\nu})\delta A_\nu\end{aligned}$$

を得る．この結果を式 (2.36) と結合すると，ダミー添字の張り替えにより，作用の変分が

$$\begin{aligned}\delta S&=\int d^4x\left(\frac{1}{2}\partial_\mu F^{\mu\nu}\delta A_\nu+\frac{1}{2}\partial_\mu F^{\mu\nu}\delta A_\nu-J^\mu\delta A_\mu\right)\\&=\int d^4x(\partial_\mu F^{\mu\nu}-J^\nu)\delta A_\nu\end{aligned}$$

となることが分かる．ここで作用の変分が消える，すなわち $\delta S=0$ を要請する．いま，変分は任意だったから，δA_ν は任意である．ここで再びこの積分は被積分関数が領域全体で 0 のときに限り 0 になるという結論に到着した．これは，この作用はマクスウェル方程式が満たされるときに限り消える，すなわち，

$$\partial_\mu F^{\mu\nu}-J^\mu=0$$

を意味する．

ゲージ変換

この節では，ゲージ変換として知られるものを導入することによって不変量の考え方の拡張を考える．ここではこれらの考え方の簡単な導入を用意する．それらは，この本を読み進めるに従って，精巧化されるであろう．

ゲージ変換の考え方は，電気と磁気の研究から，場の方程式を変えることなく，つまり物理的場である $\vec{E}$ と $\vec{B}$ それら自身を変えることなく，スカラーポテンシャル Ψ とベクトルポテンシャル $\vec{A}$ に変更を加えることから生まれた．たとえば，磁場 $\vec{B}$ は回転

$$\vec{B} = \nabla \times \vec{A}$$

によってベクトルポテンシャル $\vec{A}$ を使って定義できる．ベクトル解析の規則は任意のベクトル場 $\vec{F}$ に対して，$\nabla \cdot (\nabla \times \vec{F}) = 0$ が成り立つことを教えてくれる．そのため，マクスウェル方程式 $\nabla \cdot \vec{B} = 0$ は $\vec{B} = \nabla \times \vec{A}$ によって $\vec{B}$ を定義しても依然として満足される．さて，f をあるスカラー関数として，新しいベクトルポテンシャル $\vec{A}'$ を

$$\vec{A}' = \vec{A} + \nabla f$$

によって定義しよう．我々はベクトル解析より $\nabla \times \nabla f = 0$ も知っている．そのため，**数学的に便利**ならば問題なくこのベクトルポテンシャルに ∇f の形の項を付け加えることができる．磁場 $\vec{B}$ は

$$\vec{B} = \nabla \times \vec{A}' = \nabla \times (\vec{A} + \nabla f) = \nabla \times \vec{A} + \nabla \times \nabla f = \nabla \times \vec{A}$$

より，変化しない．したがって，関心のある物理量である磁場は $\vec{A}' = \vec{A} + \nabla f$ の形の変換で不変である．電磁気学でのこの型の変換を**ゲージ変換**と呼ぶ．ゲージ変換の下ではいろいろ異なる選択肢がある．たとえば，$\nabla \cdot \vec{A} = 0$ という条件を課したものは，**クーロンゲージ**と呼ばれている．一方，$\nabla \cdot \vec{A} =$

$-\mu_0\varepsilon_0\frac{\partial\Psi}{\partial t}$ であるなら，**ローレンスゲージ（Lorenz gauge condition）**として知られるものである[*10].

場の理論において，ラグランジアンを不変に保つような場の変換を考えることにより，類似の概念に到達する．これがどのように場の理論で働くのかを見るために，簡単な例である複素場のクライン-ゴルドンラグランジアンを考えよう．

$$\mathcal{L} = \partial_\mu\varphi^\dagger\partial^\mu\varphi - m^2\varphi^\dagger\varphi \tag{2.37}$$

U を場に適用するユニタリ変換でどんな形であれ時空に依存しないものとしよう．すなわち，

$$\varphi \to U\varphi \tag{2.38}$$

と置く．すると

$$\varphi^\dagger \to \varphi^\dagger U^\dagger \tag{2.39}$$

である．変換がユニタリ変換だったから，我々は $UU^\dagger = U^\dagger U = 1$ も成り立つことを知っている．この変換がどのようにラグランジアン (2.37) に影響を与えるか見てみよう．各々の項を個別に見ると，まず最初の項が

$$\partial_\mu\varphi^\dagger\partial^\mu\varphi \to \partial_\mu(\varphi^\dagger U^\dagger)\partial^\mu(U\varphi)$$

となる．しかし，U はどんな形であれ時空に依存しないから，微分演算子はそれに影響しない．そのため，

$$\partial_\mu(\varphi^\dagger U^\dagger)\partial^\mu(U\varphi) = \partial_\mu(\varphi^\dagger)(U^\dagger U)\partial^\mu(\varphi) = \partial_\mu\varphi^\dagger\partial^\mu\varphi$$

である．同様に式 (2.37) の第 2 項も

[*10] 訳注：ローレンツ変換（Lorentz transformation）の Lorentz とローレンスゲージ条件（Lorenz gauge condition）の Lorenz とは別人であり，スペルも異なるので注意.

$$m^2\varphi^\dagger\varphi \to m^2(\varphi^\dagger U^\dagger)(U\varphi) = m^2(\varphi^\dagger)(U^\dagger U)(\varphi) = m^2\varphi^\dagger\varphi$$

となる．よって，変換 (2.38) の下で，ラグランジアン (2.37) が不変であることが分かる．U が定数であることより，これは

$$U = e^{i\Lambda}$$

の形で書くことができる．ここで Λ は定数である．しかし，より一般には，Λ はエルミートである限り行列でもあり得る．それが定数であることより，この場合のゲージ変換は**大域的**であると呼ばれる．これは時空にいかなる形でも依存しない．

局所ゲージ変換

興味深いゲージ変換として，局所ゲージ変換が存在し，それは時空に依存する．この型の変換はどのような信号も光の速さより速くは伝わらないという特殊相対論の要請を満たす．

変換 $\varphi \to U\varphi$ に戻ろう．以下では，我々は引き続き U をユニタリ変換であるものと考える．ただし，ここでは時空に依存するものと考え，したがって $U = U(x)$ である．これは，$\partial_\mu U$ のような項が消えないことを意味する．次に変換 $\varphi \to U\varphi$ でどのようにラグランジアンが変化するかを考える．我々は前節で考えたのと同じラグランジアン，すなわち，$\mathcal{L} = \partial_\mu\varphi^\dagger\partial^\mu\varphi - m^2\varphi^\dagger\varphi$ を使う．今回は，このラグランジアンの第 2 項が次のように不変量として残る．

$$m^2\varphi^\dagger\varphi \to m^2\varphi^\dagger U^\dagger(x)U(x)\varphi = m^2\varphi^\dagger\varphi$$

一方，初項は $U = U(x)$ が時空に依存する結果変わってしまう．すなわち，

$$\partial_\mu\varphi^\dagger \to \partial_\mu(\varphi^\dagger U^\dagger) = (\partial_\mu\varphi^\dagger)U^\dagger + \varphi^\dagger\partial_\mu(U^\dagger)$$

となる．同様に

$$\partial_\mu\varphi \to \partial_\mu(U\varphi) = (\partial_\mu U)\varphi + U\partial_\mu(\varphi)$$

も成り立つ．我々は U がユニタリであるという事実を使って，より便利な形にこれを書くことができる．

$$\begin{aligned}\partial_\mu\varphi \to \partial_\mu(U\varphi) &= (\partial_\mu U)\varphi + U\partial_\mu(\varphi)\\ &= UU^\dagger(\partial_\mu U)\varphi + U\partial_\mu(\varphi)\\ &= U[\partial_\mu\varphi + (U^\dagger\partial_\mu U)\varphi]\end{aligned}$$

不変性を保持するために，我々はここで示した余分な項を消去したい．言い換えれば，

$$(U^\dagger\partial_\mu U)\varphi$$

を取り除きたい．これは時空に依存する場 $A_\mu = A_\mu(x)$ という新しい物体を導入することによって遂行できる．これは，**ゲージポテンシャル**と呼ばれている．ここで文字 A_μ は電磁気学の類似性により与えられている．我々はここでラグランジアンの形を不変に保つような隠れた場を導入する．のちに見るように，これは劇的な結果を持ち，かつ，場の量子論において最も重要なテクニックである．我々は場に対して作用する**共変微分**を導入する[*11]．

$$D_\mu\varphi = \partial_\mu\varphi + iqA_\mu\varphi \tag{2.40}$$

共変という言葉の意味は式の形が変わらないということである．我々は局所ゲージ変換の下でこのラグランジアンを不変に保つためにこの微分演算子を導入する．大域的ゲージ変換 $\varphi \to U\varphi$ の下で

$$\partial_\mu\varphi \to U\partial_\mu\varphi$$

であったことを思い出そう．共変微分 (2.40) は局所ゲージ変換の場合において，この結果を取り戻すことを許す．すなわち，$\varphi \to U(x)\varphi$ は $D_\mu\varphi \to U(x)D_\mu\varphi$ である[*12]．これは，もし A_μ の定義が

[*11] **Relativity Demystified** の読者は一般相対論との類似性に注意せよ．

[*12] 訳注：変換後の D_μ を D'_μ と置くと，$D'_\mu = \partial_\mu + iqA'_\mu$ のように，$A_\mu \to A'_\mu$ と変換していることに注意．このとき，$D'_\mu\varphi' = UD_\mu\varphi$ が成り立つような $A_\mu(x)$ がとれる．

$$A_\mu \to UA_\mu U^\dagger + \frac{i}{q}(\partial_\mu U)U^\dagger$$

のような相似変換に従うとき成し遂げられる．著者によってはセミコロン記法 $D_\mu\varphi = \varphi_{;\mu}$ を使ってこの共変微分を表す．

例 2.6

質量 m，電荷 q を持った荷電スカラー粒子を考え，ローレンツ変換を満たすように微分演算子 $\partial_\mu \to \partial_\mu + qA_\mu$ の適切な修正を述べよ，

解

荷電スカラー粒子に対応する複素場の場の方程式は，共変微分 (2.40) を使うことによって得られる．この場合

$$i\partial_\mu \to i\partial_\mu - qA_\mu$$

の形をしている．ラグランジアンは

$$\mathcal{L} = -(i\partial_\mu + qA_\mu)\varphi^*(i\partial^\mu - qA^\mu)\varphi - m^2\varphi^*\varphi$$

である[*13]．このラグランジアンの変分は次の運動方程式を導く[*14]．

$$(i\partial_\mu - qA_\mu)^2\varphi - m^2\varphi = 0$$

[*13] 訳注：複素スカラー場のラグランジアン $\mathcal{L} = (\partial_\mu\varphi)^*(\partial^\mu\varphi) - m^2\varphi^*\varphi$ において，$\partial_\mu \to D_\mu = \partial_\mu + iqA_\mu$ と置き換えると，

$$\begin{aligned}(D_\mu\varphi)^*(D^\mu\varphi) - m^2\varphi^*\varphi =&(\partial_\mu + iqA_\mu)^*\varphi^*(\partial^\mu + iqA_\mu)\varphi - m^2\varphi^*\varphi \\ =&(\partial_\mu - iqA_\mu)\varphi^*(\partial^\mu + iqA_\mu)\varphi - m^2\varphi^*\varphi \\ =&-(i\partial_\mu + qA_\mu)\varphi^*(i\partial^\mu - qA_\mu)\varphi - m^2\varphi^*\varphi\end{aligned}$$

を得る．

[*14] 訳注：$(i\partial_\mu - qA_\mu)^2 = (i\partial_\mu - qA_\mu)(i\partial^\mu - qA^\mu)$ の記号法を使っている．

まとめ

ラグランジアンは運動エネルギーとポテンシャルエネルギーの差 $L = T - V$ によって与えられる．それはラグランジアンの積分である作用 S に変分法を適用することによって，系の運動方程式を得るために使われる．連続な系に拡張するとき，これらのテクニックは場の方程式を得るために場に適用される．予想される対称性や保存量に伴う問題のために，ラグランジアンは対応する変換の下で不変性を保つことが要請される．与えられた変換がラグランジアンの形を不変に保つとき，その変換は対称であるといわれる．ネーターの定理はラグランジアンの対称性からネーターチャージとネーターカレントを含む保存則を導くことを許す．対称性は局所的であり得る．その意味はそれらは時空に依存するか，考えている系に固有な内部対称性であるかである．式の共変性を保持するために，共変微分が必ず導入されなければならない．それにはゲージポテンシャルの使用が必要である．

章末問題

1. ラグランジアン

$$L = \frac{1}{2}m\dot{x}^2 - \frac{1}{2}m\omega^2 x^2 + \alpha x$$

を持つ強制調和振動子の運動方程式を求めよ．ただし，α は定数とする．

2. 式

$$\mathcal{L} = \frac{1}{2}\partial_\mu\varphi\partial^\mu\varphi - \frac{1}{2}m^2\varphi^2 - V(\varphi)$$

によって与えられるラグランジアンを考えよ．

(a) この系の場の方程式を書き下せ．

(b) 正準運動量密度 $\pi(x)$ を求めよ.

(c) ハミルトニアンを書き下せ.

3. ラグランジアン $\mathcal{L} = \frac{1}{2}\partial_\mu\varphi\partial^\mu\varphi$ を持つ自由スカラー場を考えよ．場は $\varphi \to \varphi + \alpha$ と変化すると仮定する．ただし，α は定数とする．このとき，ネーターカレントを求めよ.
4. 複素スカラー場のラグランジアン (2.37) を参照せよ．このとき，場 φ と $\varphi^\dagger$ が従う運動方程式を決定せよ.
5. 式 (2.37) を参照し，ネーターチャージを計算せよ.
6. 作用 $S = -\frac{1}{4}\int F_{\mu\nu}F^{\mu\nu}d^4x$ を考えよ．ポテンシャルを $A_\mu \to A_\mu + \partial_\mu\varphi$ のように変化させる．ただし，φ はスカラー場とする．このとき，この作用の変分を決定せよ.

Chapter 3 群論入門

数学の抽象的な分野である**群論**は現代素粒子論において基礎的な役割を果たしている．何故ならば群論は対称性と関係しているからである．たとえば，物理学において重要な群である**回転群**は，基準系を回転させても物理法則は不変であるという事実に関係している．一般に我々が必要としているのは，いろいろな変換の下で同じ数学的形式を保つような方程式の組または物理法則である．群論はこの型の対称性と関係する．

定義

ここでは，群論を抽象的な手法で議論することから始めるが，のちにいくつかのより具体的な物体を扱う．群とは何かを定義しよう．それは 4 つの性質を持っていなくてはならない．

群 G とは "乗法" または合成積の演算を含む要素の集まり $\{a, b, c, \ldots\}$ である．これは，$a \in G$ かつ $b \in G$ ならば，積もまた群の要素，すなわち，

$$ab \in G \tag{3.1}$$

であるものである．我々はこれを**閉包性**と呼ぶ．もし，$ab = ba$ のとき，こ

の群は**可換**であるという．一方，もし $ab \neq ba$ のとき，この群は**非可換**であるという．乗法という言葉は抽象的な意味を伝えるだけで，実際の演算は群によって変化する．

群 G は次の 3 つの公理を満たさなくてはならない．

1. 結合性:乗法は結合性を満たす．$(ab)c = a(bc)$
2. 単位元：群は $ae = ea = a$ を満たす単位元 e を持つ．単位元はその群にただ 1 つしか存在しない．
3. 逆元：全ての $a \in G$ に対し，a^{-1} で示す逆元が存在し，$aa^{-1} = a^{-1}a = e$ である．

また，

- 位数：群の位数とはその群に属する要素の個数である．

である．

群の表現

素粒子物理学において，我々はしばしば**群の表現**と呼ばれるものに関心がある．表現を F によって表そう．表現とは写像 F であって，群の要素 $a, b, \in G$ 及び G の単位元 $e \in G$ に対して

- $F(a)F(b) = F(ab)$
- 表現は単位元を保存する．すなわち，$F(e) = I$

の意味で群の乗法を保存するものである．$a, b \in G$ かつ $f(a), f(b) \in H$ と仮定しよう．ここで H は他のなんらかの群とする．もし乗法が

$$f(a)f(b) = f(ab)$$

を満たすとき，f は G から H への**準同型写像**と呼ぶ．また G から H への準同型写像が存在するとき，G は H に対して**準同型**であるという．これは，2つの群が似た構造を持っていることの，格式ばった言い方である．

例 3.1A

整数全体からなる集合は加法に関して群になるか？

解

整数全体からなる集合は加法に関して群になる．この場合，合成積として加法を採用することになる．$z_1 \in \mathbb{Z}$，$z_2 \in \mathbb{Z}$ としよう．明らかに和

$$z_1 + z_2 \in \mathbb{Z}$$

も整数である．したがってこれは $\mathbb{Z}$ に属する．単位元としては任意の $z \in \mathbb{Z}$ に対して

$$z + 0 = 0 + z = z$$

より $e = 0$ を採用できる．和は交換できる．すなわち，

$$z_1 + z_2 = z_2 + z_1$$

である．よってこの群は可換である．z の逆元は

$$z + (-z) = 0 = e$$

より $aa^{-1} = a^{-1}a = e$ を満たすからただの $-z$ である．

例 3.1

整数全体からなる集合は乗法に関して群になるか？

解

整数全体からなる集合は乗法に関して群にならない．この場合，合成積として乗法を採用することになる．$z_1 \in \mathbb{Z}$，$z_2 \in \mathbb{Z}$ としよう，明らかに積

$$z_1 z_2 \in \mathbb{Z}$$

も整数である．したがってこれは $\mathbb{Z}$ に属する．単位元としては任意の $z \in \mathbb{Z}$ に対して

$$z \times 1 = 1 \times z = z$$

より $e = 1$ を採用できる．積は交換できる．すなわち，

$$z_1 \times z_2 = z_2 \times z_1$$

である．よって $\mathbb{Z}$ は可換である．問題は逆元である：$1/z$ は（$z \neq 1, -1$ のとき）整数でない．

$$z \times \frac{1}{z} = 1 = e$$

よって，逆元が有理数の範囲に存在しても，その逆元は $\mathbb{Z}$ に存在しないから，全ての整数全体からなる集合は乗法に関して群にならない．

群のパラメータ

通常の位置の関数は入力 x によって特定される．すなわち，$y = f(x)$ である．似た方法で群も1つか複数の入力に対する関数であり得る．この入力を**パラメータ**と呼ぶ．

群 G を個々の要素 $g \in G$ が有限個の実数または複素数のパラメータで特定されるようなものとしよう．たとえば，パラメータの個数を n 個としよう．もしパラメータを

$$\{\theta_1, \theta_2, \ldots, \theta_n\}$$

と表すと，群の要素は

$$g = G(\theta_1, \theta_2, \ldots, \theta_n)$$

と書ける．このとき，単位元は全てのパラメータが 0 であるような群の元である．

$$e = G(0, 0, \ldots, 0)$$

リー群

有限個の要素を持つ離散群が存在する一方で我々の関心のあるほとんどの群は無限個の要素を持っている．しかし，それらは有限個の連続的に変化するパラメータを持つ．

表現 $g = G(\theta_1, \theta_2, \ldots, \theta_n)$ において，角度を暗示するパラメータの文字を使用した．これは物理学におけるさまざまな重要な群が回転に関するものであるからである．角度は有限の範囲 0 から 2π を連続的に変化する．加えて．この群は有限個の回転角パラメータでパラメータ化されている．

したがって，もし群 G が

- 有限個の連続パラメータ θ_i に依存する．
- 群の要素の全てのパラメータに関する偏微分が存在する．

を満たすとき，この群を**リー群**と呼ぶ．話を簡単にするために，単一のパラメータ θ を持つ群から始めよう．単位元は $\theta = 0$ に設定することで得られる．

$$g(\theta)\Big|_{\theta=0} = e \tag{3.2}$$

パラメータについての偏微分をとり，$\theta = 0$ で値を評価することにより，この群の**生成子**を得る．抽象的生成子を X で表そう．すると

$$X = \frac{\partial g}{\partial \theta}\Big|_{\theta=0} \tag{3.3}$$

となる．より一般に，群に n 個のパラメータがあるときには，n 個の生成子が存在する．それらは，

$$X_k = \left.\frac{\partial g}{\partial \theta_k}\right|_{\theta_k=0} \tag{3.4}$$

である．回転は長さを保存するという特殊な性質を持つ．（すなわち，ベクトルの回転はそのベクトルを同じ長さに保つ．）回転 $-\theta$ は回転 θ を打ち消す．そのため回転は直交またはユニタリ表現を持つ．量子論の場合には，群のユニタリ表現を探し，生成子 X_k としてハミルトニアンを選ぶ．この場合

$$X_k = -i\left.\frac{\partial g}{\partial \theta_k}\right|_{\theta_k=0} \tag{3.5}$$

となる．ある有限の θ に対して，生成子は群の表現を定義することを許す．小さな実数 $\varepsilon > 0$ を考え，テイラー展開を使うことによって群の表現（D で表す）を構成しよう．

$$D(\varepsilon\theta) \approx 1 + i\varepsilon\theta X$$

もし，$\theta = 0$ ならこの表現は明らかに単位元を与える．指数関数の級数展開

$$e^x = 1 + x + \frac{1}{2!}x^2 + \cdots$$

を思い出そう．これより指数を使った群の表現は

$$D(\theta) = \lim_{n\to\infty}\left(1 + i\frac{\theta X}{n}\right)^n = e^{i\theta X} \tag{3.6}$$

と定義できることになる[*1]．もし，X がハミルトニアンの場合，$X = X^\dagger$

[*1] 訳注：

$$\begin{aligned} g(\theta) =& D(\theta) = D^n(\tfrac{1}{n}\theta) \approx \left(1 + \frac{1}{n}\left.\frac{dD}{d\theta}\right|_{\theta=0}\theta\right)^n = \left(1 + i\frac{1}{n}\left(-i\left.\frac{dD}{d\theta}\right|_{\theta=0}\right)\theta\right)^n \\ =& \left(1 + i\frac{\theta X}{n}\right)^n \to e^{i\theta X} = e^{i\left(-i\left.\frac{dD}{d\theta}\right|_{\theta=0}\right)\theta} \end{aligned}$$

かつ

$$D^\dagger(\theta) = (e^{i\theta X})^\dagger = e^{-i\theta X^\dagger} = e^{-i\theta X}$$
$$\Rightarrow D^\dagger(\theta)D(\theta) = e^{-i\theta X}e^{i\theta X} = 1$$

より群の表現はユニタリになる．群の生成子が重要である 1 つの理由はそれらがベクトル空間をなすことである．これは群の 2 つの生成子を足して 3 つ目の生成子を得ることができることを意味する．そして，生成子にスカラーを掛けてもまたその群の生成子を得る．完備ベクトル空間はほかのベクトル空間を表すための基底として使うことができる．そのため，群の生成子はほかのベクトル空間を表すために使うことができる．たとえば，量子力学におけるパウリ行列と単位行列は任意の 2×2 行列を記述するのに使うことができる．

群の性質は次の意味での生成子で定義される．交換関係を満たすような生成子で

$$[X_i, X_j] = if_{ijk}X_k \tag{3.7}$$

と書かれる*2．これは群の**リー代数**と呼ばれている．量 f_{ijk} は，その群の**構造定数**と呼ばれる．リー代数の交換関係 (3.7) を眺めると，読者は非相対論的量子力学の学習において既に群の生成子を扱っているという事実に気付くだろう．のちにパウリのスピン行列を議論するときにこのことは明らかになる．

回転群

回転群とは原点についての全ての回転の集合である．鍵となる特徴は，回転がベクトルの長さを保存するということである．この数学的性質は行列が

*2 訳注：この式の添字の i が虚数単位と紛らわしいが，意味を考えればわかると思う．以後添字に i が出てくる場合は，虚数単位でないものとする．また，いうまでもなく，右辺はアインシュタインの規約により，空間成分で和をとっている．

ユニタリであるということによって表現される．回転の集合が群を作るということは簡単に分かる．群が持つべき基本的な性質を一つずつチェックしていこう．まず最初は群の合成積の規則である．もし，$a \in G$ かつ $b \in G$ で G が群なら，$ab \in G$ も成り立つのであった．さて，R_1 と R_2 を 2 つの回転としよう．最初の回転を R_1，それに続く回転を R_2 とすると，これらの回転の合成は，それ自体が次のような別の回転であることは明らかである．

$$R_3 = R_2 R_1$$

すなわち，上で説明した 2 つの回転を行うのは，単一の回転 R_3 を行うのと同じであり，そのため R_3 はこの回転群の要素である．次に，2 つの連続した回転がその 2 つの角の和に相当する単一の回転であるのかを図解しよう：

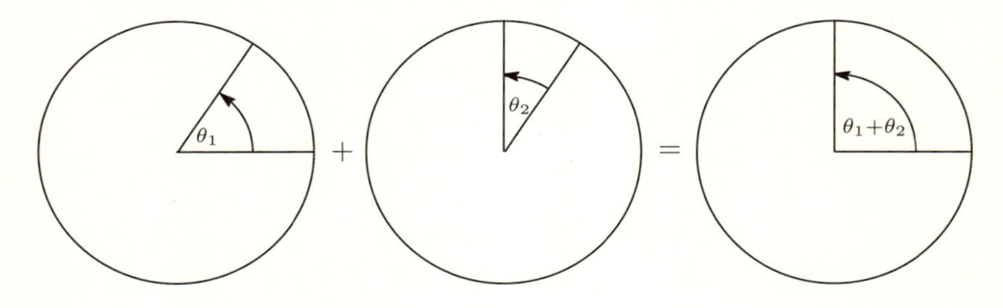

回転は可換ではない．すなわち，一般に

$$R_1 R_2 \neq R_2 R_1$$

である．これを確かめるには何か本を目の前の机に置こう．次に，それを 2 つの異なる軸で回転させる．そして，同じ 2 つの回転を異なる順番で試す実験を繰り返してみよう．すると，最終的な結果が等しくないことが確認できるだろう．したがって，回転群は可換ではない．その一方で，回転は次のように結合法則を満たす．

$$R_1(R_2 R_3) = (R_1 R_2) R_3$$

回転群は単位元を持つ．すなわち，単純に全く回転させないものである．回転の逆元は，単純に逆方向の（同じ大きさの）回転である．

回転を表現する

x_i を 2 次元ベクトルの座標とし，x'_i をその平面内で角度 θ だけ回転させた座標系から見たそのベクトルの座標としよう．2 つのベクトルの成分は変換

$$x'_j = \sum_{i=1}^{2} R_{ij} x_i$$

によって関連付けられている．ここで R_{ij} は**回転行列**である．これが回転群の表現である．特に，（2 次元内で）角度 θ による回転は行列

$$R(\theta) = \begin{pmatrix} \cos\theta & \sin\theta \\ -\sin\theta & \cos\theta \end{pmatrix}$$

によって表される[*3]．そのため，

$$\begin{aligned} x'_1 &= \cos\theta x_1 + \sin\theta x_2 \\ x'_2 &= -\sin\theta x_1 + \cos\theta x_2 \end{aligned}$$

$$\begin{pmatrix} x'_1 \\ x'_2 \end{pmatrix} = \begin{pmatrix} \cos\theta & \sin\theta \\ -\sin\theta & \cos\theta \end{pmatrix} \begin{pmatrix} x_1 \\ x_2 \end{pmatrix} = \begin{pmatrix} x_1\cos\theta + x_2\sin\theta \\ -x_1\sin\theta + x_2\cos\theta \end{pmatrix}$$

である．回転行列の転置を

$$R^T(\theta) = \begin{pmatrix} \cos\theta & -\sin\theta \\ \sin\theta & \cos\theta \end{pmatrix}$$

[*3] 訳注：ここで考えているのは座標軸の回転であり，物体の位置自体を回転させる場合，公式の回転角の符号は反転する．

と書こう．すると，

$$R(\theta)R^T(\theta) = \begin{pmatrix} \cos\theta & \sin\theta \\ -\sin\theta & \cos\theta \end{pmatrix}\begin{pmatrix} \cos\theta & -\sin\theta \\ \sin\theta & \cos\theta \end{pmatrix}$$

$$\begin{aligned} RR^T &= \begin{pmatrix} \cos\theta & \sin\theta \\ -\sin\theta & \cos\theta \end{pmatrix}\begin{pmatrix} \cos\theta & -\sin\theta \\ \sin\theta & \cos\theta \end{pmatrix} \\ &= \begin{pmatrix} \cos^2\theta + \sin^2\theta & -\cos\theta\sin\theta + \sin\theta\cos\theta \\ -\sin\theta\cos\theta + \cos\theta\sin\theta & \sin^2\theta + \cos^2\theta \end{pmatrix} \\ &= \begin{pmatrix} 1 & 0 \\ 0 & 1 \end{pmatrix} \end{aligned}$$

となることに気づくだろう．これより，これら2つの行列を掛け合わせると単位元になっているので，この行列の転置 R^T はこの群で R の逆元になっていることが分かる．何故これが正しいのかは基礎的な三角関数の知識，$\sin(-\theta) = -\sin(\theta)$ 及び，$\cos(-\theta) = \cos(\theta)$ を使うことで分かる．

$$R^T(\theta) = R(-\theta) = \begin{pmatrix} \cos\theta & -\sin\theta \\ \sin\theta & \cos\theta \end{pmatrix}$$

したがって，$R(\theta)$ の逆元は，$\sin(\theta - \theta) = 0$ 及び，$\cos(\theta - \theta) = 1$ より $R(-\theta)$ である．

$$R(\theta)R^T(\theta) = R(\theta)R(-\theta) = R(\theta)R^{-1}(\theta) = \begin{pmatrix} 1 & 0 \\ 0 & 1 \end{pmatrix}$$

群論において，群を表現する行列の行列式に従って様々な群が分類される．この場合，

$$\begin{aligned} \det R(\theta) =& \det\begin{pmatrix} \cos\theta & \sin\theta \\ -\sin\theta & \cos\theta \end{pmatrix} \\ =& \cos^2\theta + \sin^2\theta = 1 \end{aligned}$$

一般に，行列式は +1 とは限らない．しかし，もしこの条件が満たされるときには回転行列は**固有回転**と一致する．より単純化された記号法として角度を省略し，下付の添字を使うものを導入しよう．すなわち，

$$R(\theta_1) \to R_1$$

とする．これは角度の積の問題を議論するより良い方法である．さて，もし，$\det R_1 = 1$ かつ $\det R_2 = 1$ とすると，積は統一される．これは，行列式の積の性質より知ることができる．

$$\det(R_1 R_2) = \det R_1 \det R_2 = (1)(1) = 1$$

2 つの回転もまた

$$R_1 R_2 (R_1 R_2)^T = R_1 R_2 R_2^T R_1^T = R_1 R_1^T = I$$

より逆元を持つ．

このことを確かめる別の方法がこの群の閉包性を使うものである．連続する回転を R_1 と R_2 としよう．それらを合わせると，この群の要素 R_3 になる．

$$R_1 R_2 = R_3$$

既に述べたように転置は逆元である．

$$R_3^T = R_3^{-1}$$

成分に関しては，

$$R_3^T = (R_1 R_2)^T = R_2^T R_1^T \text{及び } R_3^{-1} = (R_1 R_2)^{-1} = R_2^{-1} R_1^{-1}$$

が成り立つから，上で見たように，

$$R_3 R_3^T = I$$

が得られた．これより，行列表現は回転群の性質を保存する．群の概念を導入したので，これから我々は素粒子物理学で重要な群を探索する．

$SO(N)$

群 $SO(N)$ は特殊直交（Special Orthogonal）な $N \times N$ 行列である．**特殊**という用語はこれらの行列が行列式 $+1$ を持つという事実を表している．$SO(N)$ を部分群として含むより大きな群が群 $O(N)$ である．これは直交な $N \times N$ 行列で行列式は

$$1 = \det I = \det(OO^T) = \det O \det O^T = [\det O]^2$$

より，± 1 である．一般に回転は直交行列で表すことができ，それ自身で群をなす．そのため，群 $SO(3)$ は3次元の回転によって表され，この群は 3×3 直交行列で行列式 $+1$ のものから成り立っている．

行列 O はその転置 O^T が逆元のとき**直交**であると呼ばれる．すなわち，

$$\begin{aligned} &OO^T = O^T O = I \\ &\Rightarrow O \text{ は直交である．} \end{aligned} \tag{3.8}$$

上で述べたとおり，特殊直交行列は $+1$ の行列式をを持つものである．

$$\det O = +1 \tag{3.9}$$

さて，おなじみの場合である $SO(3)$ に注目してみよう．この群は x, y, z 軸に関する3つの角度によって定義される3つのパラメータを持つ．これらの角度を ζ, ϕ, θ としよう．すると，

$$R_x(\zeta) = \begin{pmatrix} 1 & 0 & 0 \\ 0 & \cos\zeta & \sin\zeta \\ 0 & -\sin\zeta & \cos\zeta \end{pmatrix} \tag{3.10}$$

$$R_y(\phi) = \begin{pmatrix} \cos\phi & 0 & -\sin\phi \\ 0 & 1 & 0 \\ \sin\phi & 0 & \cos\phi \end{pmatrix} \tag{3.11}$$

$$R_z(\theta) = \begin{pmatrix} \cos\theta & \sin\theta & 0 \\ -\sin\theta & \cos\theta & 0 \\ 0 & 0 & 1 \end{pmatrix} \tag{3.12}$$

が成り立つ．これらの行列は 3 次元空間内の回転を表している．3 次元以上の空間内の回転は交換しない．そして，ここに書き下した回転行列もまた交換しないということを示すのは長ったらしくて退屈だが簡単な計算である．

今考えるべきことは，各々の群のパラメータに対する生成子を見つけることである．我々はこれを式 (3.5) を使って行う．まず最初は $R_x(\zeta)$ である．

$$\frac{dR_x}{d\zeta} = \begin{pmatrix} 0 & 0 & 0 \\ 0 & -\sin\zeta & \cos\zeta \\ 0 & -\cos\zeta & -\sin\zeta \end{pmatrix}$$

である．ここで $\zeta \to 0$ として生成子

$$J_x = -i\frac{dR_x}{d\zeta}\bigg|_{\zeta=0} = \begin{pmatrix} 0 & 0 & 0 \\ 0 & 0 & -i \\ 0 & i & 0 \end{pmatrix} \tag{3.13}$$

を得る．次に，$\phi = 0$ で評価される y 軸に関する回転に対する生成子を計算する．

$$J_y = -i\frac{dR_y}{d\phi}\bigg|_{\phi=0} = \begin{pmatrix} 0 & 0 & i \\ 0 & 0 & 0 \\ -i & 0 & 0 \end{pmatrix} \tag{3.14}$$

最後に，z 軸に関する回転は

$$J_z = -i\frac{dR_z}{d\theta}\bigg|_{\theta=0} = \begin{pmatrix} 0 & -i & 0 \\ i & 0 & 0 \\ 0 & 0 & 0 \end{pmatrix}$$

となる．

これらの行列はもちろんおなじみの角運動量行列である．これより，我々は角運動量演算子は回転の生成子であるという有名な結果を発見したことになる．この生成子は無限小回転を作るのに使うことができる．たとえば，ε を小さな正のパラメータとするとき，z 軸方向の角度 $\varepsilon\theta$ の無限小回転は，

$$R_z(\varepsilon\theta) = 1 + iJ_z\varepsilon\theta$$

と書ける．量子力学より，読者は既に群の代数を知っている．これは角運動量演算子によって満たされる交換関係に他ならない．

$$[J_i, J_j] = i\varepsilon_{ijk}J_k \tag{3.15}$$

この場合の構造定数はレビ-チビタテンソルによって与えられる．レビ-チビタテンソルは $+1, -1$ または 0 をとり，

$$\begin{aligned} \varepsilon_{123} = \varepsilon_{312} = \varepsilon_{231} = 1 \\ \varepsilon_{321} = \varepsilon_{213} = \varepsilon_{132} = -1 \end{aligned} \tag{3.16}$$

かつ，それ以外の添字の組み合わせは全て 0 である．

例 3.2

$e^{iJ_y\phi}$ の形の回転群の表現を示せ．

解

示すべきものは $R_y(\phi) = e^{iJ_y\phi}$ である．これは，指数関数のテイラー展開の最初のいくつかの項を書き下せば簡単に分かる．オイラーの公式を思い出そう．

$$e^{i\theta} = \cos\theta + i\sin\theta$$

ここから，sin と cos の展開式を取り出すことができる．

$$\cos\theta = 1 - \frac{1}{2!}\theta^2 + \frac{1}{4!}\theta^4 + \cdots$$
$$\sin\theta = \theta - \frac{1}{3!}\theta^3 + \frac{1}{5!}\theta^5 + \cdots$$

いま，

$$e^{iJ_y\phi} = 1 + iJ_y\phi - \frac{1}{2!}J_y^2\phi^2 - i\frac{1}{3!}J_y^3\phi^3 + \cdots$$

である．行列 J_y の冪は何か？　簡単な計算で n が偶数か奇数かによって J_y^n の値が 2 つに分かれることが示される．

$$J_y = J_y^3 = J_y^5 = \cdots = \begin{pmatrix} 0 & 0 & i \\ 0 & 0 & 0 \\ -i & 0 & 0 \end{pmatrix}$$

及び

$$J_y^2 = J_y^4 = J_y^6 = \cdots = \begin{pmatrix} 1 & 0 & 0 \\ 0 & 0 & 0 \\ 0 & 0 & 1 \end{pmatrix}$$

よって展開式は，

$$
\begin{aligned}
e^{iJ_y\phi} &= \begin{pmatrix} 1 & 0 & 0 \\ 0 & 1 & 0 \\ 0 & 0 & 1 \end{pmatrix} + i\begin{pmatrix} 0 & 0 & i \\ 0 & 0 & 0 \\ -i & 0 & 0 \end{pmatrix}\phi \\
&\quad - \frac{1}{2!}\begin{pmatrix} 0 & 0 & i \\ 0 & 0 & 0 \\ -i & 0 & 0 \end{pmatrix}^2 \phi^2 - i\frac{1}{3!}\begin{pmatrix} 0 & 0 & i \\ 0 & 0 & 0 \\ -i & 0 & 0 \end{pmatrix}^3 \phi^3 + \cdots \\
&= \begin{pmatrix} 1 & 0 & 0 \\ 0 & 1 & 0 \\ 0 & 0 & 1 \end{pmatrix} + \begin{pmatrix} 0 & 0 & -\phi \\ 0 & 0 & 0 \\ \phi & 0 & 0 \end{pmatrix} \\
&\quad - \frac{1}{2!}\begin{pmatrix} \phi^2 & 0 & 0 \\ 0 & 0 & 0 \\ 0 & 0 & \phi^2 \end{pmatrix} + \frac{1}{3!}\begin{pmatrix} 0 & 0 & \phi^3 \\ 0 & 0 & 0 \\ -\phi^3 & 0 & 0 \end{pmatrix} + \cdots \\
&= \begin{pmatrix} 1 - \frac{1}{2!}\phi^2 + \cdots & 0 & -\left(\phi - \frac{1}{3!}\phi^3 + \cdots\right) \\ 0 & 1 & 0 \\ \phi - \frac{1}{3!}\phi^3 + \cdots & 0 & 1 - \frac{1}{2!}\phi^2 + \cdots \end{pmatrix} \\
&= \begin{pmatrix} \cos\phi & 0 & -\sin\phi \\ 0 & 1 & 0 \\ \sin\phi & 0 & \cos\phi \end{pmatrix}
\end{aligned}
$$

となる．したがって，x, y, z に関する回転は，

$$
R_x(\zeta) = e^{iJ_x\zeta} \qquad R_y(\phi) = e^{iJ_y\phi} \qquad R_z(\theta) = e^{iJ_z\theta} \tag{3.17}
$$

と表される．単位ベクトル $\vec{n}$ によって定義される任意の軸の回転は

$$
R_n(\vec{\theta}) = e^{i\vec{J}\cdot\vec{\theta}} \tag{3.18}
$$

によって与えられる[*4]．以前に述べたように，直交変換（回転）はベクトルの長さを保存する．これを我々は回転の下でベクトルの長さが**不変**であるという．これは，長さ（の 2 乗）が $\vec{x}^2 = x^2 + y^2 + z^2$ の与えられたベクトル $\vec{x}$ は回転 $\vec{x}' = R\vec{x}$ によって変換するとき，

$$\begin{aligned} &\vec{x}'^2 = \vec{x}^2 \\ &\Longrightarrow x'^2 + y'^2 + z'^2 = x^2 + y^2 + z^2 \end{aligned} \tag{3.19}$$

を満たすことを意味する．

直交変換でのベクトルの長さの保存はユニタリ変換 $SU(2)$（次の節，ユニタリ群を参照せよ）と $SO(3)$ で表される 3 次元空間での回転の相関関係を樹立する際に重要となる．

ユニタリ群

素粒子物理学において，ユニタリ群は特殊な役割を果たしている．これはユニタリ演算子が量子論において重要な役割を果たしているという事実による．特に，ユニタリ演算子は内積を保存する．この意味は，ユニタリ変換は影響を与えあわない異なる状態間の遷移の確率を保存するということである．その結果，ユニタリ群は場の量子論において特殊な役割を果している．

理論の物理的予測がある群の作用の下で不変であるとき，その群はユニタリ演算子 U によって表すことができる．さらにいえば，このユニタリ演算子は，次のようにハミルトニアンと交換する．

$$[U, H] = 0$$

ユニタリ群 $U(N)$ は全ての $N \times N$ ユニタリ行列からなる．$SU(N)$ で表される特殊ユニタリ群は行列式 $+1$ を持つ $N \times N$ ユニタリ行列からなる．

[*4] 訳注：$\vec{\theta} = \theta\vec{n}$ である．

$SU(N)$ の次元，つまり生成子の個数は，N^2-1 によって与えられる．したがって，

- $SU(2)$ は $2^2-1=3$ 個の生成子を持つ．
- $SU(3)$ は $3^2-1=8$ 個の生成子を持つ．

が成り立つ．

$SU(N)$ の階数（rank）は $N-1$ である．したがって，

- $SU(2)$ の階数は $2-1=1$ である．
- $SU(3)$ の階数は $3-1=2$ である．

階数はその代数における同時に対角化できる演算子の個数を与える．

もっとも単純なユニタリ群が $U(1)$ である．“1×1” 行列は極形式で書かれた，ただの複素数である．別の言い方としては，$U(1)$ 対称性は単一のパラメータ θ を持ち，

$$U = e^{-i\theta}$$

と書かれる．ここで θ は実数のパラメータである．$U(1)$ が可換なことは

$$U_1U_2 = e^{-i\theta_1}e^{-i\theta_2} = e^{-i(\theta_1+\theta_2)} = e^{-i(\theta_2+\theta_1)} = e^{-i\theta_2}e^{-i\theta_1} = U_2U_1$$

より，完全に自明なことである．のちに数多くのラグランジュ形式の場の理論が $U(1)$ 変換の下で不変であることを見るだろう．複素平面でその問題を見るとこの不変性は明らかである．任意の複素数 $z=re^{i\alpha}$ を考えよう．z に $e^{i\theta}$ を掛けると，

$$e^{i\theta}z = e^{i\theta}re^{i\alpha} = re^{i(\theta+\alpha)}$$

を得る．この新しい複素数は同じ長さ r を持つ．そして角度は θ だけ増えている．

たとえば，複素スカラー場のラグランジアン

$$\mathcal{L} = \partial_\mu \varphi^* \partial^\mu \varphi - m^2 \varphi^* \varphi$$

は変換

$$\varphi \to e^{-i\theta} \varphi$$

の下で不変である．2 章で述べたように，ラグランジアンがある変換の下で不変であるとき，そこには対称性が存在する．この場合 $U(1)$ 対称性が存在する．力を媒介する**ゲージボソン**と呼ばれる粒子はこの型のようなユニタリ対称性に関連している．のちに電磁気学を考えるときに見るように，量子電磁力学の中で $U(1)$ 対称性に関連したゲージボソンが光子である．

のちの章で見るように，$U(1)$ 対称性はまたそれ自体で様々な量子数の保存を明らかにする．もし，量子数 a に関連した $U(1)$ 対称性が存在すると，

$$U = e^{-ia\theta}$$

が成り立つ．$U(1)$ 対称性の重要性は，ハミルトニアン H が変換 $e^{-ia\theta} H e^{ia\theta}$ で不変，すなわち，

$$UHU^\dagger = H$$

であることである．また，U の逆元はその随伴 $U^\dagger$（エルミート共役）である．

$$U(\theta)U^\dagger(\theta) = U(\theta)U(-\theta) = 1$$

このような対称性は例えば，レプトン数とバリオン数の保存に関して場の量子論において存在する．

まとめると，群 $U(1)$ の要素は単位長さを持つ複素数で，

$$U = e^{-i\theta} \tag{3.20}$$

と書ける．ここで θ は実数である．これはよく知られた単位円である．

次の非自明なユニタリ群は $U(2)$ である．これは全ての 2×2 ユニタリ行列の集合である．ユニタリ性を保つために，これらの行列は，

$$UU^\dagger = U^\dagger U = I \tag{3.21}$$

を満たす．物理学においては，我々は 2×2 ユニタリ群で行列式が $+1$ であるようなもの全体からなる集合である $U(2)$ の部分群に興味がある．この群は $SU(2)$ と呼ばれている．$SU(2)$ の生成子はパウリ行列である．ここに再現すると，

$$\sigma_1 = \begin{pmatrix} 0 & 1 \\ 1 & 0 \end{pmatrix} \qquad \sigma_2 = \begin{pmatrix} 0 & -i \\ i & 0 \end{pmatrix} \qquad \sigma_3 = \begin{pmatrix} 1 & 0 \\ 0 & -1 \end{pmatrix} \tag{3.22}$$

となる．さて，これからユニタリ群の階数がどのように作用するか見てみよう．$SU(2)$ の階数は 1 であり，基底に選んだ 1 つの対角化された演算子 σ_3 が存在している．$SU(2)$ の生成子は実は $\frac{1}{2}\sigma_i$ に採られ，リー代数はパウリ行列によって満たされるよく知られた交換関係

$$\left[\frac{\sigma_i}{2}, \frac{\sigma_j}{2}\right] = i\varepsilon_{ijk}\frac{\sigma_k}{2} \tag{3.23}$$

である．式 (3.23) によって表される $SU(2)$ の代数構造と，式 (3.15) によって表される $SU(3)$ の代数構造の類似性はこれら 2 つの群の対応関係が存在するということを示している．パウリ行列が交換しないことより，$SU(2)$ は式 (3.23) に見られるように非可換である．$SU(2)$ の階数が 1 であることを思い出すと，唯一の（独立な）対角化された生成子が存在し，我々はそれを σ_3 に選んだ．

$SU(2)$ の要素は

$$U = e^{i\frac{\alpha_j}{2}\sigma_j} \tag{3.24}$$

と書くことができる[*5]．ここで σ_j はパウリ行列の一つであり，α_j は実数で

[*5] 訳注：この式などは重複する英字でアインシュタインの規約により，空間成分に関する和をとっているので注意．

ある．式 (3.23) と (3.24) の因子 1/2 の存在理由を理解するために，$SU(2)$ と $SO(3)$ の対応関係を調べてみよう．式 (3.19) では $SO(3)$ がベクトルの長さを保存することを見た．$SU(2)$ はユニタリだから，同様にベクトルの長さを保存する．$\vec{r} = x\hat{x} + y\hat{y} + z\hat{z}$ と置こう．$\vec{\sigma} \cdot \vec{r}$ が作る行列は，

$$\begin{aligned}\vec{\sigma} \cdot \vec{r} =& \sigma_x x + \sigma_y y + \sigma_z z \\ =& \begin{pmatrix} 0 & x \\ x & 0 \end{pmatrix} + \begin{pmatrix} 0 & -iy \\ iy & 0 \end{pmatrix} + \begin{pmatrix} z & 0 \\ 0 & -z \end{pmatrix} \\ =& \begin{pmatrix} z & x - iy \\ x + iy & -z \end{pmatrix}\end{aligned} \tag{3.25}$$

となる．この行列の行列式をとると，次のようにこのベクトルの長さを得る．

$$\det \begin{pmatrix} z & x - iy \\ x + iy & -z \end{pmatrix} = -x^2 - y^2 - z^2 = -\vec{x}^2$$

この行列 $\vec{\sigma} \cdot \vec{r}$ がエルミートかつトレースが 0 なことにも注意しよう．さて，この行列のあるユニタリ変換を考えよう．たとえば，

$$\begin{aligned}U(\vec{\sigma} \cdot \vec{r})U^\dagger =& \sigma_x (\vec{\sigma} \cdot \vec{r}) \sigma_x^\dagger \\ =& \begin{pmatrix} 0 & 1 \\ 1 & 0 \end{pmatrix} \begin{pmatrix} z & x - iy \\ x + iy & -z \end{pmatrix} \begin{pmatrix} 0 & 1 \\ 1 & 0 \end{pmatrix} \\ =& \begin{pmatrix} -z & x + iy \\ x - iy & z \end{pmatrix}\end{aligned}$$

の様にとることができる．変換された行列はトレースが 0 でエルミートのままである．付け加えるならば，行列式が保存し，再びあのベクトルの長さを与える．すなわち，

$$\det \begin{pmatrix} -z & x + iy \\ x - iy & z \end{pmatrix} = -x^2 - y^2 - z^2 = -\vec{x}^2$$

が成り立つ．結論は，次のように $SO(3)$ のように $SU(2)$ はベクトルの長さを保存するということである．

$$\vec{x}'^2 = \vec{x}^2$$
$$\Rightarrow x'^2 + y'^2 + z'^2 = x^2 + y^2 + z^2$$

2 つの成分を持つスピノル

$$\Psi = \begin{pmatrix} \alpha \\ \beta \end{pmatrix}$$

に対する $SU(2)$ 変換を考えることによって対応関係は働く．ここで，

$$x = \frac{1}{2}(\beta^2 - \alpha^2) \qquad y = -\frac{i}{2}(\alpha^2 + \beta^2) \qquad z = \alpha\beta$$

である．すると，$\Psi = \left(\begin{smallmatrix} \alpha \\ \beta \end{smallmatrix}\right)$ に対する $SU(2)$ 変換は $\vec{x} = \left(\begin{smallmatrix} x \\ y \\ z \end{smallmatrix}\right)$ に対する $SO(3)$ 変換と同値になる．この同値性より分かるとおり，$SU(2)$ は，3 つの実パラメータを持ち，それは $SO(3)$ の 3 つの角度に対応する．$SU(2)$ 変換の “角度” を α, β, γ と置こう．$SU(2)$ によって作られる回転角の半分が $SO(3)$ によって作られる対応する回転である．任意の角 α に対して，$SU(2)$ で x についての回転を生成する変換は，

$$U = \begin{pmatrix} \cos\alpha/2 & i\sin\alpha/2 \\ i\sin\alpha/2 & \cos\alpha/2 \end{pmatrix}$$

によって与えられる（章末問題の問 1 を見よ）．この変換は x 軸に関する回転，式 (3.10) に対応する．次に y 軸周りの回転を生成する $SU(2)$ 変換を考えよう．そのユニタリ演算子は，

$$U = \begin{pmatrix} \cos\beta/2 & \sin\beta/2 \\ -\sin\beta/2 & \cos\beta/2 \end{pmatrix}$$

である．この変換は式 (3.11) によって与えられる $SU(2)$ 変換に対応する．最後に z 軸に関する回転は，$SU(2)$ 変換

$$U = \begin{pmatrix} e^{i\gamma/2} & 0 \\ 0 & e^{-i\gamma/2} \end{pmatrix}$$

となり，これは式 (3.12) に対応する．

全ての 2×2 特殊ユニタリ行列つまり $SU(2)$ の要素は 2 つの複素数 a, b によって，

$$U = \begin{pmatrix} a & b \\ -b^* & a^* \end{pmatrix}$$

かつ，$|a|^2 + |b|^2 = 1$ と書ける．

のちに，我々は $SU(2)$ 対称性の下で不変なラグランジアンの定義を探す．この対称性は電弱相互作用の場合において，特に重要である．$SU(2)$ 対称性に対応するゲージボソンは W と Z のボソンでそれは弱い相互作用を伝える．

次にユニタリ群 $SU(3)$ を考える．これはクォークと量子色力学の研究において重要である．以前 $SU(3)$ が 8 つの生成子を持つと述べた．これらは，**ゲルマン行列（Gell-Mann matrices）**と呼ばれ，

$$\lambda_1 = \begin{pmatrix} 0 & 1 & 0 \\ 1 & 0 & 0 \\ 0 & 0 & 0 \end{pmatrix} \quad \lambda_2 = \begin{pmatrix} 0 & -i & 0 \\ i & 0 & 0 \\ 0 & 0 & 0 \end{pmatrix} \quad \lambda_3 = \begin{pmatrix} 1 & 0 & 0 \\ 0 & -1 & 0 \\ 0 & 0 & 0 \end{pmatrix}$$

$$\lambda_4 = \begin{pmatrix} 0 & 0 & 1 \\ 0 & 0 & 0 \\ 1 & 0 & 0 \end{pmatrix} \quad \lambda_5 = \begin{pmatrix} 0 & 0 & -i \\ 0 & 0 & 0 \\ i & 0 & 0 \end{pmatrix} \quad \lambda_6 = \begin{pmatrix} 0 & 0 & 0 \\ 0 & 0 & 1 \\ 0 & 1 & 0 \end{pmatrix}$$

$$\lambda_7 = \begin{pmatrix} 0 & 0 & 0 \\ 0 & 0 & -i \\ 0 & i & 0 \end{pmatrix} \quad \lambda_8 = \frac{1}{\sqrt{3}} \begin{pmatrix} 1 & 0 & 0 \\ 0 & 1 & 0 \\ 0 & 0 & -2 \end{pmatrix}$$

によって与えられる．この群の階数より，これらのうち 2 つの行列 λ_3 と λ_8 が対角行列であることに注意しよう．ゲルマン行列は全てトレースが 0 であり，それらは交換関係

$$[\lambda_i, \lambda_j] = 2i \sum_{k=1}^{8} f_{ijk} \lambda_k \tag{3.26}$$

を満たす．これは $SU(3)$ の代数構造を定義する．ゼロでない構造定数は

$$\begin{gathered} f_{123} = 1 \qquad f_{147} = f_{165} = f_{246} = f_{257} = f_{345} = f_{376} = \frac{1}{2} \\ f_{458} = f_{678} = \frac{\sqrt{3}}{2} \end{gathered} \tag{3.27}$$

である．$SU(3)$ については，標準模型を確かめるときにより深く学ぶ．

カシミール演算子

カシミール演算子は群の生成子の非線形関数で，全ての生成子と交換するものである．群のカシミール演算子の個数はその群の階数によって与えられる．例として，$SU(3)$ を考えると，生成子は角運動量演算子である．この場合の，カシミール演算子は，

$$J^2 = J_x^2 + J_y^2 + J_z^2$$

である．カシミール演算子は不変量である．この場合，不変性は J^2 が群の単位元の倍数であることを示唆している．

まとめ

群論は物理学において重要な役割を果たしている．何故なら群は対称性を説明するのに利用されているからである．群の構造は生成子に関する代数学

によって定義される．もし，2つの群が同じ代数を持つなら，それらは関連性がある．ユニタリ変換は量子論における状態遷移の確率を保存する．その結果，場の量子論において最も重要な群はユニタリ群，特に $U(1)$，$SU(2)$，$SU(3)$ となる．

章末問題

1. $SU(2)$ の要素，$U = e^{i\sigma_x \alpha/2}$ を考えよう．冪級数展開を書き下すことによって，U を三角関数で表せ.
2. $SU(3)$ を考え，$\mathrm{tr}(\lambda_i \lambda_j)$ を計算せよ.
3. $SU(2)$ にはいくつのカシミール演算子が存在するか？
4. $SU(2)$ に対するカシミール演算子を書け.

   ローレンツ変換は $\tanh\varphi = v/c$ によって定義される速度パラメータを持つブースト行列によって説明できる．x 方向のブーストは行列

$$
\begin{pmatrix} \cosh\varphi & \sinh\varphi & 0 & 0 \\ \sinh\varphi & \cosh\varphi & 0 & 0 \\ 0 & 0 & 1 & 0 \\ 0 & 0 & 0 & 1 \end{pmatrix}
$$

   によって表される.

5. 生成子 K_x を求めよ.
6. J_z を角運動量演算子とする．4次元で J_z は，

$$
J_z = -i \begin{pmatrix} 0 & 0 & 0 & 0 \\ 0 & 0 & 1 & 0 \\ 0 & -1 & 0 & 0 \\ 0 & 0 & 0 & 0 \end{pmatrix}
$$

   と表される．このとき $[K_x, K_y] = -iJ_z$ を使って，K_y を求めよ.

7. 純粋なローレンツブーストは群を構成するか？

Chapter 4 離散対称性と量子数

3 章では**連続対称性**，すなわち，回転のような連続的に変化するパラメータを持つ対称性を考察した．ここでは，**離散対称性**と呼ばれる別の種類の対称性を考える．素粒子物理学には 3 つの重要な離散対称性がある．それは，**パリティ**，**荷電共役**，**時間反転**である．

加法的量子数と乗法的量子数

量子数とは素粒子反応（崩壊，衝突など）において保存するある（素粒子の量子化された特性）量である．**加法的量子数** n とは，$n_1, n_2, \ldots, n_i, \ldots$ を反応前の量子数とし，$m_1, m_2, \ldots, m_i, \ldots$ を反応後の量子数とするとき，それらの和が反応の前後で保存するようなものである．

$$\sum_i n_i = \sum_i m_i \tag{4.1}$$

あるいは，量子数 $n_1, n_2, \ldots, n_i, \ldots,$ を持つ複合系において，もし量子数が加法的ならば，この複合系の量子数は

$$\sum_i n_i$$

である．

乗法的量子数 n とは，$n_1, n_2, \ldots, n_i, \ldots$ を反応前の量子数とし，$m_1, m_2, \ldots, m_i, \ldots$ を反応後の量子数とするとき，それらの積が反応の前後で保存するようなものである．

$$\prod_i n_i = \prod_i m_i \tag{4.2}$$

あるいは，量子数 $n_1, n_2, \ldots, n_i, \ldots,$ を持つ複合系において，もし量子数が乗法的ならば，この複合系の量子数は

$$\prod_i n_i$$

である．もし，量子数が保存するなら，それはその系の対称性を表している．

パリティ

ここでは，非相対論的量子力学を考察することによってパリティの議論を始めよう．原点対称なポテンシャル V，つまり $V(-x) = V(x)$ を考えよう．これは，$\Psi(x)$ がシュレディンガー方程式の解なら，$\Psi(-x)$ もまた解となることを示唆する．そして，それは**同じ固有値**のシュレディンガー方程式の解となる．これは何故なら，$V(-x) = V(x)$ のとき，$\Psi(x)$ がシュレディンガー方程式

$$-\frac{\hbar^2}{2m}\frac{d^2\Psi(x)}{dx^2} + V(x)\Psi(x) = E\Psi(x)$$

の解とすると，変数変換 $x = -y$ を行うと，

$$-\frac{\hbar^2}{2m}\frac{d^2\Psi(-y)}{d(-y)^2} + V(-y)\Psi(-y) = E\Psi(-y)$$

であるが，いま，$\dfrac{d^2}{d(-y)^2} = \dfrac{d^2}{dy^2}$ および $V(-y) = V(y)$ より，

$$-\frac{\hbar^2}{2m}\frac{d^2\Psi(-y)}{dy^2} + V(y)\Psi(-y) = E\Psi(-y)$$

が成り立つので，$\varphi(y) \equiv \Psi(-y)$ と置けば，$\varphi(y)$ は

$$-\frac{\hbar^2}{2m}\frac{d^2\varphi(y)}{dy^2} + V(y)\varphi(y) = E\varphi(y)$$

を満たす．変数の文字を x に戻せば，結局，

$$-\frac{\hbar^2}{2m}\frac{d^2\varphi(x)}{dx^2} + V(x)\varphi(x) = E\varphi(x)$$

が成り立ち，これは，$\varphi(x) = \Psi(-x)$ が $V(x) = V(-x)$ のとき，元のシュレディンガー方程式を満たすことを示している．もし，$\Psi(x)$ と $\Psi(-x)$ がともに同じ固有値 E を持つシュレディンガー方程式の解なら，それらは

$$\Psi(x) = \alpha\Psi(-x) \tag{4.3}$$

の関係を持たなければならない[*1]．ここで，$x \to -x$ と置くと，

$$\Psi(-x) = \alpha\Psi(x)$$

を得る．これを式 (4.3) に代入すると，

$$\begin{aligned}&\Psi(x) = \alpha\Psi(-x) = \alpha[\alpha\Psi(x)] = \alpha^2\Psi(x)\\&\Rightarrow 1 = \alpha^2\end{aligned}$$

これは，$\alpha = \pm 1$ であることを教えてくれる．したがって，このとき，波動関数が**偶数パリティ**を持つと呼ばれる

[*1] 訳注：1 次元の束縛状態は必ず非縮退であるので，$\Psi(x)$ と $\varphi(x)$ が互いに同じ固有値を持つなら，線形従属性より，一方は他方の定数倍しかないということ．

$$\Psi(-x) = \Psi(x)$$

であるか，または波動関数が**奇数パリティ**を持つと呼ばれる

$$\Psi(-x) = -\Psi(x)$$

であるかのいずれかである．これは，**パリティ演算子** P という概念を導く．パリティ演算子は波動関数において $x \to -x$ という符号の変更を行う．

$$P\Psi(x) = \Psi(-x) \tag{4.4}$$

下の図のように，偶数次の冪は関数を偶数パリティ $[\Psi(-x) = \Psi(x)]$ に導き，奇数次の冪は関数を奇数パリティ $[\Psi(-x) = -\Psi(x)]$ に導く．
明らかに，連続して2回パリティ演算子を作用させると次のように元の関数に戻る．

$$P^2\Psi(x) = P\Psi(-x) = \Psi(x)$$

パリティ演算子を xy 平面内での y 軸での反射と考えよう．もし，Ψ が偶数パリティなら同じ関数値をとる．もし，Ψ が奇数パリティを持つならその関数値にマイナスを掛けたものになる．そのどちらの場合も，y 軸での他方の反射は元の状態に戻る．反射の反射は元の像になる．

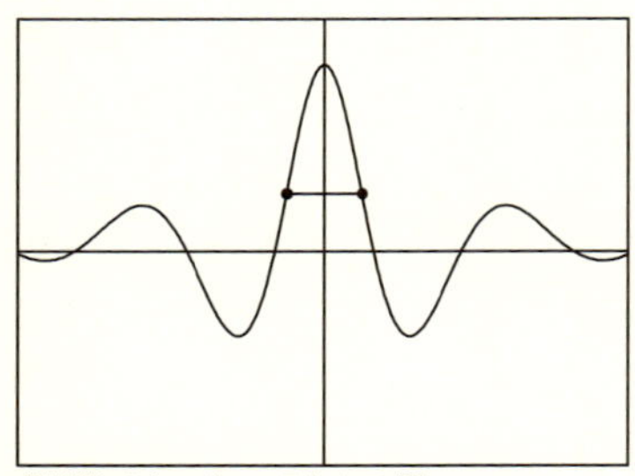

偶関数 $\Psi(-x) = \Psi(x)$ の例．
偶数次の冪を持つ単項式関数
$(x^2, x^4, x^6, \ldots)$ は偶関数である．

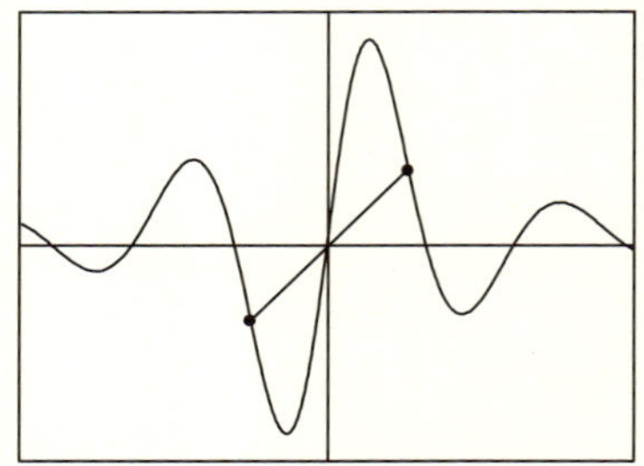

奇関数 $\Psi(-x) = -\Psi(x)$ の例．
奇数次の冪を持つ単項式関数
$(x^1, x^3, x^5, \ldots)$ は奇関数である．

$$P^2 = I \tag{4.5}$$

より，パリティの固有値は ±1 である．

$$P|\Psi\rangle = \pm|\Psi\rangle \tag{4.6}$$

既にみてきたとおり，正しい反射は長さを保存する．もし，$|\Psi\rangle$ が角運動量 L を持つ角運動量状態，すなわち，$|\Psi\rangle = |L, m_z\rangle$ とすると，パリティ演算子は，

$$P|L, m_z\rangle = (-1)^L|L, m_z\rangle \tag{4.7}$$

のように働く．上で示したように，$\Psi(x)$ と $\Psi(-x)$ がともに同じ固有値 E を持つシュレディンガー方程式の解となるとき，$\alpha = \pm1$ となる．これを一般化して，パリティ演算子とハミルトニアンが可換，すなわち，

$$[P, H] = 0 = PH - HP$$

であるとき，**パリティは保存する**と呼ぶ．このことの結果として，ハミルトニアンが状態の時間発展を決定するため，パリティ α を持つ状態はパリティ $-\alpha$ を持つ状態に時間発展できないことがいえる．偶数パリティ状態は時間発展を通して偶数パリティ状態を保持し，奇数パリティ状態は奇数パリティ状態を保持する．いま，$|\Psi\rangle$ が固有値 E を持つ H の非縮退固有状態ならば，

$$P(H|\Psi\rangle) = P(E|\Psi\rangle) = EP|\Psi\rangle$$

である．しかし，ここでもし，$[P, H] = 0 = PH - HP$ ならば，

$$H(P|\Psi\rangle) = P(H|\Psi\rangle) = E(P|\Psi\rangle)$$

である．したがって，H の固有状態はパリティ演算子の固有状態でもある[*2]．また，P の固有値は $\alpha = \pm 1$ でもある．これは，混合状態またはパリティがはっきりしない場合は除くことに注意せよ．これは数学的及び物理的に強い制約であり，粒子をフェルミオンかボソンかのいずれかにする．

場の量子論において，パリティの固有値 α は粒子の特性であり，その粒子の**固有パリティ**と呼ばれる．この節の初めのパリティと波動関数の議論より，与えられた粒子に対して $\alpha = +1$ を偶数パリティを持つといい，$\alpha = -1$ を奇数パリティを持つという．

フェルミオンのパリティは以下のように割り当てられる：

- スピン 1/2 の粒子は正のパリティを持つ．このため，電子とクォークはともに $\alpha = +1$ を持つ．
- スピン 1/2 の反粒子は負のパリティを持つ．このため，陽電子は $\alpha = -1$ を持つ．

ボソンは粒子と反粒子ともに同じ固有パリティを持つ．

パリティは乗法的量子数である．$|\Psi\rangle = |a\rangle|b\rangle$ を複合系としよう．もし，$|a\rangle$ と $|b\rangle$ に関するパリティをそれぞれ P_a と P_b とすると，この複合系のパリティは各々のパリティの積になる．すなわち，

$$P_\Psi = P_a P_b$$

である．新しいパリティ演算子は標準模型のネーターチャージの 1 つを結合することによって作ることができる．それらは，

- 電荷演算子 Q
- レプトン数 L
- バリオン数 B

[*2] 訳注：$|\Psi\rangle$ が H の非縮退固有値 E の固有状態なら，$P|\Psi\rangle$ も E の固有状態だから，式 (4.3) と同じように，線形従属性より，$P|\Psi\rangle = \alpha|\Psi\rangle$ のように $|\Psi\rangle$ の定数倍で書けるということ．

である．

以前パリティの保存について述べた．パリティは**常に保存するわけではない**．そして，特殊な場合として，

- パリティは電磁相互作用と強い相互作用で**保存する**．
- パリティは弱い相互作用で**保存しない**．

がある．

粒子はしばしば次のように表示される．

$$J^P \equiv \text{spin}^{\text{parity}} \tag{4.8}$$

負のパリティを持つスピン 0 粒子は**擬スカラー**と呼ばれる．擬スカラー粒子の例は，π 中間子と K 中間子である．式 (4.8) の記号法を使うと擬スカラー粒子は 0^- と表せる．

正のパリティを持つスピン 0 粒子は**スカラー**と呼ばれる．スカラーは 0^+ で表す．スカラー粒子の例は**ヒッグスボソン**であり，質量の生成を担うと考えられている場に対応する粒子である．捕まえにくいヒッグスはこれを書いている現在まで発見されていない．しかし，大型ハドロン衝突型加速器（LHC）が運用開始されればすぐに見つかるだろう[*3]．

ベクトルボソンはスピン 1 で負のパリティを持つ（1^-）．最も有名なベクトルボソンは光子である．擬ベクトルは単位スピンで正のパリティを持つ（1^+）．

パリティは電磁相互作用と強い相互作用で保存する．したがって，電磁相互作用または強い相互作用の前の全パリティは相互作用後の全パリティと同じである．1950 年代，リー（李政道，Tsung-Dao Lee）とヤン（楊振寧，Chen Ning Yang）という名前の 2 人の物理学者が弱い相互作用において，パリティの保存が破れると提唱した．

これは**パリティ対称性の破れ**と呼ばれる．これは，コバルト 60 の弱崩壊

[*3] 訳注：現在は発見されている．

によって実験的に示された．そして，それによりリーとヤンはノーベル賞を受賞した．パリティ対称性の破れは θ 中間子と τ 中間子と呼ばれる 2 つの粒子の弱崩壊でも明らかになった．それらは，

$$\theta^+ \to \pi^+ + \pi^0$$
$$\tau^+ \to \pi^+ + \pi^- + \pi^+$$

と崩壊する．これら 2 つの崩壊の最終状態は逆のパリティを持ち*4，したがって物理学者たちは θ^+ と τ^+ が異なる粒子であると考えていた．それにもかかわらず，θ^+ と τ^+ の連続して洗練された質量と寿命の測定はそれらが実際に同じ粒子であることを示唆した．弱い相互作用におけるパリティ対称性の破れの発見は，このジレンマを解決し，現在この粒子は K^+ 中間子と呼ばれている．

荷電共役

さて，いまから粒子を反粒子に変える演算子，**荷電共役** C を考えよう．$|\Psi\rangle$ で粒子状態を表すものとし $|\bar{\Psi}\rangle$ で反粒子状態を表すものとしよう．すると，荷電共役演算子は

$$C|\Psi\rangle = |\bar{\Psi}\rangle \tag{4.9}$$

のように働く．

荷電共役演算子は反粒子状態にも働き，それらを粒子状態に変える．

$$C|\bar{\Psi}\rangle = |\Psi\rangle \tag{4.10}$$

これより，

*4 訳注：π 中間子のパリティーは -1 であり，パリティーが乗法的量子数であることに注意せよ．

$$C^2|\Psi\rangle = CC|\Psi\rangle = C|\bar{\Psi}\rangle = |\Psi\rangle$$

が成り立つ．この関係式を使うと荷電共役の固有値を決定することができる．明らかに，パリティと同じように $C = \pm 1$ であるべきである．荷電共役もまたパリティと同様，乗法的量子数である．荷電共役が粒子を反粒子に変えたり，その逆をしたりすることより，荷電共役は全ての量子数（と磁気モーメント）の符号を反転させる．陽子 $|p\rangle$ を考えよう．それは正の電荷 q を持ち，バリオン数は $B = +1$ である．

$$Q|p\rangle = q|p\rangle$$

もし，荷電共役を陽子に作用させると，$C|p\rangle = |\bar{p}\rangle$ であり，

$$Q|\bar{p}\rangle = -q|\bar{p}\rangle$$

より，電荷は反転する．バリオン数もまた $B = -1$ に変化する．陽子状態は $C|p\rangle = |\bar{p}\rangle$ の結果が異なる量子数を持つ状態，つまり異なる量子状態だから，荷電共役の固有状態ではないことに注意が必要である．荷電共役演算子の固有状態は電荷 0 を持つ固有状態，すなわち中性粒子である．より一般に，C の固有状態は全ての加法的量子数が 0 に等しくなければならない．例は，中性パイ中間子 π^0 である．この場合，π^0 はそれ自身の反粒子であり，

$$C|\pi^0\rangle = \alpha|\pi^0\rangle$$

がある α で成り立つ．荷電共役を 2 回作用させると，

$$\begin{aligned} &C^2|\pi^0\rangle = \alpha C|\pi^0\rangle = \alpha^2|\pi^0\rangle \\ &\Rightarrow \alpha = \pm 1 \end{aligned}$$

が成り立つ．光子の荷電共役の性質を次のように求め，そしてそれによって π^0 の固有値 α を決定することができる．まず，荷電共役は次のように電荷密度 J の符号を反転させる．

$$CJC^{-1} = -J$$

さて，光子の荷電共役の性質を決定するために電磁場のラグランジアンの相互作用の部分を使うことができる．そのためには $J_\mu A^\mu$ への C の作用を知る必要がある．

$$\begin{aligned} CJ_\mu A^\mu C^{-1} &= CJ_\mu C^{-1} CA^\mu C^{-1} \\ &= -J_\mu CA^\mu C^{-1} \end{aligned}$$

これは,

$$CA^\mu C^{-1} = -A^\mu \Rightarrow CJ_\mu A^\mu C^{-1} = J_\mu A^\mu$$

より，$CA^\mu C^{-1} = -A^\mu$ が成り立つときに限り不変である．

A^μ が電磁場のベクトルポテンシャルであることより，これは光子の荷電共役の固有値が $\alpha = -1$ であることを教えてくれる．したがって，もし n 個の光子があれば，荷電共役は $(-1)^n$ となる．π^0 は次のように 2 つの光子に崩壊する．

$$\pi^0 \to \gamma + \gamma$$

2 光子状態は $\alpha = (-1)^2 = +1$ を持つ．したがって，

$$\begin{aligned} &C|\pi^0\rangle = (+1)|\pi^0\rangle \\ &\Rightarrow \pi^0 \text{に対しては} \alpha = +1 \text{ である．} \end{aligned}$$

を結論付けることになる．

荷電共役はパリティと同じような保存則を満たす．すなわち，

- 荷電共役 C は電磁相互作用と強い相互作用で保存する．
- 荷電共役は弱い相互作用で保存しない．

CP 対称性の破れ

荷電共役とパリティが弱い相互作用においてそれぞれ個別に破れているということから荷電共役とパリティの組み合わせが保存するということが期待される．それは大体正しい．しかし，中性 K 中間子の崩壊においてわずかな破れを見ることができる．

中性 K 中間子 $|K^0\rangle$ はその反粒子との線形結合状態の中で観測されるという興味深い粒子である．これは次に示すように，$|K^0\rangle$ が自然にその反粒子に遷移したり，またその逆が起きたりするからである．

$$|K^0\rangle \leftrightarrow |\bar{K}^0\rangle$$

$|K^0\rangle$ とその反粒子は擬スカラー 0^- であり，よって負のパリティを持つ．すなわち，

$$P|K^0\rangle = -|K^0\rangle$$
$$P|\bar{K}^0\rangle = -|\bar{K}^0\rangle$$

である．荷電共役は，もちろん $|K^0\rangle$ をその反粒子に変える演算である．すなわち，

$$C|K^0\rangle = |\bar{K}^0\rangle$$
$$C|\bar{K}^0\rangle = |K^0\rangle$$

である．一緒にすると，CP は，

$$CP|K^0\rangle = -C|K^0\rangle = -|\bar{K}^0\rangle$$
$$CP|\bar{K}^0\rangle = -C|\bar{K}^0\rangle = -|K^0\rangle$$

のように働く．この関係から $|K^0\rangle$ と $|\bar{K}^0\rangle$ は CP の固有状態**ではない**ことが分かる．CP が破れているかどうかを確認するために，$|K^0\rangle$ でも $|\bar{K}^0\rangle$ でもない，新たな CP の固有状態を作る必要がある．これを行った状態が，

$$|K_1\rangle = \frac{|K^0\rangle - |\bar{K}^0\rangle}{\sqrt{2}} \qquad |K_2\rangle = \frac{|K^0\rangle + |\bar{K}^0\rangle}{\sqrt{2}}$$

である．粒子の状態をベクトル空間で考えるのは便利である．$\pi/4$ 回転を使うと，

$$\begin{pmatrix} |K_1\rangle \\ |K_2\rangle \end{pmatrix} = R\left(-\frac{\pi}{4}\right)\begin{pmatrix} |K^0\rangle \\ |\bar{K}^0\rangle \end{pmatrix}$$

と書ける．これは粒子のベクトル空間表示の利点を表している．

これより，

$$CP|K_1\rangle = +|K_1\rangle$$
$$CP|K_2\rangle = -|K_2\rangle$$

が成り立つ．幸い，これらの状態は実験室で作ることができる．それらはどちらも π 中間子に崩壊した．さて，もし，CP が保存するなら，これらの状態は同じ値の CP を持つ状態に崩壊する．すなわち，

$$|K_1\rangle \to CP = +1 \text{ の状態に崩壊する．}$$
$$|K_2\rangle \to CP = -1 \text{ の状態に崩壊する．}$$

である．

中性 K 中間子 $|K^0\rangle$ は 2 つの π 中間子か，3 つの π 中間子に崩壊することができる．これらの状態の荷電共役とパリティの固有値は，

$$2\text{ つの}\pi\text{中間子} : C = +1, P = +1,$$
$$\Rightarrow CP = +1$$
$$3\text{ つの}\pi\text{中間子} : C = +1, P = -1,$$
$$\Rightarrow CP = -1$$

である．もし，CP が保存するなら，

$$|K_1\rangle \to 2\text{ つの}\pi\text{中間子にのみ崩壊する．}$$
かつ
$$|K_2\rangle \to 3\text{ つの}\pi\text{中間子にのみ崩壊する．}$$

が成り立つはずである．これは実験的に観測されていることは**ではない**．非常に短い間，

$$|K_2\rangle \to 2\text{ つの}\pi\text{中間子に崩壊する．}$$

が成り立つ．このため，$CP = -1 \to CP = +1$ という遷移が起こる．長寿命の K 中間子状態は，

$$|K_L\rangle = \frac{|K_2\rangle + \varepsilon|K_1\rangle}{\sqrt{1+|\varepsilon|^2}}$$

であることが判明した．パラメータ ε は CP 対称性の破れの総量の目安である．実験事実は

$$\varepsilon = 2.3 \times 10^{-3}$$

であることを示している．間違いなく小さな数である．しかし，0 ではない．CP 対称性の破れは短い時間，長寿命中性 K 中間子状態に $|K_1\rangle$ が見つかり，予期せぬ崩壊を引き起こすからである．

CPT 定理

不変性を取り戻すためには，もう 1 つの対称性，**時間反転**を持ってくる必要がある．これは，状態に対する別の離散変換で，状態 $|\Psi\rangle$ を時間発展が逆向きの状態 $|\Psi'\rangle$ に変える．運動量はその符号を変える．線形運動量は $p \to -p$ になり，角運動量は $L \to -L$ になる．その一方で，それ以外の全ての量子数は同じ符号を保つ．時間反転演算子は状態を

$$T|\Psi\rangle = |\Psi'\rangle$$

に変換するように働く．時間反転演算子は**反ユニタリ**かつ**反線形**である．反線形であるので，これは

$$T(\alpha|\Psi\rangle + \beta|\phi\rangle) = \alpha^*|\Psi'\rangle + \beta^*|\phi'\rangle$$

が成り立つことを意味する．ユニタリ演算子 U が内積を保存する，つまり，

$$\langle U\phi|U\Psi\rangle = \langle\phi|\Psi\rangle$$

であるのに対して，反ユニタリ演算子 A はそうではない．しかし，その代わりに，それは次のように複素共役を与える．

$$\langle A\phi|A\Psi\rangle = \langle\phi|\Psi\rangle^*$$

時間反転演算子は反ユニタリであり，状態を複素共役に変換する演算子 K（ここでの K は前節の K 中間子ではなく，演算子である.）

$$K\Psi = \Psi^*$$

とユニタリ演算子 U との積で書くことができる．

$$T = UK$$

もし，時間反転演算子がハミルトニアンと交換する，つまり，$[T, H] = 0$ とし，そしてもし $|\Psi\rangle$ がシュレディンガー方程式を満足するなら，$t \to -t$ の下で $T|\Psi\rangle$ もまたシュレディンガー方程式を満足する．そのため時間反転演算子と命名されている．もし，物理法則が時間反転で不変とすると，それはその系の対称性である．

CPT 定理は3つの対称性 C, P, T を一緒にとったものを考えている．この定理によれば，もし，荷電共役，パリティ反転，時間反転を一緒にとれば，完全な対称性が得られ，したがって物理法則は不変になる．言葉で表せば，

この定理はもし物質が反物質に置き換えられれば（荷電共役），運動量は空間的反転（パリティ共役）と時間反転により反転する．その結果は，我々が住んでいる宇宙と区別が付かない宇宙になるであろう．CPT 定理が成り立つためには，3 つ全ての対称性が成り立つか，あるいは 1 つか複数の対称性が破れ，それ以外の別の対称性の破れが最初の対称性の破れを打ち消していなければならない．しかし，我々は既に弱い相互作用において CP 対称性の破れがあることを見てきた．CP 対称性の破れの問題を補うために，T 対称性が破れている必要がある．

さて，このことを（やや大雑把に）場の量子論の立場から見てみよう．特殊相対論を満足するためにはローレンツ不変性が必要である．これはローレンツ変換は，

$$\Lambda^{\mu}{}_{\nu} = \begin{pmatrix} \cosh\phi & -\sinh\phi & 0 & 0 \\ -\sinh\phi & \cosh\phi & 0 & 0 \\ 0 & 0 & 1 & 0 \\ 0 & 0 & 0 & 1 \end{pmatrix}$$

と表されるが，場の量子論でも同じであるということを意味する．量子論は ϕ を複素数にとることを許す．もし，$\phi = i\pi$ かつ

$$\Lambda^{\mu}{}_{\nu} = \begin{pmatrix} \cosh\phi & -\sinh\phi & 0 & 0 \\ -\sinh\phi & \cosh\phi & 0 & 0 \\ 0 & 0 & 1 & 0 \\ 0 & 0 & 0 & 1 \end{pmatrix}$$

とすると，$\phi = i\pi$ を代入して，

$$\Lambda^{\mu}{}_{\nu} = \begin{pmatrix} -1 & 0 & 0 & 0 \\ 0 & -1 & 0 & 0 \\ 0 & 0 & 1 & 0 \\ 0 & 0 & 0 & 1 \end{pmatrix}$$

を得る．これは時間反転 $t \to -t$ と空間反転 $x \to -x$ を与える．これが PT 不変性理論である．もしその粒子が電荷を帯びていれば，完全な CPT 不変性に戻る．

まとめ

この章ではパリティ，荷電共役，時間反転を含むいくつかの離散対称性を確認した．これらの離散対称性が弱い相互作用において保存しないことから，興味深い物理学が生れてくる．全ての相互作用で常に保存する対称性が CPT である．これは CPT 定理によって記述される．

章末問題

1. パリティ演算子の下での角運動量状態の変換は
   (a) $P|L, m_z\rangle = -|L, m_z\rangle$
   (b) $P|L, m_z\rangle = L|L, m_z\rangle$
   (c) $P|L, m_z\rangle = (-1)^L|L, m_z\rangle$
   (d) $P|L, m_z\rangle = |L, m_z\rangle$
2. 電磁場の相互作用ラグランジアンは次のとき荷電共役の下で不変である
   (a) $CA^\mu C^{-1} = -A^\mu$
   (b) 荷電共役の下で不変ではない．
   (c) $CJ^\mu C^{-1} = J^\mu$
   (d) $CA^\mu C^{-1} = A^\mu$
3. パリティは
   (a) 弱い相互作用において保存するが，強い相互作用では破れている．
   (b) 強い相互作用においては保存するが，弱い相互作用と電磁相互作用において破れている．

(c) 保存しない.

(d) 強い相互作用と電磁相互作用では保存するが，弱い相互作用では破れている.

4. 荷電共役の固有値は

(a) $C = \pm 1$

(b) $C = 0, \pm 1$

(c) $C = \pm q$

(d) $C = 0, \pm q$

5. 演算子は次のとき反ユニタリである.

(a) $\langle A\phi | A\Psi \rangle = -\langle \phi | \Psi \rangle$

(b) $\langle A\phi | A\Psi \rangle = \langle \phi | \Psi \rangle$

(c) $\langle A\phi | A\Psi \rangle = \langle \phi | \Psi \rangle^*$

(d) $\langle A\phi | A\Psi \rangle = -\langle \phi | \Psi \rangle^*$

Chapter 5 ディラック方程式

次の章では，科学者たちが時間微分を 2 階に “昇格” することによって時間と空間を等しい立場に置く相対論的な波動方程式を得る試みから始めたのを見る．これがなぜ行われたのかというと，シュレディンガー方程式が 2 階の空間微分を持つからである．その結果得られる方程式を**クライン-ゴルドン方程式**と呼ぶ．期待に反して，これは量子論に関する様々な問題を引き起こした．特に，それは負の確率密度を許し，負のエネルギー状態を導いた．

これらの問題が結果としてはクライン-ゴルドン方程式を再解釈することによって解決されたにもかかわらず，最初の問題は真正面から別の手法で取り組む試みという実りの多い問題提起となった．これが実際ディラックが彼の新しい有名な方程式を導く中で行ったことである．ディラック方程式はスピン 1/2 の場に適用され，そして時間微分の階を上げる代わりに，1 階の空間微分を考えることによって，時間と空間を方程式の中で同じ土台に置いた．

古典的ディラック場

ここではまず古典場の理論の面からディラック方程式を見ることから始める．再び，我々は特殊相対論の教義を満たすことを目標に問題に取り組む．そのため，時間と空間が同じ形式で式の中に現れるようにしたい．4章で議論したように，シュレディンガー方程式の時間に関する微分は1階微分であり，空間に関する微分は2階微分である．クライン-ゴルドン方程式はこの食い違いを時間に対する2階微分をとることによって対処する試みである．ディラック方程式は逆のアプローチをとり，時間微分を1階のまま空間座標に関する1階微分を使うことを考える．これを行う理由はクライン-ゴルドン方程式に現れた負の確率密度を回避するためである．よって，時間微分を1階に保つことによってこの問題を回避することを試みよう．

まず最初にシュレディンガー方程式を思い出そう．

$$i\hbar\frac{\partial\varPsi}{\partial t} = -\frac{\hbar^2}{2m}\nabla^2\varPsi + V\varPsi \tag{5.1}$$

演算子の定義 $\hat{H} = -\frac{\hbar^2}{2m}\nabla^2 + V$ を使ってより示唆に富む形に書くと，

$$i\hbar\frac{\partial\varPsi}{\partial t} = \hat{H}\varPsi \tag{5.2}$$

何故これが示唆に富む表現なのか？ ディラック方程式はただシュレディンガー方程式に現れるハミルトニアン $\hat{H}$ を変えたものを波動方程式に適用するだけでシュレディンガー方程式の一種として考えることができるからである．このハミルトニアンの形は特殊相対論の要求を満たすように選ばれる．式に現れる粒子の静止質量を m とすると，ディラック方程式で使われるハミルトニアンは

$$\hat{H} = c\vec{\alpha}\cdot(-i\hbar\nabla) + \beta mc^2 \tag{5.3}$$

となる．$\vec{\alpha}$ と β についてちょっと説明が必要だろう．さしあたり，式 (5.3) を式 (5.2) で使うとディラック方程式を与える[*1]．

$$i\hbar\frac{\partial\Psi}{\partial t} = \left[c\vec{\alpha}\cdot(-i\hbar\nabla) + \beta mc^2\right]\Psi \tag{5.4}$$

これは相対論的に共変な方程式である．時間と空間は，ともに方程式に 1 階微分として現れるから，同じ立場に置かれている．方程式に現れる新しい項，$\vec{\alpha}$ と β は実際は 4×4 **行列**である．それらを書き下す前に，物理学者たちが**ディラック行列**あるいは γ 行列と呼ぶものを使って式 (5.4) を書き換える．まず，それはひとまず置いといて，勾配演算子を思い出そう．それは，ベクトル演算子

$$\nabla = \frac{\partial}{\partial x}\hat{x} + \frac{\partial}{\partial y}\hat{y} + \frac{\partial}{\partial z}\hat{z}$$

である．あるいは 1 章の記号法を使って，

$$\nabla = \frac{\partial}{\partial x^1}\hat{e}_1 + \frac{\partial}{\partial x^2}\hat{e}_2 + \frac{\partial}{\partial x^3}\hat{e}_3$$

とも書ける．これを書き出すと，ディラック方程式 (5.4) の中にはっきりと 1 階の空間微分が現れる．同様に $\vec{\alpha}$ を成分が行列であるようなベクトルとして上手くとる．

$$\vec{\alpha} = \alpha_1\hat{e}_1 + \alpha_2\hat{e}_2 + \alpha_3\hat{e}_3$$

[*1] 訳注：相対論的量子力学を構築するには，相対論的エネルギーの式 $E^2 = (c\vec{p})^2 + (mc^2)^2$ を演算子で満たす式を作らねばならないが，そのまま演算子に置き換えたクライン-ゴルドン方程式では負の確率密度というあり得ないものが現れてしまう．そこで，この式の “ルート” をとった式を考えたいが，そのままだと，線形な式にならない．波動関数は重ね合わせの原理が成り立つことが分かっているので，これは線形な “ルート” をとる必要があることを意味する．そこで，$\hat{E} = \vec{\alpha}\cdot(c\hat{\vec{p}}) + \beta(mc^2\hat{1})$ と仮において，これの二乗が相対論的エネルギーの式になるように，$\vec{\alpha}$ と β を決めてやれば，相対論的に完璧な波動方程式が得られる．これが式 (5.4) である．係数行列の満たすべき条件は読者の楽しみのためにとっておく．

さて，$\vec{\alpha}$ と β によってガンマ行列（あるいはディラック行列）を次のように定義する．

$$\gamma^0 = \beta \tag{5.5}$$

$$\gamma^i = \beta\alpha_i \tag{5.6}$$

量子論を付け加える

この時点で，量子論の最初のヒントが働き始める．もちろんそれらは行列だから，ディラック行列が交換すると要求する必要はない．言い換えると，$\gamma^1\gamma^2 = \gamma^2\gamma^1$ が正しい必要はない．実際，ディラック行列は重要な**反交換関係**に従う．2つの行列 A と B の反交換関係は

$$\{A, B\} = AB + BA \tag{5.7}$$

である．多くの教科書では，反交換関係は $[A, B]_+$ と表されているが，本書では式 (5.7) の記号法を使う．ディラック行列の関係性はそれらを時空の計量に結び付ける（恐らくここで量子重力と結びつく？ ）．それは，

$$\{\gamma^\mu, \gamma^\nu\} = \gamma^\mu\gamma^\nu + \gamma^\nu\gamma^\mu = 2g^{\mu\nu} \tag{5.8}$$

によって与えられる[*2]．ディラック行列を使うことによって，読者の友人全てに確実に印象付けることができる装飾的な相対論的記号法でディラック方程式を書き下すことができる．それは，

$$i\hbar\gamma^\mu \frac{\partial\Psi}{\partial x^\mu} - mc\Psi = 0 \tag{5.9}$$

[*2] 訳注：この式の右辺は単位行列 $1 = I$ が省略されている．つまり省略しなければ，$\{\gamma^\mu, \gamma^\nu\} = 2g^{\mu\nu}I$ である．

である[*3]．この式はもっと良くできる．$\hbar = c = 1$ という単位系を採用し，$\frac{\partial}{\partial x^\mu} = \partial_\mu$ を使うと，

$$i\gamma^\mu \partial_\mu \Psi - m\Psi = 0 \tag{5.10}$$

のように，ディラック方程式をコンパクトに書くことができる．量子論を持ち込んだときにこの方程式を正しく解釈する方法は，それを**ディラック場**に適用することである．ディラック場の量子はスピン 1/2 の粒子，電子である．

例 5.1

ディラック場 Ψ もまたクライン-ゴルドン方程式を満たすことを示せ．

解

これは驚くにあたらない．というのも，クライン-ゴルドン方程式は量子化の手続き $E \to i\hbar\frac{\partial}{\partial t}$ 及び $\vec{p} \to -i\hbar\nabla$ を使って導いた，特殊相対論におけるエネルギー，質量，運動量に関するアインシュタインの関係式の言い換えに他ならないからである．$E^2 = p^2 + m^2$ が全てに適用できる完全に基礎的な関係式であることより，ディラック場を含む全ての粒子と場はクライン-ゴルドン方程式を満たさなければならない．ある意味ディラック方程式は，クライン-ゴルドン方程式の"平方根"をとったものであることが分かる．どのようにしてクライン-ゴルドン方程式がディラック方程式から直接導かれるのか見てみよう．まず，ディラック方程式から始める．

$$i\gamma^\mu \partial_\mu \Psi - m\Psi = 0$$

次に，左から $i\gamma_\nu \partial^\nu$ を掛ける．これは

---

*3 訳注：この式は，式 (5.4) の両辺に左側から $\gamma^0 = \beta$ を掛けて，ガンマ行列の定義式 (5.5) 及び (5.6) で書き換えただけである．∇ との内積を成分で書き，$\beta^2 = I$ に注意して整理すればすぐ得られる．このようにするとガンマ行列でディラック方程式をすっきり表せることが分かる．

$$-\gamma_\nu\gamma^\mu\partial^\nu\partial_\mu\Psi - im\gamma_\nu\partial^\nu\Psi = 0$$

を与える．第2項を見てみよう．ディラック方程式それ自身より，

$$i\gamma^\mu\partial_\mu\Psi = m\Psi$$

である．したがって，

$$im\gamma_\nu\partial^\nu\Psi = m^2\Psi$$

と書くことができる[*4]．これを使って全ての項を移項してマイナス符号を取り除くと，

$$-\gamma_\nu\gamma^\mu\partial^\nu\partial_\mu\Psi - im\gamma_\nu\partial^\nu\Psi = 0$$

は

$$\gamma_\nu\gamma^\mu\partial^\nu\partial_\mu\Psi + m^2\Psi = 0$$

になる．さてここでディラック行列の従う反交換関係 (5.8) を適用する．ページをめくらずに済むように，ここに再び書くと，

$$\{\gamma^\mu, \gamma^\nu\} = \gamma^\mu\gamma^\nu + \gamma^\nu\gamma^\mu = 2g^{\mu\nu}$$

となる．これを $\gamma_\nu\gamma^\mu\partial^\nu\partial_\mu\Psi + m^2\Psi = 0$ の最初の項を対称的な形に書くことに適用できる．これは次のように行われる：

$$\begin{aligned}
\gamma_\nu\gamma^\mu\partial^\nu\partial_\mu =& g_{\nu\sigma}\gamma^\sigma\gamma^\mu\partial^\nu\partial_\mu \\
=& \gamma^\sigma\gamma^\mu\partial_\sigma\partial_\mu \\
=& \frac{1}{2}(\gamma^\sigma\gamma^\mu\partial_\sigma\partial_\mu + \gamma^\sigma\gamma^\mu\partial_\sigma\partial_\mu) \\
=& \frac{1}{2}(\gamma^\sigma\gamma^\mu\partial_\sigma\partial_\mu + \gamma^\mu\gamma^\sigma\partial_\mu\partial_\sigma) \\
=& \frac{1}{2}(\gamma^\sigma\gamma^\mu + \gamma^\mu\gamma^\sigma)\partial_\sigma\partial_\mu
\end{aligned}$$

---

*4 訳注：$im\gamma_\nu\partial^\nu\Psi = img_{\mu\alpha}\gamma^\alpha g^{\mu\beta}\partial_\beta\Psi = im\delta_\alpha^\beta\gamma^\alpha\partial_\beta\Psi = im\gamma^\mu\partial_\mu\Psi = m^2\Psi$

しかし，ここで

$$\begin{aligned}\frac{1}{2}(\gamma^\sigma\gamma^\mu+\gamma^\mu\gamma^\sigma)\partial_\sigma\partial_\mu =&\frac{1}{2}\{\gamma^\sigma,\gamma^\mu\}\partial_\sigma\partial_\mu\\ =&\frac{1}{2}\times 2g^{\sigma\mu}\partial_\sigma\partial_\mu\\ =&\partial^\mu\partial_\mu\end{aligned}$$

であるので，

$$\begin{aligned}0 =&\gamma_\nu\gamma^\mu\partial^\nu\partial_\mu\Psi+m^2\Psi\\ =&\partial^\mu\partial_\mu\Psi+m^2\Psi\end{aligned}$$

を得る．これは我々の旧友，クライン-ゴルドン方程式に他ならない！　これは本当に満足な結果に違いない．我々はディラック方程式から直接クライン-ゴルドン方程式を導いた．これはディラック場（粒子...）もまたクライン-ゴルドン方程式を満たし，したがってエネルギー，質量そして運動量の間の相対論的関係を自動的に満たすことを示している．

ディラック行列の形

もし具体的にディラック行列を書き下すことができなければ，何を得るためにでせよ困難は避けられないだろう．ディラック行列を求める方法は実際いくつかの異なる方法がある．最初に紹介する一つの方法は，ディラック-パウリ表現で，それは非常に簡単である．これらの行列が 4×4 行列であることは記憶にとどめておくべきである．最初のディラック行列は対角線上に 1 を持つただの単位行列，つまり 2×2 の場合，

$$I=\begin{pmatrix}1&0\\0&1\end{pmatrix}$$

の拡張である．ディラック-パウリ表現において，最初の γ 行列は

$$\gamma^0 = \begin{pmatrix} I & 0 \\ 0 & -I \end{pmatrix} \tag{5.11}$$

と書くことができる．ここで I は上に示した 2×2 単位行列であり，0 は 2×2 区画の 0 行列である．したがって，この行列は実際には

$$\gamma^0 = \begin{pmatrix} 1 & 0 & 0 & 0 \\ 0 & 1 & 0 & 0 \\ 0 & 0 & -1 & 0 \\ 0 & 0 & 0 & -1 \end{pmatrix}$$

である．

さて，余談であるが，ディラック行列はディラック方程式に現れる．そしてそれらは 4×4 行列（演算子を考えよ）である．そのためディラック場はディラック行列が作用できるように 4 つの成分を持つベクトルでなければならない．このベクトルを**スピノル**と呼び，

$$\Psi(x) = \begin{pmatrix} \Psi^1(x) \\ \Psi^2(x) \\ \Psi^3(x) \\ \Psi^4(x) \end{pmatrix} \tag{5.12}$$

と書く．

さて余談は終わった．別のディラック行列の番である．それらは普通の非相対論的量子力学で有名なパウリ行列で書かれる．再度書くと，それらは

$$\sigma_1 = \begin{pmatrix} 0 & 1 \\ 1 & 0 \end{pmatrix} \qquad \sigma_2 = \begin{pmatrix} 0 & -i \\ i & 0 \end{pmatrix} \qquad \sigma_3 = \begin{pmatrix} 1 & 0 \\ 0 & -1 \end{pmatrix} \tag{5.13}$$

となる．すると，ディラック-パウリ表現では

$$\vec{\gamma} = \begin{pmatrix} 0 & \vec{\sigma} \\ -\vec{\sigma} & 0 \end{pmatrix} \tag{5.14}$$

となり，したがって，

$$\gamma^1 = \begin{pmatrix} 0 & \sigma_1 \\ -\sigma_1 & 0 \end{pmatrix} \qquad \gamma^2 = \begin{pmatrix} 0 & \sigma_2 \\ -\sigma_2 & 0 \end{pmatrix} \qquad \gamma^3 = \begin{pmatrix} 0 & \sigma_3 \\ -\sigma_3 & 0 \end{pmatrix}$$

となる．一つだけ例としてここに直接具体的に書き下してみよう．

$$\gamma^1 = \begin{pmatrix} 0 & \sigma_1 \\ -\sigma_1 & 0 \end{pmatrix} = \begin{pmatrix} 0 & 0 & 0 & 1 \\ 0 & 0 & 1 & 0 \\ 0 & -1 & 0 & 0 \\ -1 & 0 & 0 & 0 \end{pmatrix}$$

ディラック行列はまた**カイラル表現**として知られるものを使って書き出すことができる．この場合，

$$\gamma^0 = \begin{pmatrix} 0 & I \\ I & 0 \end{pmatrix} \qquad \gamma^i = \begin{pmatrix} 0 & \sigma_i \\ -\sigma_i & 0 \end{pmatrix} \tag{5.15}$$

となる[*5]．

ディラック行列のいくつかの簡単な性質

どの表現を使うかに関係なく，ディラック行列はいくつかの退屈な，しかし計算をするときに重要な関係式を満たす．まず，さらにもう一つの行列，謎めいた γ_5 行列を定義する．

$$\gamma_5 = i\gamma^0\gamma^1\gamma^2\gamma^3 \tag{5.16}$$

[*5] 訳注：ディラック-パウリ表現とカイラル表現でどちらも同じ記号 γ^μ を使うので紛らわしいが，これらはユニタリ変換 $\gamma'^\mu = U\gamma^\mu U^\dagger$ で結ばれ，両方とも反変なので添字の位置は同じになる．見れば分かる通り，どちらの表現でもそのガンマ行列の空間成分は等しい．また，関係式 $\{\gamma^\mu, \gamma^\nu\} = g^{\mu\nu} I$ はユニタリ変換の性質よりどちらでも成り立つ．

これはエルミート

$$(\gamma_5)^\dagger = \gamma_5 \tag{5.17}$$

であり，この 2 乗は単位行列を与える．

$$(\gamma_5)^2 = I \tag{5.18}$$

カイラル表現では

$$\gamma_5 = \begin{pmatrix} -I & 0 \\ 0 & I \end{pmatrix} = \begin{pmatrix} -1 & 0 & 0 & 0 \\ 0 & -1 & 0 & 0 \\ 0 & 0 & 1 & 0 \\ 0 & 0 & 0 & 1 \end{pmatrix} \tag{5.19}$$

と書かれる．しかし，ディラック表現では

$$\gamma_5 = \begin{pmatrix} 0 & I \\ I & 0 \end{pmatrix} = \begin{pmatrix} 0 & 0 & 1 & 0 \\ 0 & 0 & 0 & 1 \\ 1 & 0 & 0 & 0 \\ 0 & 1 & 0 & 0 \end{pmatrix} \tag{5.20}$$

となる（これらの行列はトレースが 0 であることに注意せよ．）．さて，$(\gamma^\mu)^2 = \frac{1}{2}\{\gamma^\mu, \gamma^\mu\} = g^{\mu\mu} I$ でもある．そのため

$$\gamma^\mu \gamma_\mu = \gamma^\mu (g_{\mu\alpha}\gamma^\alpha) = g_{\mu\alpha}\gamma^\mu\gamma^\alpha = g_{\mu\mu}\gamma^\mu\gamma^\mu = g_{\mu\mu}g^{\mu\mu} I = \delta^\mu_\mu I = 4I \tag{5.21}$$

が成り立つ[*6]．これを具体的に書くと，

---

*6 訳注：この証明をアインシュタインの規約通りにきちんとやりたければ，

$$\gamma^\mu \gamma_\mu = \gamma^\mu g_{\mu\alpha}\gamma^\alpha = g_{\mu\alpha}\left(\{\gamma^\mu, \gamma^\alpha\} - \gamma^\alpha\gamma^\mu\right) = 2\delta^\mu_\mu I - \gamma^\alpha\gamma_\alpha = 8I - \gamma^\mu\gamma_\mu$$

を使えばよい．

$$\gamma^\mu\gamma_\mu = \gamma^0\gamma_0 + \gamma^1\gamma_1 + \gamma^2\gamma_2 + \gamma^3\gamma_3 = 4\begin{pmatrix}1 & 0 & 0 & 0\\0 & 1 & 0 & 0\\0 & 0 & 1 & 0\\0 & 0 & 0 & 1\end{pmatrix}$$

となる．また，この関係式と $\{\gamma^\mu, \gamma^\nu\} = 2g^{\mu\nu}I$ を使うと，

$$\gamma^\mu\gamma^\nu\gamma_\mu = -2\gamma^\nu \tag{5.22}$$

も得られる*7．再度，この暗黙の和を書き出すと，

$$\gamma^\mu\gamma^\nu\gamma_\mu = \gamma^0\gamma^\nu\gamma_0 + \gamma^1\gamma^\nu\gamma_1 + \gamma^2\gamma^\nu\gamma_2 + \gamma^3\gamma^\nu\gamma_3 = -2\gamma^\nu$$

となる．読者はこれらの計算を読者自身で繰り返し，これらの行列の操作方法を確実に理解すべきである．

例 5.2

$\{\gamma_5, \gamma^0\}$ の反交換関係を求めよ．

解

$\{\gamma^i, \gamma^0\} = 0$ という関係を利用する．これは，関係式 (5.8) を適用して，$g^{i0} = 0$ という事実を使う．たとえば，

$$\{\gamma^3, \gamma^0\} = \gamma^3\gamma^0 + \gamma^0\gamma^3 = 2g^{30} = 0$$

この事実を使うと，すなわち，$\{\gamma^i, \gamma^0\} = 0$ より，

$$\gamma^i\gamma^0 = -\gamma^0\gamma^i$$

である．したがって，

*7 訳注：$\{\gamma^\mu, \gamma^\nu\} = 2g^{\mu\nu}I$ より，$\gamma^\mu\gamma^\nu = 2g^{\mu\nu}I - \gamma^\nu\gamma^\mu$ だから，$\gamma^\mu\gamma^\nu\gamma_\mu = (2g^{\mu\nu}I - \gamma^\nu\gamma^\mu)\gamma_\mu = 2g^{\mu\nu}\gamma_\mu - \gamma^\nu\gamma^\mu\gamma_\mu = 2\gamma^\nu - \gamma^\nu(4I) = -2\gamma^\nu$．

$$
\begin{aligned}
\{\gamma_5, \gamma^0\} =& \gamma_5\gamma^0 + \gamma^0\gamma_5 \\
=& (i\gamma^0\gamma^1\gamma^2\gamma^3)\gamma^0 + \gamma^0(i\gamma^0\gamma^1\gamma^2\gamma^3) \\
=& -(i\gamma^0\gamma^1\gamma^2\gamma^0\gamma^3) + \gamma^0(i\gamma^0\gamma^1\gamma^2\gamma^3) \\
=& -(i\gamma^0\gamma^1\gamma^2\gamma^0\gamma^3) + (\gamma^0)^2(i\gamma^1\gamma^2\gamma^3) \\
=& -(i\gamma^0\gamma^1\gamma^2\gamma^0\gamma^3) + g^{00}I(i\gamma^1\gamma^2\gamma^3) \\
=& (i\gamma^0\gamma^1\gamma^0\gamma^2\gamma^3) + (i\gamma^1\gamma^2\gamma^3) \\
=& -(\gamma^0)^2(i\gamma^1\gamma^2\gamma^3) + (i\gamma^1\gamma^2\gamma^3) \\
=& -(i\gamma^1\gamma^2\gamma^3) + (i\gamma^1\gamma^2\gamma^3) = 0
\end{aligned}
$$

であるので，$\{\gamma_5, \gamma^0\} = 0$ を結論付けることになる．

例 5.3

$\mathrm{tr}(\gamma_5)$ を求めよ．

解

$(\gamma^0)^2 = g^{00}I = I$ と例 5.2 で導いた結果 $\gamma_5\gamma^0 = -\gamma^0\gamma_5$ を使う．まず，

$$
\begin{aligned}
\mathrm{tr}(\gamma_5) =& \mathrm{tr}(I\gamma_5) \\
=& \mathrm{tr}(\gamma^0\gamma^0\gamma_5) \\
=& \mathrm{tr}(-\gamma^0\gamma_5\gamma^0)
\end{aligned}
$$

である．さて，トレースの基本的な性質を思い出そう．トレースの演算はサイクリックであった．その意味は，

$$
\mathrm{tr}(ABC) = \mathrm{tr}(CAB) = \mathrm{tr}(BCA)
$$

である．また，スカラー (数) もトレースの外に出せる．すなわち，$\mathrm{tr}(\alpha A) = \alpha\mathrm{tr}(A)$ である．これより，

$$\begin{aligned}\mathrm{tr}(\gamma_5) =& \mathrm{tr}(-\gamma^0\gamma_5\gamma^0)\\ =& -\mathrm{tr}(\gamma^0\gamma_5\gamma^0)\\ =& -\mathrm{tr}(\gamma^0\gamma^0\gamma_5)\\ =& -\mathrm{tr}(\gamma_5)\end{aligned}$$

である．よって，

$$\mathrm{tr}(\gamma_5) = -\mathrm{tr}(\gamma_5)$$

が求められた．これは，

$$\mathrm{tr}(\gamma_5) = 0$$

のときにのみ正しく，これはこの行列の（例えばカイラル表現の）式 (5.19) において，簡単に正しいことが確かめられる．

随伴スピノルと変換特性

随伴スピノルは単純に $\Psi^\dagger$ ではなく，

$$\bar{\Psi} = \Psi^\dagger\gamma^0 \tag{5.23}$$

である．場 Ψ, $\bar{\Psi}$ とディラック行列の合成積を構成することができる．それらはそれぞれ異なる方法で変換し，そのため，例えばベクトル，テンソル，擬ベクトルを作ることができる．次のように，ローレンツスカラー

$$\bar{\Psi}\Psi \tag{5.24}$$

を作ることができる．

γ 行列を使うことで，パリティまたは空間反転の下で符号を変える量である擬スカラーを作ることができる．この擬スカラーは

$$i\bar{\Psi}\gamma_5\Psi \tag{5.25}$$

である．任意の γ 行列をとることによって，次のように4元ベクトルとして変換する量を得る．

$$\bar{\Psi}\gamma^{\mu}\Psi \tag{5.26}$$

別の作ることができるスカラーが

$$i\bar{\Psi}\gamma^{\mu}\partial_{\mu}\Psi \tag{5.27}$$

である．$\bar{\Psi}\Psi$ がスカラーで質量 m もスカラーであることより，普通の方法でディラック方程式を導くラグランジアンを書くのにこれらを使うことができる．ラグランジアンがスカラーとして変換しなければならないことを思い出そう．うまくいくラグランジアンは，

$$\mathcal{L} = i\bar{\Psi}\gamma^{\mu}\partial_{\mu}\Psi - m\bar{\Psi}\Psi \tag{5.28}$$

である．このラグランジアンに含まれる2つの項がどちらもスカラーであることに注意しよう．$\bar{\Psi}$ の変分をとることによって，このラグランジアンの運動方程式として，ディラック方程式を得る．

スラッシュ記法

場の量子論の教科書や論文において良く表れるのがファインマンによって発展されたスラッシュされた記号法，**スラッシュ記法**である．スラッシュ記法は4元ベクトルと γ 行列との縮約を表すときに使われる．a_{μ} をある4元ベクトルとしよう．すると，

$$\not{a} = \gamma^{\mu}a_{\mu} = \gamma^0 a_0 + \gamma^1 a_1 + \gamma^2 a_2 + \gamma^3 a_3 \tag{5.29}$$

となる．すると運動量に対しては，

$$\not{p} = \gamma^{\mu}p_{\mu} \tag{5.30}$$

となる．実際には，これは 4×4 行列で書かれる[*8]．

$$\not{p} = \begin{pmatrix} E & -\vec{\sigma} \cdot \vec{p} \\ \vec{\sigma} \cdot \vec{p} & -E \end{pmatrix} \tag{5.31}$$

ディラック方程式の解

ディラック場に 2 つの新しい成分を導入しよう．それにより，スピノルは 2 つの成分を持つものになる．これらの成分をここでは u と v と呼ぼう．ここで，

$$\Psi(x) = \begin{pmatrix} \Psi^1(x) \\ \Psi^2(x) \\ \Psi^3(x) \\ \Psi^4(x) \end{pmatrix} = \begin{pmatrix} u^1(x) \\ u^2(x) \\ v^1(x) \\ v^2(x) \end{pmatrix} = \begin{pmatrix} u \\ v \end{pmatrix} \tag{5.32}$$

である．単一の空間微分が運動量に変換され，代数的関係に到達することより，運動量空間を考えるとディラック方程式の解を求めるのが易しくなる．そこで，ディラック場のフーリエ変換，

$$\Psi(x) = \int \frac{d^4k}{(2\pi)^2} \Psi(k) e^{-ik_\mu x^\mu} \tag{5.33}$$

を考える[*9]．

[*8] 訳注：これはディラック-パウリ表現での表式である．

[*9] 訳注：4 次元のフーリエ変換

$$f(x) = \int \frac{d^4k}{\sqrt{(2\pi)^4}} F(k) e^{-ik_\mu x^\mu} = \int \frac{d^4k}{(2\pi)^2} F(k) e^{-ik_\mu x^\mu}$$

を考える．$f(x)$ と $F(k)$ をそれぞれ変数の違いで区別するとすれば，$\Psi(x) = f(x)$，$\Psi(k) = F(k)$ と置いて，表式を得る，

さて，ディラック方程式に戻ろう．利便性を考え，もう一度ここに書くと，

$$i\gamma^\mu \partial_\mu \Psi - m\Psi = 0$$

となる．場のフーリエ展開 (5.33) を使うと，

$$\begin{aligned} i\gamma^\nu \partial_\nu \Psi =& i\gamma^\nu \partial_\nu \int \frac{d^4k}{(2\pi)^2} \Psi(k) e^{-ik_\mu x^\mu} \\ =& \int \frac{d^4k}{(2\pi)^2} i\gamma^\nu \Psi(k) \partial_\nu e^{-ik_\mu x^\mu} \\ =& \int \frac{d^4k}{(2\pi)^2} i\gamma^\nu \Psi(k)(-ik_\nu) e^{-ik_\mu x^\mu} \\ =& \int \frac{d^4k}{(2\pi)^2} [\gamma^\nu k_\nu \Psi(k)] e^{-ik_\mu x^\mu} \end{aligned}$$

となる．一方，もう一つのディラック方程式の項は

$$\begin{aligned} m\Psi(x) =& m \int \frac{d^4k}{(2\pi)^2} \Psi(k) e^{-ik_\mu x^\mu} \\ =& \int \frac{d^4k}{(2\pi)^2} m\Psi(k) e^{-ik_\mu x^\mu} \end{aligned}$$

となる．これらの項を一つにまとめると，

$$\begin{aligned} 0 =& \int \frac{d^4k}{(2\pi)^2} [\gamma^\nu k_\nu \Psi(k)] e^{-ik_\mu x^\mu} - \int \frac{d^4k}{(2\pi)^4} m\Psi(k) e^{-ik_\mu x^\mu} \\ =& \int \frac{d^4k}{(2\pi)^2} [\gamma^\nu k_\nu \Psi(k) - m\Psi(k)] e^{-ik_\mu x^\mu} \end{aligned}$$

を得る．

ここでもう一度，この積分を 0 にする唯一の方法は被積分関数が 0 であることである．したがって，

$$\gamma^\nu k_\nu \Psi(k) - m\Psi(k) = 0$$

が成り立たねばならない．もちろん読者はすでにこれに到達しているだろう．これは，位置空間の微分である普通の表現の運動量を使った，運動量空間におけるディラック方程式の等価物である．どのようにして解に向かって進むのかを見るために，ディラック表現の γ 行列を再び書き下してみよう．まず，

$$\gamma^0 = \begin{pmatrix} I & 0 \\ 0 & -I \end{pmatrix}$$

であり，それとともに，

$$\gamma^1 = \begin{pmatrix} 0 & \sigma^1 \\ -\sigma^1 & 0 \end{pmatrix} \qquad \gamma^2 = \begin{pmatrix} 0 & \sigma^2 \\ -\sigma^2 & 0 \end{pmatrix} \qquad \gamma^3 = \begin{pmatrix} 0 & \sigma^3 \\ -\sigma^3 & 0 \end{pmatrix}$$

である．

式 $\gamma^\nu k_\nu \Psi(k) - m\Psi(k) = 0$ の個別の項を見てみよう．まず，

$$\gamma^0 k_0 \Psi = k_0 \begin{pmatrix} I & 0 \\ 0 & -I \end{pmatrix} \begin{pmatrix} u \\ v \end{pmatrix} = \begin{pmatrix} k_0 u \\ -k_0 v \end{pmatrix}$$

である*10．そして，

$$m\Psi = m \begin{pmatrix} u \\ v \end{pmatrix} = \begin{pmatrix} mu \\ mv \end{pmatrix}$$

である．次に，

$$\gamma^1 k_1 \Psi = k_1 \begin{pmatrix} 0 & \sigma_1 \\ -\sigma_1 & 0 \end{pmatrix} \begin{pmatrix} u \\ v \end{pmatrix} = k_1 \begin{pmatrix} \sigma_1 v \\ -\sigma_1 u \end{pmatrix}$$

が得られ，同様にして，

---

*10 訳注：もちろんこの u, v は運動量空間のものを表す．

$$\gamma^2 k_2 \Psi = k_2 \begin{pmatrix} 0 & \sigma_2 \\ -\sigma_2 & 0 \end{pmatrix} \begin{pmatrix} u \\ v \end{pmatrix} = k_2 \begin{pmatrix} \sigma_2 v \\ -\sigma_2 u \end{pmatrix}$$

及び

$$\gamma^3 k_3 \Psi = k_3 \begin{pmatrix} 0 & \sigma_3 \\ -\sigma_3 & 0 \end{pmatrix} \begin{pmatrix} u \\ v \end{pmatrix} = k_3 \begin{pmatrix} \sigma_3 v \\ -\sigma_3 u \end{pmatrix}$$

が得られる．これらすべてを一緒にすると，これらの関係と運動量空間でのディラック方程式は，

$$\begin{pmatrix} k_0 - m & \vec{k}\cdot\vec{\sigma} \\ -\vec{k}\cdot\vec{\sigma} & -(k_0+m) \end{pmatrix} \begin{pmatrix} u \\ v \end{pmatrix} = 0 \tag{5.34}$$

となる．したがって，2 組の方程式，

$$\begin{aligned} (k_0 - m)u + \vec{k}\cdot\vec{\sigma}v &= 0 \\ (k_0 + m)v + \vec{k}\cdot\vec{\sigma}u &= 0 \end{aligned} \tag{5.35}$$

が存在することになる．単純にするために，式 (5.34) の行列を

$$K = \begin{pmatrix} k_0 - m & \vec{k}\cdot\vec{\sigma} \\ -\vec{k}\cdot\vec{\sigma} & -(k_0+m) \end{pmatrix}$$

と置こう．この系の解が存在するために，K の行列式は消えなければならない，すなわち，

$$\det \begin{pmatrix} k_0 - m & \vec{k}\cdot\vec{\sigma} \\ -\vec{k}\cdot\vec{\sigma} & -(k_0+m) \end{pmatrix} = 0$$

である．この行列式は，

$$\begin{aligned} \det K =& \det \begin{pmatrix} k_0 - m & \vec{k}\cdot\vec{\sigma} \\ -\vec{k}\cdot\vec{\sigma} & -(k_0+m) \end{pmatrix} \\ =& -(k_0 - m)(k_0 + m) + (\vec{k}\cdot\vec{\sigma})^2 \end{aligned}$$

と解ける．

この結果を解くために，$(\vec{k}\cdot\vec{\sigma})^2$ を計算する必要がある．通常の量子力学からパウリ行列が $\sigma_j^2 = I$ を満たすことを思い出そう．付け加えるなら，それらは反交換関係，

$$\{\sigma_i, \sigma_j\} = 2\delta_{ij} \tag{5.36}$$

を満たす．これは大いに $(\vec{k}\cdot\vec{\sigma})^2$ の計算を単純にする．項を書き出してみると，

$$(\vec{k}\cdot\vec{\sigma})^2 = (k_1\sigma_1 + k_2\sigma_2 + k_3\sigma_3)(k_1\sigma_1 + k_2\sigma_2 + k_3\sigma_3)$$

となる．パウリ行列が式 (5.36) を満たすことより，この表式の中の異なる項同士の積の項は消える．具体例を挙げるなら，

$$\begin{aligned} k_1k_2\sigma_1\sigma_2 + k_2k_1\sigma_2\sigma_1 =& k_1k_2(\sigma_1\sigma_2 + \sigma_2\sigma_1) \\ =& k_1k_2 2\delta_{12} \\ =& 0 \end{aligned}$$

を考えよ．したがって，残るのは，

$$\begin{aligned} (\vec{k}\cdot\vec{\sigma})^2 =& (k_1\sigma_1 + k_2\sigma_2 + k_3\sigma_3)(k_1\sigma_1 + k_2\sigma_2 + k_3\sigma_3) \\ =& k_1^2\sigma_1^2 + k_2^2\sigma_2^2 + k_3^2\sigma_3^2 \\ =& k_1^2 + k_2^2 + k_3^2 \\ =& \vec{k}^2 \end{aligned}$$

となる．これより，

$$\begin{aligned} \det K =& -(k_0 - m)(k_0 + m) + (\vec{k}\cdot\vec{\sigma})^2 \\ =& -k_0^2 + m^2 + \vec{k}^2 \end{aligned}$$

が成り立つ．これは我々の旧友であるエネルギー，質量，運動量の間の相対論的関係式の別の表現方法に他ならない．我々が使っている単位系が

$\hbar = c = 1$ であり，$\vec{k} = \vec{p}$ かつ $k_0 = p_0 = E$ であることより，$E = \hbar\omega$ を思い出せば，エネルギーは振動数で表せる．解が存在するためにはこの量が消えなければならない（$\det K = 0$）ことを思い出そう．すなわち，

$$k_0^2 = \vec{k}^2 + m^2$$

である．平方根をとることにより，可能なエネルギーは，

$$\omega_k = k_0 = \pm\sqrt{\vec{k}^2 + m^2}$$

となることが分かる．これはディラック方程式がいまだに負のエネルギーに苦しむことを意味する．正の解をとるとき，つまり $E = \omega_k > 0$ とするとき，この解は**正エネルギー**の解と呼ばれる．$E = \omega_k < 0$ の解は**負エネルギー**の解である．この問題から抜け出すために我々は正エネルギー解を正のエネルギーを持つ粒子とし，負エネルギー解を正のエネルギーを持つ反粒子と解釈する．ディラックは負のエネルギー状態の "海" の概念としてそれらの存在を予言した．しかし，彼が反粒子の存在を予言するときに使った議論は間違っており，ここでは議論しない．ディラックの海は存在しない．このことはほとんどの場の量子論の教科書に書いてある．

自由空間の解

粒子が静止しているとき（あるいは，観測者がその粒子の静止系で観測しているとき），それは運動していないので運動量を持たない．これはディラック方程式の空間微分を無視できるということを意味する．この場合を使って静止した粒子の自由空間での解を作ろう．ひとたび静止する粒子の解を手に入れてしまえば，ローレンツブーストをすることでいつでも任意の運動量の粒子の解を求めることができる．粒子が静止している場合，ディラック方程式は，短く単純化され，

$$i\gamma^0 \frac{\partial \Psi}{\partial t} - m\Psi = 0 \tag{5.37}$$

となる．再び，2 つの成分を持つ u と v によって，$\Psi = \binom{u}{v}$ と採る．また，ディラック-パウリ表現を採用し，

$$\gamma^0 = \begin{pmatrix} I & 0 \\ 0 & -I \end{pmatrix}$$

と表そう．すると最初の項は

$$\begin{aligned} i\gamma^0 \frac{\partial \Psi}{\partial t} =& i \begin{pmatrix} I & 0 \\ 0 & -I \end{pmatrix} \frac{\partial}{\partial t} \begin{pmatrix} u \\ v \end{pmatrix} \\ =& i \begin{pmatrix} I & 0 \\ 0 & -I \end{pmatrix} \begin{pmatrix} \dot{u} \\ \dot{v} \end{pmatrix} \\ =& i \begin{pmatrix} \dot{u} \\ -\dot{v} \end{pmatrix} \end{aligned}$$

と解ける．ここで，$\dot{u} = \frac{\partial u}{\partial t}$ で v についても同様である．ここで現れるマイナス符号は再び負のエネルギーを導く．ディラック方程式のもう一方の項は

$$m\Psi = m \begin{pmatrix} u \\ v \end{pmatrix}$$

である．したがって，系は

$$\begin{aligned} 0 =& i\gamma^0 \frac{\partial \Psi}{\partial t} - m\Psi \\ =& i \begin{pmatrix} \dot{u} \\ -\dot{v} \end{pmatrix} - m \begin{pmatrix} u \\ v \end{pmatrix} \end{aligned}$$

となる．これは 2 つの基礎的な微分方程式

$$\begin{aligned} i\frac{\partial u}{\partial t} &= mu \\ i\frac{\partial v}{\partial t} &= -mv \end{aligned}$$

を導き，その解はそれぞれ，

$$u(t) = u(0)e^{-imt}$$
$$v(t) = v(0)e^{imt}$$

となる．非相対論的量子力学に戻って考えると．自由空間の解は e^{-iEt} の形式で時間依存していた．したがって，それぞれの場合に関してエネルギーをこの場合静止質量を決定するために比較する．まず u に対しては，

$$e^{-imt} \sim e^{-iEt}$$

という対応関係が存在する．したがって，u に関しては満足な関係 $E = m$ が成り立つ．我々が採用している単位系では $c = 1$ なので，これは単に静止質量エネルギーが $E = mc^2$ であるという主張に他ならない．同じ比較を v に対して行うと，

$$e^{imt} \sim e^{-iEt}$$

となることが分かる．今回は $E = -m$ が得られた．またまた，負のエネルギー状態がその醜い側面を表した．これより，u は**粒子**を表す 2 つの成分を持ったスピノルであり，一方 v は**反粒子**を表す 2 つの成分を持ったスピノルであると結論付けることができる．この式がスピン 1/2 の粒子を記述することより，これらは 2 成分の物体である．量子力学でスピン 1/2 の粒子は縦ベクトル表現では

$$\phi = \begin{pmatrix} \alpha \\ \beta \end{pmatrix}$$

と表されたことを思い出そう．ここで α と β はそれぞれ粒子の上向きスピンと下向きスピンの確率振幅を求めるものである．

まとめると，ここでは 2 つの成分を持つスピノル u と v を使って，ディラックスピノルが

$$\Psi = \begin{pmatrix} u \\ v \end{pmatrix} = \begin{pmatrix} \text{粒子} \\ \text{反粒子} \end{pmatrix} \tag{5.38}$$

と表されると考えられることになる．さて，次は任意の運動量 p で運動する粒子を考えよう．ここではスカラー積

$$p \cdot x = Et - \vec{p} \cdot \vec{x} \tag{5.39}$$

を使う．自由空間解は平面波になるだろう．そして静止系の解を使うことによりただちに運動量 p を持つ粒子の解を推測することができる．式 (5.39) を使い，

$$\begin{aligned} u &\propto e^{-ip \cdot x} \\ v &\propto e^{ip \cdot x} \end{aligned}$$

と採る．$\Psi(x) = u(x) \propto e^{-ip \cdot x}$ とすると，$u(x) = u(p)e^{-ip \cdot x}$ の形で書けるから，

$$\begin{aligned} i\gamma^\mu \partial_\mu u &= i\gamma^\mu \partial_\mu (u(p)e^{-ip \cdot x}) \\ &= \gamma^\mu p_\mu u(p) e^{-ip \cdot x} \\ &= \not{p} u \end{aligned}$$

となることに注意しよう．$\Psi(x) = v(x) \propto e^{ip \cdot x}$ に対しては，

$$\begin{aligned} i\gamma^\mu \partial_\mu v &= i\gamma^\mu \partial_\mu (v(p)e^{ip \cdot x}) \\ &= -\gamma^\mu p_\mu v(p) e^{ip \cdot x} \\ &= -\not{p} v \end{aligned}$$

となることが分かる．読者がいま心に留めておくべきディラック方程式は，$i\gamma^\mu \partial_\mu \Psi - m\Psi = 0$ である．上の結果を使うと u と v に関する 2 つの代数関係を得る．

$$(\not{p} - m)u = 0 \tag{5.40}$$

$$(\not{p} + m)v = 0 \tag{5.41}$$

ここで，

$$
\begin{aligned}
(\not{p}-m)(\not{p}+m) =&(\gamma^\mu p_\mu - m)(\gamma^\nu p_\nu + m) \\
=&\gamma^\mu\gamma^\nu p_\mu p_\nu + m\gamma^\mu p_\mu - m\gamma^\nu p_\nu - m^2
\end{aligned}
$$

であることに注意しよう．上下に同じ添え字が現れるとき，それはダミー添字である．したがって，そのときラベルは取り替えることができる．これは，この表式から，2 つの項を取り除く．何故なら，

$$
m\gamma^\mu p_\mu - m\gamma^\nu p_\nu = m\gamma^\mu p_\mu - m\gamma^\mu p_\mu = 0
$$

が成り立つからである．これは，

$$
\begin{aligned}
(\not{p}-m)(\not{p}+m) =&\gamma^\mu\gamma^\nu p_\mu p_\nu - m^2 \\
=&\frac{1}{2}\gamma^\mu\gamma^\nu p_\mu p_\nu + \frac{1}{2}\gamma^\mu\gamma^\nu p_\mu p_\nu - m^2 \\
=&\frac{1}{2}\gamma^\mu\gamma^\nu p_\mu p_\nu + \frac{1}{2}\gamma^\nu\gamma^\mu p_\nu p_\mu - m^2 \\
=&\frac{1}{2}\gamma^\mu\gamma^\nu p_\mu p_\nu + \frac{1}{2}\gamma^\nu\gamma^\mu p_\mu p_\nu - m^2 \\
=&\frac{1}{2}(\gamma^\mu\gamma^\nu + \gamma^\nu\gamma^\mu)p_\mu p_\nu - m^2
\end{aligned}
$$

という項を残す．γ 行列の反交換関係 (5.8) という新しい親友を使うと，これは

$$
\begin{aligned}
(\not{p}-m)(\not{p}+m) =&\frac{1}{2}(\gamma^\mu\gamma^\nu + \gamma^\nu\gamma^\mu)p_\mu p_\nu - m^2 \\
=&\frac{1}{2}\cdot 2g^{\mu\nu}p_\mu p_\nu - m^2 \\
=&p_\mu p^\mu - m^2 \\
=&p^2 - m^2 \\
=&E^2 - \vec{p}^2 - m^2 = m^2 - m^2 = 0
\end{aligned}
$$

と簡略化できる．これより，解の形は

$$u(p) = (\not{p} + m)u_0 \tag{5.42}$$
$$v(p) = (\not{p} - m)v_0 \tag{5.43}$$

となる．ここで

$$\begin{aligned}(\not{p} - m)u(p) =& (\not{p} - m)(\not{p} + m)u_0 \\ =& (p^2 - m^2)u_0 \\ =& 0\end{aligned}$$

となることに注意せよ．これより，式 (5.40) のように書かれたディラック方程式が満たされる．初期状態は，通常の上向きスピンと下向きスピン状態のどちらを選んでもよい．たとえば，

$$u_0 = \begin{pmatrix} 1 \\ 0 \end{pmatrix} \qquad v_0 = \begin{pmatrix} 0 \\ 1 \end{pmatrix}$$

と採ることができる．

ブースト，回転，ヘリシティ

ディラック行列については既に書き下してあり，それらの定義する反交換関係は，

$$\{\gamma^\mu, \gamma^\nu\} = 2g^{\mu\nu}$$

である．さて，それらを使ってスピン 1/2 の場合にどのようにブーストと回転を生成するのかを理解することが必要である．ローレンツ代数と呼ばれるそれはこれから探す以下を満たす演算子 $J^{\mu\nu}$ を必要とする．

$$[J^{\mu\nu}, J^{\alpha\beta}] = i(g^{\nu\alpha}J^{\mu\beta} - g^{\mu\alpha}J^{\nu\beta} - g^{\nu\beta}J^{\mu\alpha} + g^{\mu\beta}J^{\nu\alpha})$$

これは，テンソル

$$S^{\mu\nu} = \frac{i}{4}[\gamma^\mu, \gamma^\nu] \tag{5.44}$$

を定義すれば，うまく働く．スピン 1/2 粒子に対しては，j 方向のローレンツブーストの生成子は

$$S^{0j} = \frac{i}{4}[\gamma^0, \gamma^j] \tag{5.45}$$

となる．スピン 1/2 粒子の回転の生成子は

$$S^{ij} = \frac{i}{4}[\gamma^i, \gamma^j] = \frac{1}{2}\varepsilon^{ijk}\begin{pmatrix} \sigma_k & 0 \\ 0 & \sigma_k \end{pmatrix} \tag{5.46}$$

となる．さて，

$$\vec{\Sigma} = \begin{pmatrix} \vec{\sigma} & 0 \\ 0 & \vec{\sigma} \end{pmatrix} \tag{5.47}$$

と置こう．その結果，たとえば，

$$\Sigma_1 = \begin{pmatrix} \sigma_1 & 0 \\ 0 & \sigma_1 \end{pmatrix}$$

となる．これは，**ヘリシティ演算子**を定義するのに使われる．ヘリシティは粒子のスピンがどれだけその運動方向と近いかを教えてくれる．粒子の運動方向はその空間運動量ベクトル $\vec{p}$ によって与えられる．したがって，ヘリシティ演算子は

$$h = \frac{\vec{\Sigma}\cdot\vec{p}}{|\vec{p}|} \tag{5.48}$$

と書くことができる．式 (5.47) を見ることにより，ヘリシティ演算子を簡単に書くと，$\vec{\sigma}\cdot\vec{p}$ となることが分かる．

ワイルスピノル

さて，ここではまたカイラル表現に戻ろう．これは**ワイルスピノル**として知られる特殊な形のスピノルを考えるときに有用である．カイラル表現ではディラック行列は

$$\gamma^0 = \begin{pmatrix} 0 & I \\ I & 0 \end{pmatrix} \qquad \gamma^i = \begin{pmatrix} 0 & \sigma_i \\ -\sigma_1 & 0 \end{pmatrix}$$
$$\gamma_5 = \begin{pmatrix} -I & 0 \\ 0 & I \end{pmatrix}$$

と表される．また，カイラル表現では

$$\begin{aligned} \not{p} =& \gamma^\mu p_\mu = \gamma^0 p_0 + \gamma^1 p_1 + \gamma^2 p_2 + \gamma^3 p_3 = \gamma^0 p^0 - \gamma^1 p^1 - \gamma^2 p^2 - \gamma^3 p^3 \\ =& \begin{pmatrix} 0 & I \\ I & 0 \end{pmatrix} p^0 - \begin{pmatrix} 0 & \sigma_1 \\ -\sigma_1 & 0 \end{pmatrix} p^1 - \begin{pmatrix} 0 & \sigma_2 \\ -\sigma_2 & 0 \end{pmatrix} p^2 - \begin{pmatrix} 0 & \sigma_3 \\ -\sigma_3 & 0 \end{pmatrix} p^3 \\ =& \begin{pmatrix} 0 & E - \vec{p}\cdot\vec{\sigma} \\ E + \vec{p}\cdot\vec{\sigma} & 0 \end{pmatrix} \end{aligned}$$

と表される．ここで $p^0 = E$ を使った．質量がない単純な場合を考えるとき，ディラックスピノルを

$$\Psi = \begin{pmatrix} \Psi_L \\ \Psi_R \end{pmatrix} \tag{5.49}$$

と書く．この (5.49) を**ワイルスピノル**と呼ぶ．成分 Ψ_L と Ψ_R はそれぞれ左巻きスピノルと右巻きスピノルである．u と v 同様，これらは 2 成分スピノルである．また，これらがヘリシティ演算子の固有状態であることより，この量はまたカイラル表現を使って表すことができる．

$m = 0$ のとき，ディラック方程式は気持ちよいほど単純な形

$$\not{p}\Psi = 0$$

に短く表せる．あるいは行列を使って

$$\begin{pmatrix} 0 & E - \vec{p}\cdot\vec{\sigma} \\ E + \vec{p}\cdot\vec{\sigma} & 0 \end{pmatrix} \begin{pmatrix} \Psi_L \\ \Psi_R \end{pmatrix} = 0$$

の形で表せる．これは，次の 2 つの方程式を生み出す．

$$(E + \vec{p}\cdot\vec{\sigma})\Psi_L = 0 \tag{5.50}$$

$$(E - \vec{p}\cdot\vec{\sigma})\Psi_R = 0 \tag{5.51}$$

最初の式を見てみよう．$(\vec{p}\cdot\vec{\sigma})^2 = |\vec{p}|^2$ を使うと，

$$\begin{aligned} 0 &= (E - \vec{p}\cdot\vec{\sigma})(E + \vec{p}\cdot\vec{\sigma})\Psi_L \\ &= (E^2 - |\vec{p}|^2)\Psi_L \\ \Rightarrow & E^2 - |\vec{p}|^2 = 0, E = |\vec{p}| \end{aligned}$$

を得る．全く同じ関係が右巻きの式についても成り立つ．ヘリシティ演算子を $\vec{\sigma}\cdot\vec{p}$ として書くと，左巻き，右巻きスピノルは次の固有値方程式を満たす[*11]．

$$(\vec{\sigma}\cdot\vec{p})\Psi_L = -E\Psi_L = -|\vec{p}|\Psi_L \tag{5.52}$$

$$(\vec{\sigma}\cdot\vec{p})\Psi_R = E\Psi_R = |\vec{p}|\Psi_R \tag{5.53}$$

ワイルスピノルは次の例 5.4 で示すように γ_5 行列の固有状態でもある．

[*11] 訳注：$m = 0$ だから，$E = |\vec{p}|$ である．すると式 (5.50)，(5.51) より，

$$h\Psi = \frac{\vec{\Sigma}\cdot\vec{p}}{|\vec{p}|}\begin{pmatrix} \Psi_L \\ \Psi_R \end{pmatrix} = \begin{pmatrix} \frac{\vec{\sigma}\cdot\vec{p}}{|\vec{p}|} & 0 \\ 0 & \frac{\vec{\sigma}\cdot\vec{p}}{|\vec{p}|} \end{pmatrix}\begin{pmatrix} \Psi_L \\ \Psi_R \end{pmatrix} = \begin{pmatrix} \frac{\vec{\sigma}\cdot\vec{p}}{|\vec{p}|}\Psi_L \\ \frac{\vec{\sigma}\cdot\vec{p}}{|\vec{p}|}\Psi_R \end{pmatrix} = \begin{pmatrix} \frac{\vec{p}\cdot\vec{\sigma}}{E}\Psi_L \\ \frac{\vec{p}\cdot\vec{\sigma}}{E}\Psi_R \end{pmatrix} = \begin{pmatrix} -\Psi_L \\ \Psi_R \end{pmatrix}$$

が成り立つので，スピンの向きがそれぞれ名前通りになっていることが分かる．

例 5.4

質量を持たないワイルスピノルを考えよ．それらは $\Psi_L = \frac{1}{2}(I - \gamma_5)\Psi$, $\Psi_R = \frac{1}{2}(I + \gamma_5)\Psi$ と表され，γ_5 行列の固有状態であることを示せ．

解

カイラル表現では

$$\gamma_5 = \begin{pmatrix} -I & 0 \\ 0 & I \end{pmatrix}$$

となる．これをワイルスピノルに作用させると，

$$\gamma_5 \Psi = \begin{pmatrix} -I & 0 \\ 0 & I \end{pmatrix} \begin{pmatrix} \Psi_L \\ \Psi_R \end{pmatrix} = \begin{pmatrix} -\Psi_L \\ \Psi_R \end{pmatrix}$$

さて，もちろん，

$$I\Psi = \begin{pmatrix} I & 0 \\ 0 & I \end{pmatrix} \begin{pmatrix} \Psi_L \\ \Psi_R \end{pmatrix} = \begin{pmatrix} \Psi_L \\ \Psi_R \end{pmatrix}$$

である．したがって，

$$(I - \gamma_5)\Psi = \begin{pmatrix} \Psi_L \\ \Psi_R \end{pmatrix} - \begin{pmatrix} -\Psi_L \\ \Psi_R \end{pmatrix} = 2 \begin{pmatrix} \Psi_L \\ 0 \end{pmatrix}$$

となる．これは関係式，

$$\Psi_L = \frac{1}{2}(I - \gamma_5)\Psi$$

を導く．同様に，

$$\Psi_R = \frac{1}{2}(I + \gamma_5)\Psi$$

が導かれる．ここで，

$$\gamma_5^2 = \begin{pmatrix} -I & 0 \\ 0 & I \end{pmatrix} \begin{pmatrix} -I & 0 \\ 0 & I \end{pmatrix} = \begin{pmatrix} I & 0 \\ 0 & I \end{pmatrix} = I$$

が成り立つことに注意しよう．したがって，

$$\begin{aligned} \gamma_5 \Psi_L &= \frac{1}{2}(\gamma_5 I - \gamma_5^2)\Psi \\ &= \frac{1}{2}(\gamma_5 - I)\Psi \\ &= -\frac{1}{2}(I - \gamma_5)\Psi \\ &= -\Psi_L \end{aligned}$$

が得られる．これは，左巻きワイルスピノルが γ_5 の固有値 -1 の固有状態であることを示している．同様に，

$$\begin{aligned} \gamma_5 \Psi_R &= \frac{1}{2}(\gamma_5 I + \gamma_5^2)\Psi \\ &= \frac{1}{2}(\gamma_5 + I)\Psi \\ &= \frac{1}{2}(I + \gamma_5)\Psi \\ &= \Psi_R \end{aligned}$$

が成り立つ．すなわち，Ψ_R は γ_5 の固有値 $+1$ の固有状態である．

まとめ

本章ではディラック方程式を導入した．この方程式は，クライン-ゴルドン方程式に関連した負の確率密度を回避しつつ，時間と空間を同じ立場に置く相対論的方程式としてディラックによって導かれた．この方程式はそれでもなお，この方程式が粒子とともに反粒子を説明するという事実に由来する負エネルギー解を持つ．

章末問題

1. 与えられたラグランジアン

$$\mathcal{L} = \bar{\Psi}(x)[i\gamma^\mu \partial_\mu - m]\Psi$$

において，$\Psi(x)$ の変分をとって $\bar{\Psi}(x)$ が従う運動方程式を求めよ．

2. $\{\gamma_5, \gamma^\mu\}$ を計算せよ．
3. ディラック方程式の解，$E = \omega_k > 0$ を考えよ．ディラック場の u, v 成分の間の関係を求めよ．
4. ディラック方程式の自由空間解の標準形を密度 $\bar{\Psi}\gamma^0\Psi$ を使って求めよ．
5. x 方向のブーストの生成子 S^{01} を求めよ．
6. ベクトルポテンシャル A_μ を使って電磁場を導入できる．電荷源の電荷を q とせよ．$p_\mu \to p_\mu - qA_\mu$ の置き換えを使って，電磁場の存在するディラック方程式の形を決定せよ,

Chapter 6 スカラー場

相対性理論を量子力学に融合させる最初の試みは，単一粒子に対して適用されると想像されるシュレディンガー方程式の相対論的一般化を含むものとして読者は考えるかもしれない．実際，シュレディンガー自身がのちに続く彼の有名な非相対論的波動方程式の前に相対論的方程式を導いていた．我々が 2 章で最初に学んだクライン-ゴルドン方程式である．彼は次の 3 つの主な理由のために，量子力学のための正しいものとしてクライン-ゴルドン方程式を捨てることになった．

- それは負エネルギー解を持っているように見えた．
- それは負の確率分布を導くように見えた．
- それは間違った水素原子のスペクトルを与えた．

これらの要因を調べて，彼は今日クライン-ゴルドン方程式として知られるものを捨てシュレディンガー方程式として知られるものの方を選んだ．しかし，のちに見るように，クライン-ゴルドン方程式の主な問題は解釈の問題である．

我々は 1 章で学んだことを考えることによって，相対論的波動方程式への道を開く．相対論は時間と空間を同様の形式で扱う．波動方程式において，これは時間と空間座標による偏微分が同じ階数であることを意味する．非相対論的シュレディンガー方程式において，時間に関する1階微分が存在するが，空間座標に関する偏微分は2階である．このことがはっきりと分かるように，シュレディンガー方程式を1つの空間次元の場合について書き下そう．

$$i\hbar\frac{\partial\Psi}{\partial t}=-\frac{\hbar^2}{2m}\frac{\partial^2\Psi}{\partial x^2}+V\Psi \tag{6.1}$$

この方程式は時間に関する1階微分 $\frac{\partial\Psi}{\partial t}$ を左辺に持つにもかかわらず，空間座標に関する2階微分を右辺に持つから相対論的ではありえない．量子論に特殊相対論を組み込むために我々は対称性を期待する．この状況は時間と空間座標ともに2階微分をとることでクライン-ゴルドン方程式において修正される．これとは対照的にディラックはスピン1/2粒子に適用される彼の有名な方程式を導いたときに，空間と時間座標をともに1階微分を適用したことを強調した．のちに，何故ディラックが我々が捜している時間と空間の対称性を得るために空間微分を1階微分に "降格" することを決定したのかを，時間に関する2階微分がクライン-ゴルドン方程式においてどのように問題を引き起こすのかを見るときに理解するだろう．この章ではスカラー場に適用されるクライン-ゴルドン方程式を議論する．

クライン-ゴルドン方程式に到達する

ここでは，相対論的波動方程式を2章で簡単に学んだ方程式，クライン-ゴルドン方程式に戻って調査を開始する．2章において，それがどのようにして与えられたラグランジアンから導くことができるのかを見てきた．しかし，この方程式の最終的な起源は不可解だったかもしれない．ここですぐに見るのはクライン-ゴルドン方程式が2つの基本原理の適用に従うということだ．それは1つが特殊相対論からとられ，もう1つが量子力学からとられる．これらは，

- アインシュタインによって導かれたエネルギー，質量，運動量の間の

相対論的関係
- 量子力学における，測定可能な量（“可観測量”）の数学的演算子への昇格

である．

さて，早速シュレディンガー，クライン，ゴルドン（私が無視していることを謝罪しなければならない，この方程式を導いた既に亡くなった他の全ての人も）がどのようにしてその方程式を導いたのかを見ていこう．クライン-ゴルドン方程式は非常に簡単に2ステップで導ける．我々は特殊相対論で使われるエネルギー，運動量，質量の間の基礎的な関係式を書き出すことから始める．

$$E^2 = p^2c^2 + m^2c^4 \tag{6.2}$$

さて，するとすぐに量子力学の番になる．量子力学において可観測量は，読者が間違いなく良く知っている特定の処方箋を使って数学的演算子に変わる．我々はどのようにしてこれが行われるのかを非相対論的シュレディンガー方程式(6.1)を確認することで見ることができる．読者は時間に依存しないシュレディンガー方程式が

$$E\Psi = -\frac{\hbar^2}{2m}\frac{\partial^2\Psi}{\partial x^2} + V\Psi \tag{6.3}$$

によって与えられることを思い出すだろう．したがって，読者はシュレディンガー方程式が非相対論的エネルギーの定義の記述と考えることができると思われるかもしれない．このため我々は時間に関する偏微分をとる演算子にエネルギーを昇格し，エネルギーに対して次のような置き換えを行う．

$$E \to i\hbar\frac{\partial}{\partial t} \tag{6.4}$$

通常の量子力学において運動量 p は空間微分によって与えられることも思い出そう．すなわち，

$$p \to -i\hbar \frac{\partial}{\partial x} \tag{6.5}$$

である．3 次元に一般化すると，この関係は，

$$\vec{p} \to -i\hbar\nabla \tag{6.6}$$

となる．クライン-ゴルドン方程式を導くために我々がするべき全てのことは，エネルギー，運動量，質量に関するアインシュタインの関係式 (6.2) に置き換え (6.4) と (6.6) を代入して，それを波動関数 φ に作用させることである．式 (6.4) を使うと，

$$E^2 \to -\hbar^2 \frac{\partial^2}{\partial t^2}$$

となることが分かる．さて，式 (6.6) を使うことにより，

$$p^2 \to -\hbar^2 \nabla^2$$

を得る．したがって，演算子に対するエネルギー，運動量，質量に関するアインシュタインの関係 (6.2) は

$$-\hbar^2 \frac{\partial^2}{\partial t^2} = -\hbar^2 c^2 \nabla^2 + m^2 c^4$$

のように書くことができる．これは，これに対して**何かをしないと**使い道がないか意味をなさない．よって，我々はこの演算子に対して空間と時間の関数 $\varphi = \varphi(\vec{x}, t)$ を作用させる．これを行い，少し移項するとクライン-ゴルドン方程式が得られる．

$$\hbar^2 \frac{\partial^2 \varphi}{\partial t^2} - \hbar^2 c^2 \nabla^2 \varphi + m^2 c^4 \varphi = 0 \tag{6.7}$$

1 章で議論したように，素粒子物理学では決まって $\hbar = c = 1$（自然単位）という単位系で議論する．したがって，この方程式は，

$$\frac{\partial^2\varphi}{\partial t^2} - \nabla^2\varphi + m^2\varphi = 0 \tag{6.8}$$

となる．この方程式の見かけ上異なる記号法を使ってさらに少し単純化できる．実際，2 つの異なる方法で書くことができる．まず最初は，ミンコフスキー空間のダランベール演算子

$$\Box = \frac{\partial^2}{\partial t^2} - \nabla^2$$

を思い出すことである．これは式 (6.8) を次のような簡単な形で表すことを許す：

$$(\Box + m^2)\varphi = 0$$

これは以下の理由でクライン-ゴルドン方程式を書くための優れた方法である．我々は $\Box$ が相対論的不変量であることを知っている．すなわち，$\Box$ はスカラーとして変換するから全ての慣性系で同じである．質量 m はもちろんスカラーであるから，演算子

$$\Box + m^2$$

もまたスカラーである．これが教えてくれるのは，我々がのちに場として解釈する関数 φ もまたスカラーとして変換するならば，クライン-ゴルドン方程式は共変になるということである．1 章では，座標 x^μ がローレンツ変換の下で

$$x'^\mu = \Lambda^\mu{}_\nu x^\nu \tag{6.9}$$

と変換することを学んだ．$\varphi(x)$ が**スカラー**場であるとき，それは

$$\varphi'(x') = \varphi(x) \tag{6.10}$$

と変換する．

ここでクライン-ゴルドン方程式の最初の特徴付けに導かれた．

- それはスカラー粒子（実際上スカラー場）に適用される．
- これらの粒子はスピン0粒子である．

我々はまた，式(6.8)を1章で発展させた簡潔で良い形式で書くこともできる．$\partial_\mu \partial^\mu = \frac{\partial^2}{\partial t^2} - \nabla^2$ を使うとそれは

$$(\partial_\mu \partial^\mu + m^2)\varphi = 0 \tag{6.11}$$

と表される．式(6.11)に書かれている通り，これは自由粒子を記述する．自由粒子解は

$$\varphi(\vec{x}, t) = e^{-ip\cdot x}$$

によって与えられる．ここで，我々は特殊相対論を適用しているから，p と $\vec{x}$ はそれぞれ $p = (E, \vec{p})$ 及び $x = (t, \vec{x})$ なる4元ベクトルであることを思い出そう．よって，指数部のスカラー積は

$$p \cdot x = p_\mu x^\mu = Et - \vec{p} \cdot \vec{x} \tag{6.12}$$

となる．

自由粒子解はエネルギー，質量，運動量の間の相対論的関係を意味する．これはとても簡単に示せるので早速示してみよう．簡単のため我々は空間次元を1次元のみとする．

$$\frac{\partial \varphi}{\partial t} = \frac{\partial}{\partial t} e^{-i(Et-px)} = -iEe^{-i(Et-px)} = -iE\varphi$$

及び

$$\frac{\partial \varphi}{\partial x} = \frac{\partial}{\partial x} e^{-i(Et-px)} = ipe^{-i(Et-px)} = ip\varphi$$

より，

$$\frac{\partial^2 \varphi}{\partial t^2} - \frac{\partial^2 \varphi}{\partial x^2} = -E^2\varphi + p^2\varphi$$

を得る．これより，完全なクライン-ゴルドン方程式 (6.8) を作用させると

$$(E^2 - p^2)\varphi = m^2\varphi$$

が得られる．波動関数を消去して移項をすると $E^2 = p^2 + m^2$ を与え，これは望む結果である．エネルギーについて解くために，ここは慎重に正の平方根と負の平方根をとる．

$$E = \pm\sqrt{p^2 + m^2} \tag{6.13}$$

これはシュレディンガーがクライン-ゴルドン方程式を棄却した一つの理由である劇的な結果である．この粒子のエネルギーの解は，それが正と負のエネルギー状態（＝非物理的結果）のどちらも持つことができることを教えてくれる．どうすればよいのだろうか？

負エネルギー状態を見つけたことは，クライン-ゴルドン方程式を単一粒子の波動方程式と解釈することが間違っていることを最初に示していた．次のようにして，我々は負エネルギー状態に対処すべきことが判明する．負のエネルギーを持つ粒子の解は実は粒子と同じ質量を持ち，逆の電荷を持ち，正のエネルギーを持つ反粒子の解を記述すると解釈するのである．

それでも，導入部で述べたとおり，クライン-ゴルドン方程式にはそれ以外の問題点もある．第 2 の問題点は，少なくとも非相対論的量子力学の考えに制約されている限り，時間の 2 階微分が**負の確率密度**を導き，それは（確率の）意味をなさないということである．これを回避する方法は、非相対論的シュレーディンガー方程式が単一粒子波動関数を扱う方法の様にはクライン-ゴルドン方程式が説明していないと解釈することである．負の確率がどのようにして自由粒子解から起こるのかを次の例 6.1 で見てみよう．

例 6.1

自由粒子の場合にクライン-ゴルドン方程式が負の確率密度を導くことを示せ．単純のため 1 次元空間を考えよ．

解

通常の量子力学と同じ形式の**確率カレント**を仮定することから始める．$\hbar = 1$ の下で，確率カレントは

$$J = -i\varphi^* \frac{\partial \varphi}{\partial x} + i\varphi \frac{\partial \varphi^*}{\partial x} \tag{6.14}$$

と定義する．さて，いま

$$\begin{aligned}\frac{\partial J}{\partial x} &= -i\frac{\partial \varphi^*}{\partial x}\frac{\partial \varphi}{\partial x} - i\varphi^* \frac{\partial^2 \varphi}{\partial x^2} + i\frac{\partial \varphi}{\partial x}\frac{\partial \varphi^*}{\partial x} + i\varphi \frac{\partial^2 \varphi^*}{\partial x^2} \\ &= -i\varphi^* \frac{\partial^2 \varphi}{\partial x^2} + i\varphi \frac{\partial^2 \varphi^*}{\partial x^2}\end{aligned}$$

である．ここで，クライン-ゴルドン方程式 (6.8) を使って空間微分を時間微分に変換できる．1 つの空間次元に着目して，項を少し移項すると，

$$\frac{\partial^2 \varphi}{\partial x^2} = \frac{\partial^2 \varphi}{\partial t^2} + m^2 \varphi \tag{6.15}$$

が得られる．したがって

$$\begin{aligned}\frac{\partial J}{\partial x} &= -i\varphi^* \frac{\partial^2 \varphi}{\partial x^2} + i\varphi \frac{\partial^2 \varphi^*}{\partial x^2} \\ &= -i\varphi^* \left(\frac{\partial^2 \varphi}{\partial t^2} + m^2 \varphi\right) + i\varphi \left(\frac{\partial^2 \varphi^*}{\partial t^2} + m^2 \varphi^*\right) \\ \Rightarrow \frac{\partial J}{\partial x} &= -i\left(\varphi^* \frac{\partial^2 \varphi}{\partial t^2} - \varphi \frac{\partial^2 \varphi^*}{\partial t^2}\right)\end{aligned}$$

となることが分かる．

さてここで，通常の量子力学から別の基礎的な結果を思いだそう．確率カレントと確率密度は**確率の保存**と呼ばれる保存則を満たす．それは 1 次元空間では

$$\frac{\partial \rho}{\partial t} + \frac{\partial J}{\partial x} = 0 \tag{6.16}$$

となる．このため，

$$\frac{\partial \rho}{\partial t} = i\left(\varphi^* \frac{\partial^2 \varphi}{\partial t^2} - \varphi \frac{\partial^2 \varphi^*}{\partial t^2}\right)$$

が成り立つ．この方程式は

$$\rho = i\left(\varphi^* \frac{\partial \varphi}{\partial t} - \varphi \frac{\partial \varphi^*}{\partial t}\right) \tag{6.17}$$

であるとき満たされる．

これまでで何が分かったかまとめよう．クライン-ゴルドン方程式が時間に関する 2 階微分を含むことより，確率密度 (6.17) が導かれ，それは通常の量子力学での確率密度と全く異なる形をしている．読者は恐らく確率密度が波動関数 Ψ を使って

$$\rho = |\Psi|^2 = \Psi^* \Psi$$

と定義されることを思い出すだろう．それに対し，ここでクライン-ゴルドン方程式と確率カレント

$$\frac{\partial J}{\partial x} = -i\left(\varphi^* \frac{\partial^2 \varphi}{\partial t^2} - \varphi \frac{\partial^2 \varphi^*}{\partial t^2}\right) \tag{6.18}$$

から導いた直接的な結果は式 (6.17) である．さて，自由粒子解を考えた時に何が起こるか見てみよう．確率密度 (6.17) に 1 階時間微分が存在することと，エネルギーの解 (6.13) を一緒にすると問題が発生する．自由粒子解が

$$\varphi(\vec{x}, t) = e^{-ip \cdot x} = e^{-i(Et - px)}$$

であることを思い出すと，時間微分は

$$\frac{\partial \varphi}{\partial t} = -iEe^{-i(Et-px)} \qquad \frac{\partial \varphi^*}{\partial t} = iEe^{i(Et-px)}$$

となる．したがって，

$$\varphi^* \frac{\partial \varphi}{\partial t} = e^{i(Et-px)}[-iEe^{-i(Et-px)}] = -iE$$
$$\varphi \frac{\partial \varphi^*}{\partial t} = e^{-i(Et-px)}[iEe^{i(Et-px)}] = iE$$

を得る．したがって，確率密度 (6.17) は

$$\rho = i\left(\varphi^* \frac{\partial \varphi}{\partial t} - \varphi \frac{\partial \varphi^*}{\partial t}\right) = i(-iE - iE) = 2E$$

となる．やっかいな負エネルギー解を除けばここまでは上手くいっているように見える．しかし，

$$E = \pm\sqrt{p^2 + m^2}$$

を思いだせば，この負エネルギー解の場合，

$$\rho = 2E = -2\sqrt{p^2 + m^2} < 0$$

となり，これは負の確率密度であり，何かが単純に間違っている．何故これが間違っているといえるのか？　確率 1 とはそこに粒子が存在するという意味である．確率 1/2 は多分そこに見つかるという意味である．確率 0 とはそこに粒子を見つけることができないという意味である．負の確率，例えば -1 はどのような無矛盾な解釈も持たない．

場を再解釈する

クライン-ゴルドン方程式の負の確率密度の問題に対する解決策は方程式が何を表現しているのかを再解釈することに係わる．クライン-ゴルドン方程式がスカラー粒子の波動関数を支配すると考える代わりに φ が場であると考える．我々は φ を場の量子を生成したり破壊したりする生成及び消滅演算子を含む演算子に昇格する（$\varphi \to \hat{\varphi}$）．そして，$\varphi$ を通常の尊重すべき正準交換関係に従うものとして制限する．

スカラー場の場の量子化

ここでは与えられた場 $\varphi(x)$ の量子化という仕事に取り掛かる．基本的に古典的なものから量子論を構成することを意味する量子化の手続きは交換関係を課すことに基づいている．**正準量子化**は位置と運動量演算子に対して基礎的な交換関係

$$[\hat{x}, \hat{p}] = i \tag{6.19}$$

を課す手続きを指す．全体として，量子化の手続きは

- 位置と運動量の関数を演算子に昇格する
- 交換関係 (6.19) を課す

の 2 つである．我々は古典場の量子化に対して，似た手続きを行う．この手続きを**第二量子化**と呼ぶ．

第二量子化

場の量子論において，位置のような力学変数ではなくて場それ自体を量子化する．再び，ここで空間と時間を同格に扱う問題に直面する．非相対論的量子力学において，位置と運動量は演算子である．位置演算子は波動関数に対して

$$\hat{X}\Psi(x) = x\Psi(x)$$

に従って働く．運動量演算子は

$$\hat{p}\Psi(x) = -i\hbar\frac{\partial\Psi}{\partial x}$$

のように働く．その一方で，時間 t は非相対論的量子力学において，パラメータ以外の何物でもない．明らかに時間は

$$\hat{T}\Psi(x,t) = t\Psi(x,t)$$

なる演算子が存在しないから，位置とは異なる扱いになる．

多分読者は時間をそのような演算子に昇格することを基礎とする理論を構築することを試みるだろう．しかし，それは場の量子論で行われていることではない．場の量子論で何が起きているのかというと，そこでは実際逆のアプローチがとられ，位置と運動量を演算子としての非常に高い地位から降格する．場の量子論では，時間 t と位置 x は次に示すように時空上の位置を示すただのパラメータである．

$$\varphi(x,t)$$

この理論を量子化するために，我々は全く異なるアプローチをとり，場それ自体を演算子として扱う．第二量子化の手続きはそれより，

- 場を演算子に昇格する．そして，
- **同時刻交換関係**を場とそれらの共役運動量に課す．

となる．位置と運動量の代わりに場を量子化するこの手続きを**第二量子化**と呼ぶ．なお，通常の量子力学で使われている量子化は**第一量子化**である[*1]．これは重要なのでまとめておこう．場の量子論では，

- 位置 x と運動量 p は演算子ではない．それは古典物理学と同様，ただの数である．
- 場 $\varphi(x,t)$ 及びその共役運動量場 $\pi(x,t)$ は演算子である．
- 場には正準交換関係を課す．

が成り立つ．

場は次の意味で演算子である．量子力学の場合と同様に場の量子論でも量子状態が存在する．ただし，それは場の状態である．場の演算子はこれらの

[*1] 訳注：第二量子化という呼び方から，2回量子化の手続きが必要なのかと誤解されそうであるが，本文を読めばわかるとおり場の量子論においては第一量子化は採用されず，第二量子化のみが適用される．

状態に作用して粒子を破壊するか生成する．これは，重要である．何故なら，特殊相対論において，

- 粒子数は一定ではない．粒子は生成または破壊される．
- 粒子を生成するには少なくともその 2 倍の静止質量 $E = mc^2$ が必要である．

であるからである．粒子数が変化する量子論を記述する数学は単調和振動子に起源を持ち，それは厳密解を持つごくわずかなものの一つである．ここでは，これを簡単に復習する．

単調和振動子

非相対論的量子力学における単調和振動子のハミルトニアンは

$$\hat{H} = \frac{\hat{p}^2}{2m} + \frac{m\omega^2}{2}\hat{x}^2 \tag{6.20}$$

である．さて，**消滅**及び**生成**演算子として知られる，2 つの非エルミート演算子を定義する．それぞれ，

$$\hat{a} = \sqrt{\frac{m\omega}{2}}\left(\hat{x} + \frac{i}{m\omega}\hat{p}\right) \tag{6.21}$$

$$\hat{a}^\dagger = \sqrt{\frac{m\omega}{2}}\left(\hat{x} - \frac{i}{m\omega}\hat{p}\right) \tag{6.22}$$

である．次の結果は $[\hat{x}, \hat{p}] = i$ から直接示せる．

$$[\hat{a}, \hat{a}^\dagger] = 1 \tag{6.23}$$

ハミルトニアンはこれらの演算子によって書くことができる．それは

$$\hat{H} = \omega\left(\hat{a}^\dagger\hat{a} + \frac{1}{2}\right) \tag{6.24}$$

によって与えられる．ここで**粒子数演算子**を

$$\hat{N} = \hat{a}^\dagger \hat{a} \tag{6.25}$$

によって定義すると，このハミルトニアンは素晴らしく単純な形

$$\hat{H} = \omega \left(\hat{N} + \frac{1}{2} \right) \tag{6.26}$$

で表せる．このハミルトニアンの固有状態 $|n\rangle$ は

$$\hat{H}|n\rangle = \omega \left(n + \frac{1}{2} \right) |n\rangle \tag{6.27}$$

を満足する．これは $|n\rangle$ のエネルギー状態が

$$E_n = \omega \left(n + \frac{1}{2} \right) \tag{6.28}$$

であることを教えてくれる．$|n\rangle$ を**粒子数状態**と呼ぶ．これらは，粒子数演算子の固有状態である．

$$\hat{N}|n\rangle = n|n\rangle \tag{6.29}$$

ここで数 n は自然に非負整数になる．粒子数演算子は次の消滅演算子と生成演算子を伴う交換関係に従う．

$$[\hat{N}, \hat{a}] = -\hat{a} \tag{6.30}$$

$$[\hat{N}, \hat{a}^\dagger] = \hat{a}^\dagger \tag{6.31}$$

消滅演算子は n を 1 単位下げる．

$$\hat{a}|n\rangle = \sqrt{n}|n-1\rangle \tag{6.32}$$

生成演算子は n を 1 単位上げる．

$$\hat{a}^\dagger|n\rangle = \sqrt{n+1}|n+1\rangle \tag{6.33}$$

この系は最低のエネルギー状態を持つ．そうでなければ系は負のエネルギー状態に落ち込んでしまう．この最低エネルギー状態を**基底状態**と呼び $|0\rangle$ で表す．場の量子論では，この状態はしばしば，**真空状態**と呼ばれる．真空状態は消滅演算子によって消滅する，むしろ真空状態は消滅演算子によって破壊されるといった方が良いかもしれない．

$$\hat{a}|0\rangle = 0 \tag{6.34}$$

一方，$\hat{a}^\dagger$ は系のエネルギーを上げる．そのため $|n\rangle \rightarrow |n+1\rangle$ に上限はない．これより，状態 $|n\rangle$ は基底状態に繰り返し $\hat{a}^\dagger$ を作用させることによって得られる．

$$|n\rangle = \frac{(\hat{a}^\dagger)^n}{\sqrt{n!}}|0\rangle \tag{6.35}$$

これらの考えは場の量子論に引き継がれるが解釈が異なる．量子力学においては，状態 $|n\rangle$ を持つ単一粒子を考えており，そのエネルギー準位は $E_n = \omega(n + \frac{1}{2})$ であった．生成及び消滅演算子はその粒子の状態をエネルギーに関して基底状態から上げたり下げたりする．

一方，場の量子論では，"粒子数演算子" の概念を文字通りにとる．状態 $|n\rangle$ は単一粒子の状態ではなく，n 個の粒子が存在する場の状態である．基底状態はここでも最低エネルギー状態であり，粒子が 0 個の場の状態（ただし，場は依然として存在する）である．生成演算子 $\hat{a}^\dagger$ は 1 つの量子（＝粒子）を場に追加する．一方，消滅演算子 $\hat{a}$ は 1 つの量子を場から破壊する（1 つの粒子を取り除く）．のちに見るように，一般には粒子と同様に反粒子にも生成・消滅演算子が存在する．これらの演算子は運動量の関数になる．場は消滅演算子と生成演算子に関する和によって書かれる演算子になる．

スカラー場の量子化

場の量子化を学ぶ最も良い方法は，もっとも単純な場合である，次に示すクライン-ゴルドン方程式を満たす実スカラー場を最初に考えることである．

$$\partial_\mu \partial^\mu \varphi + m^2\varphi = \frac{\partial^2 \varphi}{\partial t^2} - \nabla^2\varphi + m^2\varphi = 0$$

我々はクライン-ゴルドン方程式の自由場解が

$$\varphi(x,t) \sim e^{-i(Et-\vec{p}\cdot\vec{x})}$$

の形をしていることを見てきた．これを波数 k を使って書き，$E \to k_0 = \omega_k$，$\vec{p} \to \vec{k}$ と置こう．

$$\varphi(x,t) \sim e^{-i(\omega_k x^0 - \vec{k}\cdot\vec{x})}$$

ここで位置に関する相対論的記号法も使った．これを行う理由はこうすることによってフーリエ展開の形でクライン-ゴルドン方程式の一般解を書き下すことができるからである[*2]．

$$\varphi(x) = \int \frac{d^3k}{(2\pi)^{3/2}\sqrt{2\omega_k}} \left[\varphi(\vec{k})e^{-i(\omega_k x^0 - \vec{k}\cdot\vec{x})} + \varphi^*(\vec{k})e^{i(\omega_k x^0 - \vec{k}\cdot\vec{x})}\right] \quad (6.36)$$

さて，量子化の手続きの第一ステップ，場 $\varphi(x)$ の演算子への昇格を適用しよう．これは，フーリエ変換の中の場 $\varphi(\vec{k})$ と $\varphi^*(\vec{k})$ をそれぞれの様式に関連した消滅及び生成演算子に置き換えることによって行われる．すなわち，

$$\varphi(\vec{k}) \to \hat{a}(\vec{k})$$
$$\varphi^*(\vec{k}) \to \hat{a}^\dagger(\vec{k})$$

である．いま，場は演算子だから，この事実がそれと分かるように $\hat{\varphi}(x)$ とハット『ˆ』を付けて表そう．生成，消滅演算子に関して場は，

$$\hat{\varphi}(x) = \int \frac{d^3k}{(2\pi)^{3/2}\sqrt{2\omega_k}} \left[\hat{a}(\vec{k})e^{-i(\omega_k x^0 - \vec{k}\cdot\vec{x})} + \hat{a}^\dagger(\vec{k})e^{i(\omega_k x^0 - \vec{k}\cdot\vec{x})}\right] \quad (6.37)$$

[*2] 訳注：$\varphi(x)$ が実スカラーになるために複素共役項がある．なお，分母に現れるルートの中身の $2\omega_k$ は計算を簡単にするための定数と思っておけばとりあえず良い．

と書かれる．量子論を得るために，交換関係を課すための場の共役運動量を得る必要がある．それが何であるかを思い出すために，その定義を次のラグランジアンから始めて繰り返してみよう[*3]．

$$\mathcal{L} = \frac{1}{2}\partial_\mu\varphi\partial^\mu\varphi - \frac{1}{2}m^2\varphi^2$$

この場の共役運動量が

$$\pi(x) = \frac{\partial\mathcal{L}}{\partial(\partial_0\varphi)} = \partial_0\varphi$$

であることは示した．いま，

$$\begin{aligned}
&\partial_0\hat{\varphi}(x)\\
&= \partial_0\int\frac{d^3k}{(2\pi)^{3/2}\sqrt{2\omega_k}}\left[\hat{a}(\vec{k})e^{-i(\omega_k x^0-\vec{k}\cdot\vec{x})} + \hat{a}^\dagger(\vec{k})e^{i(\omega_k x^0-\vec{k}\cdot\vec{x})}\right]\\
&= \int\frac{d^3k}{(2\pi)^{3/2}\sqrt{2\omega_k}}\left[\hat{a}(\vec{k})\partial_0(e^{-i(\omega_k x^0-\vec{k}\cdot\vec{x})}) + \hat{a}^\dagger(\vec{k})\partial_0(e^{i(\omega_k x^0-\vec{k}\cdot\vec{x})})\right]\\
&= \int\frac{d^3k}{(2\pi)^{3/2}\sqrt{2\omega_k}}\left[\hat{a}(\vec{k})(-i\omega_k)e^{-i(\omega_k x^0-\vec{k}\cdot\vec{x})} + \hat{a}^\dagger(\vec{k})(+i\omega_k)e^{i(\omega_k x^0-\vec{k}\cdot\vec{x})}\right]\\
&= -i\int\frac{d^3k}{(2\pi)^{3/2}}\sqrt{\frac{\omega_k}{2}}\left[\hat{a}(\vec{k})e^{-i(\omega_k x^0-\vec{k}\cdot\vec{x})} - \hat{a}^\dagger(\vec{k})e^{i(\omega_k x^0-\vec{k}\cdot\vec{x})}\right]
\end{aligned}$$

だから，式 (6.37) の場の共役運動量は，

$$\hat{\pi}(x) = -i\int\frac{d^3k}{(2\pi)^{3/2}}\sqrt{\frac{\omega_k}{2}}\left[\hat{a}(\vec{k})e^{-i(\omega_k x^0-\vec{k}\cdot\vec{x})} - \hat{a}^\dagger(\vec{k})e^{i(\omega_k x^0-\vec{k}\cdot\vec{x})}\right] \tag{6.38}$$

となる．ここで課す交換関係は通常の量子力学における正準交換関係を連続な場に対して拡張したものである．そこで，通常の量子力学における正準交

[*3] 訳注：2 章例 2.3 で見たようにこれがクライン-ゴルドン方程式を導くラグランジアンである．

換関係を思いだしてみると，デカルト座標 x_i に対して

$$[x_i, p_j] = i\delta_{ij}$$
$$[x_i, x_j] = [p_i, p_j] = 0$$

である．ここで δ_{ij} はクロネッカーのデルタである．空間座標 $\vec{x}$ と $\vec{y}$ を持つ連続な場合に移行すると，

$$\delta_{ij} \to \delta^3(\vec{x} - \vec{y})$$

となる．

さて，ここでは**同時刻**に評価される場の交換子を考える．これを場は**同時刻交換関係**に従う，という．場は異なる空間的位置 $\vec{x}$ と $\vec{y}$ で評価されるが，このとき $x^0 = y^0$ でなければならない．すると，

$$[\hat{\varphi}(x), \hat{\pi}(y)] = i\delta^3(\vec{x} - \vec{y}) \tag{6.39}$$

$$[\hat{\varphi}(x), \hat{\varphi}(y)] = 0 \tag{6.40}$$

$$[\hat{\pi}(x), \hat{\pi}(y)] = 0 \tag{6.41}$$

が得られる．

例 6.2

実スカラー場が

$$\hat{\varphi}(x) = \int \frac{d^3p}{(2\pi)^{3/2}\sqrt{2p^0}} \left[\hat{a}(\vec{p})e^{-ip\cdot x} + \hat{a}^\dagger(\vec{p})e^{ip\cdot x}\right]$$

によって与えられるものとせよ．$x^0 = y^0$ での同時刻交換子

$$[\hat{\varphi}(x), \hat{\pi}(y)]$$

を計算せよ．

解

運動量は，

$$
\begin{aligned}
\hat{\pi}(x) =& \frac{\partial \hat{\varphi}}{\partial x^0} \\
=& \frac{\partial}{\partial x^0} \int \frac{d^3 p}{(2\pi)^{3/2}\sqrt{2p^0}} \left[\hat{a}(\vec{p})e^{-ip\cdot x} + \hat{a}^\dagger(\vec{p})e^{ip\cdot x}\right] \\
=& -i \int \frac{d^3 p}{(2\pi)^{3/2}} \sqrt{\frac{p^0}{2}} \left[\hat{a}(\vec{p})e^{-ip\cdot x} - \hat{a}^\dagger(\vec{p})e^{ip\cdot x}\right]
\end{aligned}
$$

となる．いま，交換子は $x^0 = y^0$ の下で（同時刻交換関係），

$$
[\hat{\varphi}(x), \hat{\pi}(y)] = \hat{\varphi}(x)\hat{\pi}(y) - \hat{\pi}(y)\hat{\varphi}(x)
$$

である．最初の項を見ると，

$$
\begin{aligned}
\hat{\varphi}(x)\hat{\pi}(y) =& \left(\int \frac{d^3 p}{(2\pi)^{3/2}\sqrt{2p^0}} \left[\hat{a}(\vec{p})e^{-ip\cdot x} + \hat{a}^\dagger(\vec{p})e^{ip\cdot x}\right]\right) \\
& \times \left(-i \int \frac{d^3 p'}{(2\pi)^{3/2}} \sqrt{\frac{p'^0}{2}} \left[\hat{a}(\vec{p}\,')e^{-ip'\cdot y} - \hat{a}^\dagger(\vec{p}\,')e^{ip'\cdot y}\right]\right) \\
=& -i \underbrace{\int \frac{d^3 p}{(2\pi)^{3/2}} \frac{d^3 p'}{(2\pi)^{3/2}}}_{\text{位相空間因子}} \frac{1}{2}\sqrt{\frac{p'^0}{p^0}} \\
& \underbrace{\left[\hat{a}(\vec{p})e^{-ip\cdot x} + \hat{a}^\dagger(\vec{p})e^{ip\cdot x}\right]}_{x\text{ に関する項}} \underbrace{\left[\hat{a}(\vec{p}\,')e^{-ip'\cdot y} - \hat{a}^\dagger(\vec{p}\,')e^{ip'\cdot y}\right]}_{y\text{ に関する項}}
\end{aligned}
$$

を得る．期待に反してこの場合，この計算を完成させるために適切な方法は一つしかなく，それは力ずくでやることである．項ごとに掛けて取り出すと，

$$\hat{\varphi}(x)\hat{\pi}(y) = -i\int \frac{d^3p}{(2\pi)^{3/2}}\frac{d^3p'}{(2\pi)^{3/2}}\frac{1}{2}\sqrt{\frac{p'^0}{p^0}}$$
$$\Big\{\hat{a}(\vec{p})\hat{a}(\vec{p}\,')e^{-ip\cdot x}e^{-ip'\cdot y} - \hat{a}(\vec{p})\hat{a}^\dagger(\vec{p}\,')e^{-ip\cdot x}e^{ip'\cdot y}$$
$$+ \hat{a}^\dagger(\vec{p})\hat{a}(\vec{p}\,')e^{ip\cdot x}e^{-ip'\cdot y} - \hat{a}^\dagger(\vec{p})\hat{a}^\dagger(\vec{p}\,')e^{ip\cdot x}e^{ip'\cdot y}\Big\}$$

を得る．さて，今度はもう片方の計算をしてみよう．それは

$$\hat{\pi}(y)\hat{\varphi}(x) = -i\int \frac{d^3p}{(2\pi)^{3/2}}\frac{d^3p'}{(2\pi)^{3/2}}\frac{1}{2}\sqrt{\frac{p'^0}{p^0}}$$
$$\Big\{\hat{a}(\vec{p}\,')\hat{a}(\vec{p})e^{-ip\cdot x}e^{-ip'\cdot y} - \hat{a}^\dagger(\vec{p}\,')\hat{a}(\vec{p})e^{-ip\cdot x}e^{ip'\cdot y}$$
$$+ \hat{a}(\vec{p}\,')\hat{a}^\dagger(\vec{p})e^{ip\cdot x}e^{-ip'\cdot y} - \hat{a}^\dagger(\vec{p}\,')\hat{a}^\dagger(\vec{p})e^{ip\cdot x}e^{ip'\cdot y}\Big\}$$

となる．次のステップはこの2つの差をとり，生成及び消滅演算子を使って項を集めることである．驚くにあたらないが，それらは単調和振動子で使われる生成，消滅演算子と似た交換関係に従う．これは単純に連続な場合に一般化するだけである．適切な関係は，

$$[\hat{a}(\vec{p}), \hat{a}^\dagger(\vec{p}\,')] = \delta^3(\vec{p} - \vec{p}\,') \tag{6.42}$$
$$[\hat{a}(\vec{p}), \hat{a}(\vec{p}\,')] = 0 \tag{6.43}$$
$$[\hat{a}^\dagger(\vec{p}), \hat{a}^\dagger(\vec{p}\,')] = 0 \tag{6.44}$$

である．$\hat{\varphi}(x)\hat{\pi}(y)$ と $\hat{\pi}(y)\hat{\varphi}(x)$ の計算結果の最初の項同士の差をとると，式(6.43)を使って，

$$\begin{aligned}&\hat{a}(\vec{p})\hat{a}(\vec{p}\,')e^{-ip\cdot x}e^{-ip'\cdot y} - \hat{a}(\vec{p}\,')\hat{a}(\vec{p})e^{-ip\cdot x}e^{-ip'\cdot y}\\ =&[\hat{a}(\vec{p}), \hat{a}(\vec{p}\,')]e^{-ip\cdot x}e^{-ip'\cdot y}\\ =&0\end{aligned}$$

を得る．似たような流れで，各々の表式の最後の項同士の差をとると，$[\hat{a}^\dagger(\vec{p}), \hat{a}^\dagger(\vec{p}\,')] = 0$ より，これもまた0になる．さて，各々の表式の第2項を見てみよう．$\hat{\varphi}(x)\hat{\pi}(y)$ と $\hat{\pi}(y)\hat{\varphi}(x)$ の第2項同士の差をとると

$$
\begin{aligned}
&-\hat{a}(\vec{p})\hat{a}^\dagger(\vec{p}\,')e^{-ip\cdot x}e^{ip'\cdot y}+\hat{a}^\dagger(\vec{p}\,')\hat{a}(\vec{p})e^{-ip\cdot x}e^{ip'\cdot y}\\
=&-\left(\hat{a}(\vec{p})\hat{a}^\dagger(\vec{p}\,')-\hat{a}^\dagger(\vec{p}\,')\hat{a}(\vec{p})\right)e^{-ip\cdot x}e^{ip'\cdot y}\\
=&-\left[\hat{a}(\vec{p}),\hat{a}^\dagger(\vec{p}\,')\right]e^{-ip\cdot x}e^{ip'\cdot y}\\
=&-\delta^3(\vec{p}-\vec{p}\,')e^{-ip\cdot x}e^{ip'\cdot y}\\
=&-\delta^3(\vec{p}-\vec{p}\,')e^{-i\sqrt{\vec{p}^2+m^2}x^0+i\vec{p}\cdot\vec{x}}e^{i\sqrt{\vec{p}\,'^2+m^2}y^0-i\vec{p}\,'\cdot\vec{y}}\\
=&-\delta^3(\vec{p}-\vec{p}\,')e^{i\vec{p}\cdot(\vec{x}-\vec{y})}
\end{aligned}
$$

を得る[*4]．最後のステップを得るためには

$$
\delta^3(\vec{p}-\vec{p}\,')f(\vec{p}\,')=\delta^3(\vec{p}-\vec{p}\,')f(\vec{p})
$$

という事実と，$x^0=y^0$ という事実を使って時間成分を取り除く．同様の手続きを各々の表式の第 3 項の差に適用する．結果は，

$$
-\delta^3(\vec{p}-\vec{p}\,')e^{-i\vec{p}\cdot(\vec{x}-\vec{y})}
$$

である．全てを一緒にして，

$$
\begin{aligned}
[\hat{\varphi}(x)\hat{\pi}(y),\hat{\pi}(y)\hat{\varphi}(x)]=&-i\int\frac{d^3p}{(2\pi)^{3/2}}\frac{d^3p'}{(2\pi)^{3/2}}\sqrt{\frac{p'^0}{p^0}}\frac{1}{2}\\
&\left[-\delta^3(\vec{p}-\vec{p}\,')e^{i\vec{p}\cdot(\vec{x}-\vec{y})}-\delta^3(\vec{p}-\vec{p}\,')e^{-i\vec{p}\cdot(\vec{x}-\vec{y})}\right]\\
=&i\int\frac{d^3p}{(2\pi)^3}\frac{1}{2}\left[e^{i\vec{p}\cdot(\vec{x}-\vec{y})}+e^{-i\vec{p}\cdot(\vec{x}-\vec{y})}\right]
\end{aligned}
$$

が得られる[*5]．しかし，ディラックのデルタ関数の一つの定義が，

$$
\delta^3(\vec{x}-\vec{y})=\int\frac{d^3p}{(2\pi)^3}e^{i(\vec{x}-\vec{y})\cdot\vec{p}} \tag{6.45}
$$

であり，デルタ関数の対称性より $\delta^3(\vec{x}-\vec{y})=\delta^3(\vec{y}-\vec{x})$ であるから，

[*4] 訳注：$p^0=\sqrt{\vec{p}^{\,2}+m^2}$ を使った．
[*5] 訳注：再び $p^0=\sqrt{\vec{p}^{\,2}+m^2}$ を使っている．

$$
\begin{aligned}
[\hat{\varphi}(x), \hat{\pi}(y)] &= \hat{\varphi}(x)\hat{\pi}(y) - \hat{\pi}(y)\hat{\varphi}(x) \\
&= i \int \frac{d^3p}{(2\pi)^3} \frac{1}{2} [e^{i\vec{p}\cdot(\vec{x}-\vec{y})} + e^{-i\vec{p}\cdot(\vec{x}-\vec{y})}] \\
&= i \frac{1}{2} [\delta^3(\vec{x}-\vec{y}) + \delta^3(\vec{y}-\vec{x})] \\
&= i\delta^3(\vec{x}-\vec{y})
\end{aligned}
$$

を得る．

場の量子論における状態

生成及び消滅演算子に関してスカラー場を書きとめる方法を知っている今，我々は演算子がどのように場の状態に作用するかについて見る準備ができている．我々は既に単調和振動子において，それらがどのように作用するのかというくつかの考えを得ている．いつものようにもっとも単純な場合である最低エネルギー状態（あるいは基底状態）から始めよう．それは，場の量子論では一般に**真空**（あるいは**真空状態**）と呼ばれる．真空は $|0\rangle$ で表され，消滅演算子で破壊される．

$$
\hat{a}(\vec{k})|0\rangle = 0 \tag{6.46}
$$

さて，生成及び消滅演算子はフーリエ展開を介して場に入ってゆく．そのため，それらは運動量 $\vec{p}$ または波数 $\vec{k}$ によって指し示される．状態は運動量で表すことができる，したがって生成演算子を作用させることによって真空から状態 $|\vec{k}\rangle$ への底上げを行うことができる．

$$
|\vec{k}\rangle = \hat{a}^\dagger(\vec{k})|0\rangle \tag{6.47}
$$

これは1粒子状態を記述する．我々は異なる波数の状態 $\vec{k}_1, \vec{k}_2, \ldots$ などの生成演算子の積を作用させることができる．たとえば，2粒子状態 $|\vec{k}_1, \vec{k}_2\rangle$ は

$$
|\vec{k}_1, \vec{k}_2\rangle = \hat{a}^\dagger(\vec{k}_1)\hat{a}^\dagger(\vec{k}_2)|0\rangle
$$

によって生成される．拡張すると，n 粒子状態は

$$|\vec{k}_1, \vec{k}_2, \ldots, \vec{k}_n\rangle = \hat{a}^\dagger(\vec{k}_1)\hat{a}^\dagger(\vec{k}_2)\ldots\hat{a}^\dagger(\vec{k}_n)|0\rangle \tag{6.48}$$

を使って生成できる．各々の生成演算子 $\hat{a}^\dagger(\vec{k}_i)$ は運動量 $\hbar\vec{k}_i$，エネルギー $\hbar\omega_k$ の単一粒子を生成する（はっきりと分かるように，$\hbar$ をここでは復元しておいた.）．ここで，

$$\omega_{k_i} = \sqrt{\vec{k}_i^2 + m^2}$$

である．消滅演算子 $\hat{a}(\vec{k}_i)$ は指定された運動量とエネルギーの粒子を破壊する．

正及び負振動数（周波数）分解

場は正振動数の部分と負振動数の部分の 2 つの部分に分解できる．正振動数部分は消滅演算子からなり，それは

$$\hat{\varphi}^+(x) = \int \frac{d^3k}{(2\pi)^{3/2}\sqrt{2\omega_k}}\hat{a}(\vec{k})e^{-i(\omega_k x^0 - \vec{k}\cdot\vec{x})} \tag{6.49}$$

と書かれる．この場の負振動数部分は生成演算子からなる．

$$\hat{\varphi}^-(x) = \int \frac{d^3k}{(2\pi)^{3/2}\sqrt{2\omega_k}}\hat{a}^\dagger(\vec{k})e^{i(\omega_k x^0 - \vec{k}\cdot\vec{x})} \tag{6.50}$$

したがって，$\hat{a}(\vec{k})|0\rangle = 0$ より，この場の正振動数部分は真空を消滅させる．

$$\hat{\varphi}^+(x)|0\rangle = 0 \tag{6.51}$$

そして，負振動数部分は粒子を生成する．

$$\hat{\varphi}^-(x)|0\rangle = \int \frac{d^3k}{(2\pi)^{3/2}\sqrt{2\omega_k}} e^{i(\omega_k x^0 - \vec{k}\cdot\vec{x})} \hat{a}^\dagger(\vec{k})|0\rangle$$
$$= \int \frac{d^3k}{(2\pi)^{3/2}\sqrt{2\omega_k}} e^{i(\omega_k x^0 - \vec{k}\cdot\vec{x})} |\vec{k}\rangle \tag{6.52}$$

粒子数演算子

粒子数演算子は生成及び消滅演算子によって次のように構成できる.

$$\hat{N}(\vec{k}) = \hat{a}^\dagger(\vec{k})\hat{a}(\vec{k}) \tag{6.53}$$

粒子数演算子の固有状態は**占有数**と呼ばれる. これらは与えられた状態が, 運動量 $\vec{k}$ の粒子が何個ある状態かを教えてくれる整数である.

$$n(\vec{k}) = 0, 1, 2, \ldots \tag{6.54}$$

状態,

$$|\vec{k}_1, \vec{k}_2, \ldots, \vec{k}_n\rangle = \hat{a}^\dagger(\vec{k}_1)\hat{a}^\dagger(\vec{k}_2)\ldots\hat{a}^\dagger(\vec{k}_n)|0\rangle$$

は運動量 $\vec{k}_1$ の1粒子, 運動量 $\vec{k}_2$ の1粒子, 運動量 $\vec{k}_3$ の1粒子などの n 個の粒子からなる. しかし, 複数の粒子が同じ運動量を持つ状態を考えることもできる. 仮に, 運動量 $\vec{k}_1$ を持つ2つの粒子と運動量 $\vec{k}_2$ を持つ1つの量子が存在するとしよう. この状態は,

$$|\vec{k}_1, \vec{k}_1, \vec{k}_2\rangle = \frac{\hat{a}^\dagger(\vec{k}_1)\hat{a}^\dagger(\vec{k}_1)}{\sqrt{2}} \hat{a}^\dagger(\vec{k}_2)|0\rangle$$

と書くことができる. この状態はまた,

$$|\vec{k}_1, \vec{k}_1, \vec{k}_2\rangle = |n(\vec{k}_1)n(\vec{k}_2)\rangle$$

と書くこともできる．ここで $n(\vec{k}_1)=2$，$n(\vec{k}_2)=1$ である．真空状態から，

$$|n(\vec{k}_1)n(\vec{k}_2)\rangle = \frac{\hat{a}^\dagger(\vec{k}_1)^{n(\vec{k}_1)}}{\sqrt{n(\vec{k}_1)!}}\frac{\hat{a}^\dagger(\vec{k}_2)^{n(\vec{k}_2)}}{\sqrt{n(\vec{k}_2)!}}|0\rangle$$

を得る．一般に

$$|n(\vec{k}_1)n(\vec{k}_2)\dots n(\vec{k}_m)\rangle = \prod_{j=1}^{m}\frac{\hat{a}^\dagger(\vec{k}_j)^{n(\vec{k}_j)}}{\sqrt{n(\vec{k}_j)!}}|0\rangle$$

が成り立つ．ここで分かることは，粒子数演算子 (6.53) は実は密度を与えているということである．それは与えられた状態における全ての運動量空間に渡る状態で粒子数密度を積分すると全粒子数を与えるということを意味している．

例 6.3

$\hat{N}|\vec{k}'\rangle$ を求めよ．

解

$$|\vec{k}'\rangle = \hat{a}^\dagger(\vec{k}')|0\rangle$$

及び

$$[\hat{a}(\vec{k}),\hat{a}^\dagger(\vec{k}')] = \hat{a}(\vec{k})\hat{a}^\dagger(\vec{k}') - \hat{a}^\dagger(\vec{k}')\hat{a}(\vec{k}) = \delta^3(\vec{k}-\vec{k}')$$

より，

$$\begin{aligned}\hat{a}^\dagger(\vec{k}')\hat{a}(\vec{k})|\vec{k}'\rangle =&\hat{a}^\dagger(\vec{k}')\hat{a}(\vec{k})\hat{a}^\dagger(\vec{k}')|0\rangle\\ =&\hat{a}^\dagger(\vec{k}')[\hat{a}^\dagger(\vec{k}')\hat{a}(\vec{k}) + \delta^3(\vec{k}-\vec{k}')]|0\rangle\\ =&\hat{a}^\dagger(\vec{k}')\delta^3(\vec{k}-\vec{k}')|0\rangle\\ =&\delta^3(\vec{k}-\vec{k}')\hat{a}^\dagger(\vec{k}')|0\rangle = \delta^3(\vec{k}-\vec{k}')|\vec{k}'\rangle\end{aligned}$$

が得られる．ただし，上の2行目から3行目に移るところで，$\hat{a}(\vec{k})|0\rangle = 0$ を使った．これより，

$$\begin{aligned}\hat{N}|\vec{k}'\rangle =& \int d^3k\hat{a}^\dagger(\vec{k})\hat{a}(\vec{k})|\vec{k}'\rangle \\ =& \left\{\int d^3k\delta^3(\vec{k}-\vec{k}')\right\}|\vec{k}'\rangle \\ =& |\vec{k}'\rangle\end{aligned}$$

と求まる．これより，単一粒子状態 $|\vec{k}'\rangle$ は $n(\vec{k}') = 1$ を持つことが分かった．

状態の正規化

量子論で常に起こる問題が，与えられた状態の正規化である．この問題にどう取り組めば良いか？　まず最初に，真空は統一的に正規化されているという前提から始める．

$$\langle 0|0\rangle = 1 \tag{6.55}$$

すると，任意の状態 $|\vec{k}\rangle$ の正規化を計算するために，交換関係 (6.42) 使って進めることができる．これは例 6.4 で示す．

例 6.4

内積 $\langle\vec{k}|\vec{k}'\rangle$ を考えることによって，状態 $|\vec{k}\rangle$ の正規化を計算せよ．

解

$\hat{a}^\dagger(\vec{k})|0\rangle = |\vec{k}\rangle$ 及びこの表式の随伴が $\langle\vec{k}| = \langle 0|\hat{a}(\vec{k})$ であるという事実を使って，計算を進める．すると，

$$
\begin{aligned}
\langle \vec{k}|\vec{k}'\rangle =&\langle 0|\hat{a}(\vec{k})\hat{a}^\dagger(\vec{k}')|0\rangle \\
=&\langle 0|\hat{a}^\dagger(\vec{k}')\hat{a}(\vec{k}) + \delta(\vec{k}-\vec{k}')|0\rangle \\
=&\langle 0|\hat{a}^\dagger(\vec{k}')\hat{a}(\vec{k})|0\rangle + \langle 0|\delta^3(\vec{k}-\vec{k}')|0\rangle \\
=&\delta^3(\vec{k}-\vec{k}')\langle 0|0\rangle \\
=&\delta^3(\vec{k}-\vec{k}') \\
\Rightarrow \langle \vec{k}|\vec{k}'\rangle =&\delta^3(\vec{k}-\vec{k}')
\end{aligned}
$$

が得られる．

ボース-アインシュタイン統計

この章で発展させた理論はボソンに応用される．それらは整数スピン（またはこの場合スピン 0）を持つ区別ができない粒子である．このことを見るために，状態に適用される生成演算子の順序を入れ替えることができることに注意しよう．そこでまず，

$$
|\vec{k}_1, \vec{k}_2\rangle = \hat{a}^\dagger(\vec{k}_1)\hat{a}^\dagger(\vec{k}_2)|0\rangle
$$

と書こう．しかし，

$$
\begin{aligned}
|\vec{k}_1, \vec{k}_2\rangle =&\hat{a}^\dagger(\vec{k}_1)\hat{a}^\dagger(\vec{k}_2)|0\rangle \\
=&\hat{a}^\dagger(\vec{k}_2)\hat{a}^\dagger(\vec{k}_1)|0\rangle \\
=&|\vec{k}_2, \vec{k}_1\rangle \\
\Rightarrow |\vec{k}_1, \vec{k}_2\rangle =&|\vec{k}_2, \vec{k}_1\rangle
\end{aligned}
$$

である．

この結果はボソンを記述する理論を扱っていることを教えてくれる．フェルミオンなら，この計算の中の符号が変化するだろう．

エネルギーと運動量

次に，場のエネルギーと運動量を計算する問題に目を向けてみよう．場の演算子展開

$$\hat{\varphi}(x) = \int \frac{d^3k}{(2\pi)^{3/2}\sqrt{2\omega_k}} \left[\hat{a}(\vec{k})e^{-i(\omega_k x^0 - \vec{k}\cdot\vec{x})} + \hat{a}^\dagger(\vec{k})e^{i(\omega_k x^0 - \vec{k}\cdot\vec{x})}\right]$$

から始める．粒子数演算子 $\hat{N} = \hat{a}^\dagger(\vec{k})\hat{a}(\vec{k})$ を使うと，ハミルトニアンが

$$\hat{H} = \int d^3k\omega_k \left[\hat{N}(\vec{k}) + \frac{1}{2}\delta^3(\vec{0})\right] \tag{6.56}$$

となることが示せる．また場の運動量は

$$\hat{P} = \int d^3k\vec{k} \left[\hat{N}(\vec{k}) + \frac{1}{2}\delta^3(\vec{0})\right] \tag{6.57}$$

となる[*6]．

例 6.5

実スカラー場に対して，真空のエネルギーを求めよ．

解

この例の解は有名な無限の真空のエネルギーである．これは見方の問題といえるかもしれないし，違うかもしれない．真空のエネルギーを求めるために，

$$\langle 0|\hat{H}|0\rangle \tag{6.58}$$

[*6] 訳注：2 章で見たように，$H = \int d^3x\mathcal{H}(x)$，$\mathcal{H}(x) = \pi(x)\dot{\varphi}(x) - \mathcal{L}(x)$ だから，クライン-ゴルドン方程式を導くラグランジアン $\mathcal{L} = \frac{1}{2}\partial_\mu\varphi\partial^\mu\varphi - \frac{1}{2}m^2\varphi^2$ を使って，生成，消滅演算子で表した $\hat{\varphi}(x)$ の微分などを使って計算する．なお，計算はやや複雑で手こずるかもしれない．$\hat{P}$ についても $P^i = \int d^3x\pi(x)\partial^i\varphi(x)$ を使えばよい．

を計算する必要がある．計算すると，

$$
\begin{aligned}
\langle 0|\hat{H}|0\rangle =& \langle 0|\int d^3k\omega_k\left(\hat{N}(\vec{k})+\frac{1}{2}\delta^3(0)\right)|0\rangle \\
=& \langle 0|\int d^3k\omega_k\left(\hat{a}^\dagger(\vec{k})\hat{a}(\vec{k})+\frac{1}{2}\delta^3(0)\right)|0\rangle \\
=& \langle 0|\int d^3k\omega_k(\hat{a}^\dagger(\vec{k})\hat{a}(\vec{k}))|0\rangle+\langle 0|\int d^3k\omega_k\left(\frac{1}{2}\delta^3(\vec{0})\right)|0\rangle \\
=& \frac{1}{2}\delta^3(\vec{0})\int d^3k\omega_k\langle 0|0\rangle \\
=& \frac{1}{2}\delta^3(\vec{0})\int d^3k\omega_k
\end{aligned}
$$

となる．この解は通常の量子力学における調和振動子のエネルギーを思い出させる．その場合，基底状態のエネルギーは $\frac{1}{2}\hbar\omega$ である．我々は似たような項を見つける，しかし，明らかに $\delta^3(0)$ は無限大であるし，次に示すように全運動量空間で積分をとることより，この積分は発散する．

$$
\int \omega_k d^3k \to \infty
$$

この結果は見方によっては無視できるかまたは覆い隠すことができる．通常の説明は，我々はエネルギーの**差**だけしか測定できず，エネルギーは基底状態との相対的な量のみが測定され，その結果この項は落ちるというものである．最終結果は，この量をゴミ箱に投げ捨て，エネルギーは 0 であるという．我々は単純に無限を引き，理論を“くりこむ”という．このトリックは上手くいく．しかし，理論が上手く機能するために数学的に巧妙なごまかしを行わなければならないという事実について，読者は考えなければならない．これは恐らく，そのようなやり方は完全には正しくないことを指し示している．

くりこまれたハミルトニアンは無限のエネルギーに上昇させる項を引き去ることで構成される．したがって，

$$\begin{aligned}\hat{H}_R =&\hat{H} - \frac{1}{2}\delta^3(\vec{0})\int d^3k\omega_k \\ =&\int d^3k\omega_k \hat{N}(\vec{k}) = \int d^3k\omega_k \hat{a}^\dagger(\vec{k})\hat{a}(\vec{k})\end{aligned} \tag{6.59}$$

である.

例 6.6

くりこまれたハミルトニアンを使って，$|\vec{k}\rangle$ のエネルギー状態を求めよ.

解

$$\begin{aligned}\langle\vec{k}|\hat{H}_R|\vec{k}\rangle =&\langle\vec{k}|\int d^3k'\omega_{k'}\hat{a}^\dagger(\vec{k}')\hat{a}(\vec{k}')|\vec{k}\rangle \\ =&\langle\vec{k}|\int d^3k'\omega_{k'}\delta^3(\vec{k}-\vec{k}\,')|\vec{k}\,'\rangle \\ =&\langle\vec{k}|\omega_k|\vec{k}\rangle \\ =&\omega_k\langle\vec{k}|\vec{k}\rangle\end{aligned}$$

より，$|\vec{k}\rangle$ のエネルギー準位は ω_k である.

正規積及び時間順序積

場の量子論ではしばしば全ての生成演算子を全ての消滅演算子の**左側に置いた**表式を書くことが望ましいことがある．このように表式が書かれる場合，**正規順序**が使われているという．ある表式に正規順序を適用するとき，その表式を 2 つのコロンで囲む．したがって，Ψ の正規順序は $:\Psi:$ と書かれる．正規順序が全ての生成演算子を全ての消滅演算子の左側に移動することを意味することより，

$$:\hat{a}(\vec{k})\hat{a}^\dagger(\vec{k}):=\hat{a}^\dagger(\vec{k})\hat{a}(\vec{k}) \tag{6.60}$$

が成り立つ．スカラー場の正規順序は正及び負の振動数部分を使って書き下すことができる．次を思いだそう：

$$\hat{\varphi}^{+}(x) = \int \frac{d^3k}{(2\pi)^{3/2}\sqrt{2\omega_k}} \hat{a}(\vec{k}) e^{-i(\omega_k x^0 - \vec{k}\cdot\vec{x})}$$

一方

$$\hat{\varphi}^{-}(x) = \int \frac{d^3k}{(2\pi)^{3/2}\sqrt{2\omega_k}} \hat{a}^{\dagger}(\vec{k}) e^{i(\omega_k x^0 - \vec{k}\cdot\vec{x})}$$

である．正規順序は生成演算子を左側に置く．したがって，正規順序された場が負振動数部分を正振動数成分の左側に持つことが期待される．具体的に書くと，

$$:\hat{\varphi}(x)\hat{\varphi}(y) := \hat{\varphi}^{+}(x)\hat{\varphi}^{+}(y) + \hat{\varphi}^{-}(x)\hat{\varphi}^{+}(y) + \hat{\varphi}^{-}(y)\hat{\varphi}^{+}(x) + \hat{\varphi}^{-}(x)\hat{\varphi}^{-}(y)$$

となる．

時間順序積は粒子が破壊される前に生成されなければならないという物理的事実の数学的表現である．時間順序は時間順序演算子によって成し遂げられる．それは積 $\hat{\varphi}(t_1)\hat{\Psi}(t_2)$ に対しては，

$$T\{\hat{\varphi}(t_1)\hat{\Psi}(t_2)\} = \begin{cases} \hat{\varphi}(t_1)\hat{\Psi}(t_2) & t_1 > t_2 \text{のとき} \\ \hat{\Psi}(t_2)\hat{\varphi}(t_1) & t_2 > t_1 \text{のとき} \end{cases} \tag{6.61}$$

のように作用する．

場が演算子であることを思いだそう．演算子は右から左の順に作用する．したがって，演算子の積 $\hat{A}\hat{B}$ は状態 $|\Psi\rangle$ に対して，まず $\hat{B}$ が最初に状態に作用し，次に $\hat{A}$ が作用したものが結果となる．よって，$t_1 > t_2$，つまり t_1 が時間的に後なら，$\hat{\Psi}(t_2)$ が最初に状態に作用し，続いて $\hat{\varphi}(t_1)$ の作用が起こる．順序は $t_2 > t_1$ のとき逆になる．

複素スカラー場

さて，複素スカラー場を量子化しよう．これは複素スカラー場が電荷 q を持つ粒子と電荷 $-q$ を持つ反粒子を表し，したがって我々は比較的単純な場合に取り組みながら，反粒子が場の量子論でどのように表すことができるか知ることできるから大いに前進できる．

反粒子を扱っているとき，場は粒子に対しては正振動数モード（消滅演算子），反粒子に対しては負振動数モード（生成演算子）に拡張される．粒子に対しては，今まで同様共通の生成，消滅演算子 $\hat{a}^\dagger$，$\hat{a}$ を使う．

$$\hat{a}^\dagger(\vec{k}) \qquad \hat{a}(\vec{k}) \qquad \text{（粒子）}$$

一方，反粒子に対しては，$\hat{b}^\dagger$，$\hat{b}$ で生成，消滅演算子を表す．

$$\hat{b}^\dagger(\vec{k}) \qquad \hat{b}(\vec{k}) \qquad \text{（反粒子）}$$

このため $\hat{a}^\dagger$ は運動量 $\hbar\vec{k}$ かつエネルギー $\hbar\omega_k$ の**粒子**を生成するが，$\hat{b}^\dagger(\vec{k})$ は運動量 $\hbar\vec{k}$ かつエネルギー $\hbar\omega_k$ の**反粒子**を生成する[*7]．場の演算子を書くために，粒子に対する正振動数部分と反粒子に対する負振動数部分を一緒にして，和をとることによって，

$$\hat{\varphi}(x) = \int \frac{d^3k}{(2\pi)^{3/2}\sqrt{2\omega_k}} \left[\hat{a}(\vec{k})e^{-i(\omega_k x^0 - \vec{k}\cdot\vec{x})} + \hat{b}^\dagger(\vec{k})e^{i(\omega_k x^0 - \vec{k}\cdot\vec{x})}\right] \tag{6.62}$$

を得る．この場の随伴場（それが**複素**場だから驚くにあたらない）は

$$\hat{\varphi}^\dagger(x) = \int \frac{d^3k}{(2\pi)^{3/2}\sqrt{2\omega_k}} \left[\hat{a}^\dagger(\vec{k})e^{i(\omega_k x^0 - \vec{k}\cdot\vec{x})} + \hat{b}(\vec{k})e^{-i(\omega_k x^0 - \vec{k}\cdot\vec{x})}\right] \tag{6.63}$$

によって与えられる．ここでも依然として，$[\hat{a}(\vec{k}), \hat{a}^\dagger(\vec{k}')] = \delta^3(\vec{k} - \vec{k}')$ を要請し，反粒子の生成，消滅演算子についても同様に

*7 訳注：ただし，もちろん我々が採用している単位系では $\hbar = 1$ である．

$$[\hat{b}(\vec{k}), \hat{b}^\dagger(\vec{k}\,')] = \delta^3(\vec{k} - \vec{k}\,') \tag{6.64}$$

を課す．場とその随伴に対応して 2 つの共役運動量が存在する．例えば,

$$\begin{aligned}
&\hat{\pi}(x) \\
=&\partial_0 \hat{\varphi}(x) \\
=&\int \frac{d^3k}{(2\pi)^{3/2}\sqrt{2\omega_k}} \left[(-i\omega_k)\hat{a}(\vec{k})e^{-i(\omega_k x^0 - \vec{k}\cdot\vec{x})} + (i\omega_k)\hat{b}^\dagger(\vec{k})e^{i(\omega_k x^0 - \vec{k}\cdot\vec{x})}\right] \\
=&-i\int \frac{d^3k}{(2\pi)^{3/2}}\sqrt{\frac{\omega_k}{2}} \left[\hat{a}(\vec{k})e^{-i(\omega_k x^0 - \vec{k}\cdot\vec{x})} - \hat{b}^\dagger(\vec{k})e^{i(\omega_k x^0 - \vec{k}\cdot\vec{x})}\right]
\end{aligned} \tag{6.65}$$

である．電荷を帯びた複素場の場合，2 つの粒子数演算子が存在する．最初のは慣れ親しんだ粒子数演算子で粒子の個数に対応する．

$$\hat{N}_{\hat{a}} = \int d^3k \hat{a}^\dagger(\vec{k})\hat{a}(\vec{k}) \tag{6.66}$$

2 番目は反粒子の個数を表す粒子数演算子である．

$$\hat{N}_{\hat{b}} = \int d^3k \hat{b}^\dagger(\vec{k})\hat{b}(\vec{k}) \tag{6.67}$$

この場の全エネルギーは粒子のエネルギーに反粒子のエネルギーを加えたものとして表される．

$$\hat{H} = \int d^3k \omega_k \left[\hat{a}^\dagger(\vec{k})\hat{a}(\vec{k}) + \hat{b}^\dagger(\vec{k})\hat{b}(\vec{k})\right] \tag{6.68}$$

エネルギー密度は粒子の粒子数密度に反粒子の粒子数密度を加えたものにエネルギー ω_k を掛けたものになっていることに注意しよう．すると，全エネルギーを得るためには，この場の全波数のモードに渡って積分すればよい．次に，全運動量は粒子由来の運動量に反粒子由来の運動量を加えたものになる．

$$\hat{P} = \int d^3k \vec{k} \left[\hat{a}^\dagger(\vec{k})\hat{a}(\vec{k}) + \hat{b}^\dagger(\vec{k})\hat{b}(\vec{k})\right] \tag{6.69}$$

複素場は荷電場に対応する．粒子と反粒子は逆の電荷を持つ．全電荷は粒子由来の電荷から反粒子由来の電荷を引いたものとして求められる．したがって電荷演算子は

$$\hat{Q} = \int d^3kq \left[\hat{a}^\dagger(\vec{k})\hat{a}(\vec{k}) - \hat{b}^\dagger(\vec{k})\hat{b}(\vec{k})\right]$$
$$= q(\hat{N}_{\hat{a}} - \hat{N}_{\hat{b}}) \tag{6.70}$$

である．最終的に場と共役運動量は一連の交換関係を満たす．再び，ここでも $x^0 = y^0$ なる同時刻交換関係を考える．すなわち，

$$[\hat{\varphi}(x), \hat{\pi}(y)] = [\hat{\varphi}^\dagger(x), \hat{\pi}^\dagger(y)] = i\delta^3(\vec{x} - \vec{y}) \tag{6.71}$$

である．場同士の交換子は同時刻交換子ではない以下を除いて消える．

$$[\hat{\varphi}(x), \hat{\varphi}^\dagger(y)] = i\Delta(x - y) \tag{6.72}$$

同時刻においては

$$[\hat{\varphi}(x), \hat{\varphi}^\dagger(y)] = [\hat{\varphi}(x), \hat{\varphi}(y)] = [\hat{\varphi}^\dagger(x), \hat{\varphi}^\dagger(y)] = 0$$

が成り立つ．交換子 $[\hat{\varphi}(x), \hat{\varphi}^\dagger(y)] = i\Delta(x - y)$ は**プロパゲーター（伝播関数）**と呼ばれる．これは次章で詳しく調べる．

まとめ

クライン-ゴルドン方程式は特殊相対論におけるエネルギー，運動量，質量に関するアインシュタインの関係へ量子力学的演算子を代入した直接の結果として得られる．これは負の確率や負のエネルギー状態などの矛盾を導く．この矛盾は方程式を再解釈することで回避できる．それを単一粒子の波動方程式として使う代わりに，量子力学における調和振動子と同様に生成，消滅演算子を含む場に適用する．ここには 1 つの違いがある．生成及び消滅演算

子は今の場合，個々の粒子のエネルギー準位を変える代わりに粒子を生成したり破壊したりする．

章末問題

1. 実スカラー場に対して $[\hat{N}(\vec{k}), \hat{N}^\dagger(\vec{k}\,')]$ を計算せよ．
2. $\hat{N}\hat{a}^\dagger(\vec{k})|n(\vec{k})\rangle$ を求めよ．
3. $\hat{N}|0\rangle$ を求めよ．
4. 複素スカラー場を考えよ．電荷演算子 $\hat{Q}$ に対するハイゼンベルクの運動方程式を考察することによって，電荷が保存されているかどうか決定せよ．

$$\dot{Q} = [H, Q]$$

この計算は式 (6.68) と (6.70) 及び，交換関係 (6.64) を使って行え．

Chapter 7 ファインマン則

場の量子論の巧妙な数学はファインマン則と呼ばれる一連の操作に蒸留される．この規則は場の量子論の過程の全ての手法を説明する処方箋と考えられ，図形的な形で表される．有名な**ファインマンダイアグラム**である．この章ではファインマン則を展開し，どのようにしてファインマンダイアグラムを構成するのかを示す．最終目標は様々な粒子相互作用における物理パラメータを計算することである．ここではこれらを議論する．

量子論では起こる過程の確率振幅を計算することによって，実験予測をする．これは場の量子論においても正しく，崩壊事象や散乱事象などの粒子相互作用の振幅を計算する．そのような計算を実行するために使われる基本的な道具は S **行列**として知られている．どんな与えられた物理過程も始状態 $|i\rangle = |\alpha(t_0)\rangle$ から $|f\rangle = |\alpha(t)\rangle$ で表される最終出力状態への遷移として考えられる．すなわち，

$$|i\rangle \to |f\rangle$$

である．この遷移はユニタリ演算子 S 行列の作用を介して起こる．

$$|f\rangle = S|i\rangle$$

ここで S は散乱（英語で *Scattering*）の略語である．S 行列がユニタリであ

ることより，それは

$$S^\dagger S = SS^\dagger = I$$

を満たす．通常の量子力学より，我々は状態の時間発展はユニタリな時間発展演算子 $U(t, t_0)$ を使って記述されることを知っている．すると，時刻 t_0 のとき $|\alpha_I(t_0)\rangle$ からよりのちの時刻 t の終状態 $|\alpha_F(t)\rangle$ に発展する振幅は

$$\langle \alpha_F(t)|U(t, t_0)|\alpha_I(t_0)\rangle \tag{7.1}$$

になる．初期及び終状態は $t = -\infty$ にやってきて，相互作用し，$t = \infty$ に異なる自由粒子として飛び去る自由粒子を含む．S 行列の要素は式 (7.1) の極限

$$S_{FI} = \lim_{\substack{t_0 \to -\infty \\ t \to +\infty}} \langle \alpha_F(t)|U(t, t_0)|\alpha_I(t_0)\rangle \tag{7.2}$$

である．運動量空間では S 行列は次のように与えられた過程が起こるための振幅 M_{FI} に比例する．

$$S_{FI} \propto -i(2\pi)^4 \delta^4(p_F - p_I) M_{FI} \tag{7.3}$$

ここで p_F は出力された状態の全 4 元運動量で，入力された運動量についても同様である．ディラックのデルタ関数がこの過程における運動量の保存を強制する．**ファインマン則**は各々の起こりうる物理過程のファインマンダイアグラムとして知られる図形的表現を使って，この過程の振幅 M_{FI} を計算するのをより簡単にする．振幅 M_{FI} は摂動的過程を使って計算される．ある過程の確率振幅をとったものと想像し，級数展開をしよう．摂動展開の各々の項に対し 1 つのファインマンダイアグラムが存在する．そして，それらを足し合わせると全体の振幅が得られる．M を与えられた事象の振幅と仮定しよう．同じ初期及び最終粒子状態は各々の振幅が M_i の過程の集まりとなるだろう．全振幅は

$$M_{\text{total}} = \sum_{i=0}^{\infty} g^{k_i} M_i \tag{7.4}$$

となる．ここで g^{k_i} は各 M_i の結合定数である[*1]．この和の中の各項 M_i に対してそれぞれ1つのファインマンダイアグラムが存在する．各々の振幅に掛けられる g で表される結合定数は相互作用の強さを記述し，k は相互作用の次数を記述する．1次の過程には $k = 1$ で，2次の過程には $k = 2$ のように．式 (7.4) の高い次数の項はより多くの g の因子を持つ．したがって，もし g が小さいなら，i が大きくなるに従って，すなわち，和 (7.4) でより多くの項をとるなら，高次の項はだんだん無視してもよくなり，次のように程よい振幅の見積もりを得るためにある n で和をとるのを止めることができる．

$$M \approx \sum_{i=0}^{n} g^{k_i} M_i$$

例えば，量子電磁力学（QED）では，結合定数は $\alpha \approx 1/137 \approx 0.0073$ に比例し，これは小さい数である．2次の確率は $\alpha^2 \approx 0.000053$ に比例する．このため，結合定数が積として現れる因子に対しては，項は十分小さく，それらを計算上無視してかまわない．これは，振幅を導く計算を明示的に行うときに，より大きな意味を持つ．この章では，抽象的であるが有益である散乱事象と崩壊事象を理解するために，手順を単純で簡単なものについて例示する．次章からは QED を展開するときに，物理的過程の調査を開始する．

場の量子論において系の発展を式 (7.4) の振幅を生み出す相互作用描像を使って確認することが有益である．そこで，ここでは，量子力学における相互作用を見直すことから始める．

[*1] 訳注：通常ここでの g を結合定数と呼ぶが，g の k_i 乗である g^{k_i} が各項 M_i が全体に寄与する割合を与えるので，広い意味で結合定数と呼んでいるのであろう．

相互作用描像

この節では，量子力学を 3 つの異なる描像で描く．最初の 2 つはシュレディンガー描像と 2 番目はハイゼンベルク描像である．その間のが相互作用描像である．2 つの描像で状態と演算子を区別するために，我々は添字 S をシュレディンガー描像に，添字 I を相互作用描像に使う．

量子論で相互作用描像に移行するためにハミルトニアンを時間に独立な**自由場ハミルトニアン** H_0 と，時間に依存する相互作用ハミルトニアン H_I の 2 つの部分に分ける[*2]．

$$H = H_0 + H_I \tag{7.5}$$

シュレディンガー描像では，状態と演算子は添字 S を付けて表そう．例えば，シュレディンガー描像では，状態ベクトルは $|\alpha\rangle_S$ と書かれ，演算子は A_S と表される．この描像では，演算子は固定され状態は時間に従って

$$i\frac{\partial}{\partial t}|\alpha(t)\rangle_S = H|\alpha(t)\rangle_S \tag{7.6}$$

と発展する．ここで H は完全なハミルトニアンである．相互作用描像における状態ベクトル $|\alpha(t)\rangle_I$ は自由部分のハミルトニアンの働きによってシュレディンガー描像における状態ベクトルと関係している[*3]．

$$|\alpha(t)\rangle_I = e^{iH_0t}|\alpha(t)\rangle_S \tag{7.7}$$

さて，相互作用描像を使って，我々は状態から演算子まで時間発展をさせるシュレディンガー描像とハイゼンベルク描像の中間の表示を採用する．すなわち，相互作用描像において，演算子もまた時間発展する．相互作用描

[*2] 訳注：ここでの H はシュレディンガー描像でのハミルトニアンであるが，閉じた量子系でなく，例えば外部電場などがある状況を考慮するとシュレディンガー描像でもハミルトニアンは時間発展する．

[*3] 訳注：これが相互作用描像での状態ベクトルの定義である．

像の演算子 A_I は次のようにしてシュレディンガー描像の演算子と関係している．

$$A_I = e^{iH_0 t} A_S e^{-iH_0 t} \tag{7.8}$$

さて，今から式 (7.7) を微分し，式 (7.6) を使って状態の動的方程式に次のようにしてたどり着く．

$$\begin{aligned}
\frac{\partial}{\partial t}|\alpha(t)\rangle_I =& \frac{\partial}{\partial t}(e^{iH_0 t}|\alpha(t)\rangle_S) \\
=& iH_0 e^{iH_0 t}|\alpha(t)\rangle_S + e^{iH_0 t}\frac{\partial}{\partial t}|\alpha(t)\rangle_S \\
=& iH_0 e^{iH_0 t}|\alpha(t)\rangle_S + e^{iH_0 t}(-iH|\alpha(t)\rangle_S) \\
=& iH_0 e^{iH_0 t}|\alpha(t)\rangle_S + e^{iH_0 t}(-iH_0 - iH_I)|\alpha(t)\rangle_S \\
=& -iH_I e^{iH_0 t}|\alpha(t)\rangle_S \\
=& -iH_I|\alpha(t)\rangle_I
\end{aligned}$$

したがって，相互作用描像における状態の時間発展は

$$i\frac{\partial}{\partial t}|\alpha(t)\rangle_I = H_I|\alpha(t)\rangle_I \tag{7.9}$$

となることが結論付けられる．これは状態の時間発展が**ハミルトニアンの相互作用部分**によって決定されることを教えてくれる．さて，今から，相互作用描像の演算子がどのように時間発展するのか見ていこう．これは式 (7.8) を微分することによって行う．

$$\begin{aligned}
\frac{\partial}{\partial t}A_I =& \frac{\partial}{\partial t}(e^{iH_0 t}A_S e^{-iH_0 t}) \\
=& iH_0 e^{iH_0 t}A_S e^{-iH_0 t} + e^{iH_0 t}\left(\frac{\partial A_S}{\partial t}\right)e^{-iH_0 t} - ie^{iH_0 t}A_S H_0 e^{-iH_0 t} \\
=& iH_0 e^{iH_0 t}A_S e^{-iH_0 t} - ie^{iH_0 t}A_S H_0 e^{-iH_0 t} \\
=& iH_0 A_I - iA_I H_0 \\
=& i[H_0, A_I]
\end{aligned}$$

すなわち，相互作用描像における演算子の時間発展は**ハミルトニアンの自由部分**によって決定される．

$$\frac{\partial}{\partial t}A_I = i[H_0, A_I] \tag{7.10}$$

相互作用描像でハミルトニアンが時間発展にどのように影響を与えるかまとめてみよう：

H_0 （自由）	演算子の時間発展に影響する
H_I （相互作用）	状態の時間発展に影響する

我々は，場の量子論では場それ自体が演算子であることを見てきた．式(7.10)は場の時間発展が自由場ハミルトニアンによって特徴付けられることを示唆している．

摂動論

さて，我々は量子力学における時間発展がユニタリ演算子 $U(t, t_0)$ によっても記述できることを知っている．

$$|\alpha(t)\rangle_I = U(t, t_0)|\alpha(t_0)\rangle_I \tag{7.11}$$

この式の両辺を微分してみよう．左辺は

$$\frac{\partial}{\partial t}|\alpha(t)\rangle_I = -iH_I|\alpha(t)\rangle_I = -iH_IU(t, t_0)|\alpha(t_0)\rangle_I$$

となる．一方，右辺は

$$\frac{\partial}{\partial t}U(t, t_0)|\alpha(t_0)\rangle_I \tag{7.12}$$

を得る．これより $U(t, t_0)$ の時間発展は式

$$i\frac{\partial U}{\partial t} = H_I U \tag{7.13}$$

によって記述されることがわかる．さて，式 (7.11) に $t = t_0$ を代入するならば，現在の系の変化が分かる．この瞬間の演算子 U の形を計算しよう．すると，

$$|\alpha(t_0)\rangle_I = U(t_0, t_0)|\alpha(t_0)\rangle_I$$

が得られる．したがって，

$$U(t_0, t_0) = 1$$

でなければならない．恒等写像は経過時間 0 では系が変化しないことを意味する．これを式 (7.13) の初期条件として積分すると

$$U(t, t_0) = 1 - i\int_{t_0}^{t} H_I(t')U(t', t_0)dt' \tag{7.14}$$

が得られる．これは，どのように演算子 U が時刻 t_0 から t に従って変化するのかを記述する積分方程式である．これはただちに演算子 U を一連の小さな工程の計算に改善する反復近似を示唆する．

例として，我々は U_0 と呼ぶ大雑把な近似解から始めよう．最初の改善は U_1 であり，それは，

$$U_1(t, t_0) = 1 - i\int_{t_0}^{t} H_I(\tau)U_0(\tau, t_0)d\tau$$

によって与えられる．しかし，U_0 から U_1 に移行するには大きな変動があり，まだまだ計算の改善が必要である．したがって，出力 U_1 を使って U_2 を計算する．

$$U_2(t, t_0) = 1 - i\int_{t_0}^{t} H_I(\tau)U_1(\tau, t_0)d\tau$$

これらの改善は次のようなぞっとする表式を生成する．

$$
\begin{aligned}
&U(t,t_0)\\
=&1-i\int_{t_0}^{t}H_I(t')\left(1-i\int_{t_0}^{t'}H_I(t'')U(t'',t_0)dt''\right)dt'\\
=&1-i\int_{t_0}^{t}dt'H_I(t')+(-i)^2\int_{t_0}^{t}dt'\int_{t_0}^{t'}dt''H_I(t')H_I(t'')+\cdots\\
&+(-i)^n\int_{t_0}^{t}dt'\int_{t_0}^{t'}dt''\cdots\int_{t_0}^{t^{(n-1)}}dt^{(n)}H_I(t')H_I(t'')\cdots H_I(t^{(n)})+\cdots
\end{aligned}
$$

これは $t>t'>t''>\cdots>t^{(n)}$ を満たしているので，この n 番目の項は

$$
\begin{aligned}
&(-i)^n\int_{t_0}^{t}dt'\int_{t_0}^{t'}dt''\cdots\int_{t_0}^{t^{(n-1)}}dt^{(n)}T\left\{H_I(t')H_I(t'')\cdots H_I(t^{(n)})\right\}\\
=&\frac{(-i)^n}{n!}\int_{t_0}^{t}dt'\int_{t_0}^{t}dt''\cdots\int_{t_0}^{t}dt^{(n)}T\left\{H_I(t')H_I(t'')\cdots H_I(t^{(n)})\right\}
\end{aligned}
$$

となる．ここで T は時間順序演算子である．すると，これらの項を足し合わせると，**ダイソン級数**を得る．この展開式を適当な項までで切り捨てると，近似解を求めることができる．

さて，状態の話に戻ろう．解くべき式は

$$
i\frac{\partial}{\partial t}|\alpha(t)\rangle = H_I|\alpha(t)\rangle
$$

である[*4]．ここでハミルトニアン H_I は時間に依存する．この式の形に注意しよう．もし，相互作用 H_I が 0 になったら，状態は時間に関して変化しない定数である．このことは，**どのような状態の遷移も相互作用に依存する**ということを教えてくれる．記号を簡単にするために，時刻 t_0 での系の始状態を

$$
|\alpha(t_0)\rangle = |i\rangle
$$

[*4] 訳注：ここから相互作用描像の状態 $|\alpha(t)\rangle_I$ の I を省略する．

と表そう．系の始状態 $|i\rangle$ は散乱事象が起こる前の系の状態である．言い換えれば $t \to -\infty$ の系の状態である．これは，散乱事象の前の，粒子の相互作用をしていない状態である．終状態，つまり散乱事象が起こってから長い時間がたったのちの状態は $\lim_{t\to\infty}|\alpha(t)\rangle = S|i\rangle$ である．我々はある特定の終状態 $|f\rangle$ で終わるこの状態の系の振幅を計算したい．

$$\langle f|S|i\rangle = S_{fi}$$

これは，S 行列の成分である．そのため，状態 $|i\rangle$ から始まり，終状態 $|f\rangle$ で終わる S によって記述される相互作用を経過した系の確率 $\mathbf{P}_{fi}$ は

$$\mathbf{P}_{fi} = |\langle f|S|i\rangle|^2 = S_{fi}S^*_{fi}$$

となる．時刻 t での系の状態はダイソン級数で使った反復表現で書くことができる．始状態 $|i\rangle$ に対して，最初の 2 項は

$$|\alpha(t)\rangle = |i\rangle + (-i)\int_{-\infty}^{t} H_I(t')|\alpha(t')\rangle dt'$$

となる．$S_{fi} = \lim_{\substack{t_0\to-\infty \\ t\to+\infty}} \langle\alpha(t)|U(t,t_0)|\alpha(t_0)\rangle = \langle f|U(+\infty,-\infty)|i\rangle$ であることと及び U をダイソン級数で書くことができることより，S 行列を級数で表すことができる．

$$S = \sum_{n=0}^{\infty}(-i)^n \int_{-\infty}^{+\infty} dt' \int_{-\infty}^{t'} dt'' \cdots \int_{-\infty}^{t^{(n-1)}} dt^{(n)} H_I(t')H_I(t'')\cdots H_I(t^{(n)}) \tag{7.15}$$

まとめると，振幅 $\langle f|S|i\rangle$ を計算するには，摂動論を使って適当な次数（許容できる範囲の誤差）の項を計算すればよい．場の量子論においては，物質と反物質の生成のような過程を記述しなければならない．

$$2\gamma + e^- + e^- \to e^- + e^- + e^+ + e^-$$

反応前後の状態によってどのようにして異なる組の粒子が得られるかを知ることができる．粒子の組が変わるため，始状態から消滅する粒子と終状態に生成される粒子という用語を使う．混乱しただろうか？ 幸いにもファインマンはこれら全てを十分よく理解し単純なレシピに蒸留した．我々は今から今までやってきたことすべてを忘れてファインマン則を使って振幅を計算する．

ファインマン則の基礎

摂動展開の最も重要な点は次である．すなわち，計算を改善するのにだんだん小さくなっていく補正項を使う．重要性の減少は摂動パラメータによって定量化される．それはこの場合結合の強さである．ある時点で測定するには小さすぎる補正項となり，補正項の追加は止めることができる．

そのような摂動展開において，すでに見てきたとおり，与えられた過程の振幅 M は

$$M = \sum_n g^{k_n} M_n$$

の形の展開式を使うことで計算できる．各振幅 M_n はファインマンダイアグラムで描くことができる特定の粒子反応（散乱，崩壊）である．項 M_n の次数が上がれば，起きる可能性は低くなり，全体の振幅に寄与する割合は低くなる．項 M_n はそれぞれ同じ入力及び出力粒子を持つ，しかし，異なる中間状態を表す．そのような中間状態はダイソン級数の項に対応する．各項 M_n は与えられた相互作用の強さを表す結合定数 g によって見積もられるから，与えられた相互作用の強さが小さいとき，摂動論を使って解析することができる．

ファインマンダイアグラムは1つかより多くの**外線**があり[*5]，それらは頂

[*5] 訳注：外線とはファインマンダイアグラムにおいて1つの頂点だけと接続し反対側が外部に伸びている線のことである．

点で接続された入力または出力粒子を表す．時間は下から上に流れるか，左から右に流れることができる．例えば，粒子 A が粒子 B, C に崩壊する粒子崩壊過程を想像しよう．

$$A \to B + C$$

時間の流れを下から上にとると，この過程は図 7.1 のファインマンダイアグラムによって表される．

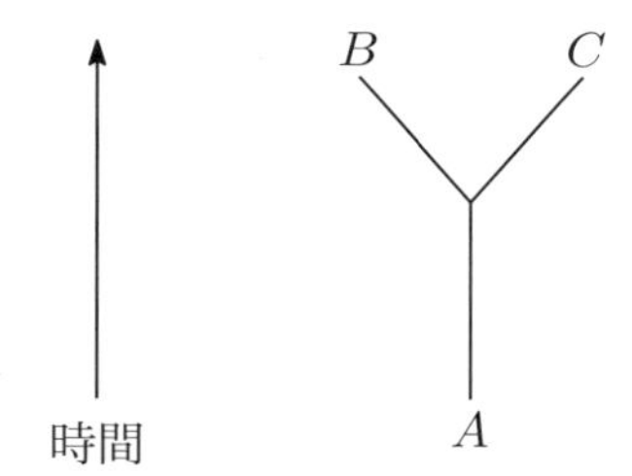

図 7.1　崩壊過程 $A \to B + C$ のファインマンダイアグラム．時間はダイアグラムの下から上に流れる．

もし，この過程を時間が左から右に流れるようにダイアグラムを描くと図 7.2 のファインマンダイアグラムが得られる．

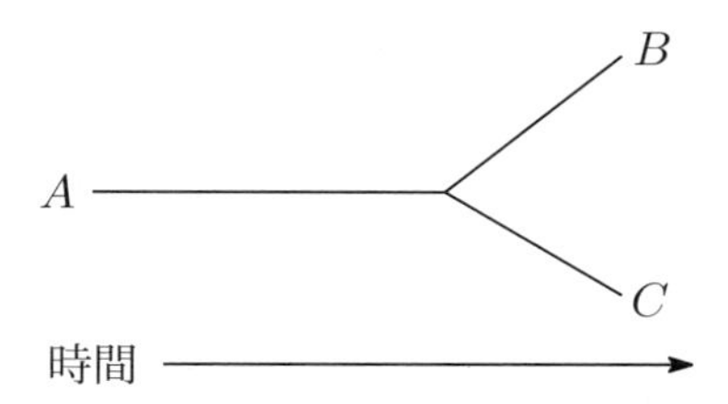

図 7.2　時間の流れを左から右にとったときの崩壊過程 $A \to B + C$ のファインマンダイアグラム．

ファインマンダイアグラムは粒子相互作用の質的，記号的表現である．そのため，ここで考える時間の流れは実際の時間軸と考えるべきではない．通常，時間の流れる方向はダイアグラムにおいて明示的には示されていない．そのかわりにそれは文脈において理解される．

散乱事象はダイアグラムにおいて頂点と頂点に挟まれた**内線**で描かれた中間状態または粒子を含む．粒子 A と B が散乱過程で粒子 C と D に散乱したと仮定しよう．そしてこの散乱過程は中間状態 I を含むものとしよう．この散乱事象は

$$A + B \to C + D$$

である．これは中間状態 I を持つ内線を含むファインマンダイアグラム，図7.3 で表されている．中間状態の正しい解釈はそれが粒子 A と B の間に働く力を伝えるその力を伝える粒子であるとするものである．例えば，もしそれが電磁相互作用だとするならば，例えば，電子と陽電子の散乱だとするなら，内線は光子である．相互作用の方法は図 7.3 に描かれている．粒子 A と B は出会い，消滅して状態 I を生成し，それはその後 C と D に崩壊する．

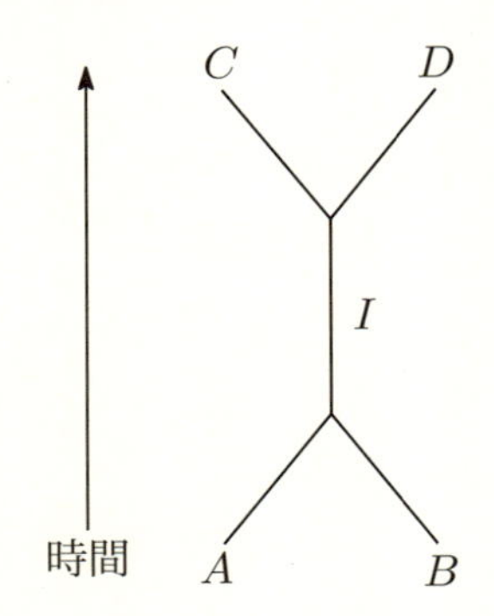

図 7.3　反応 $A + B \to C + D$ のファインマンダイアグラム．

さて，時間の流れを左から右にとったときの同じ反応を描いてみよう．これは図 7.4 に示す．

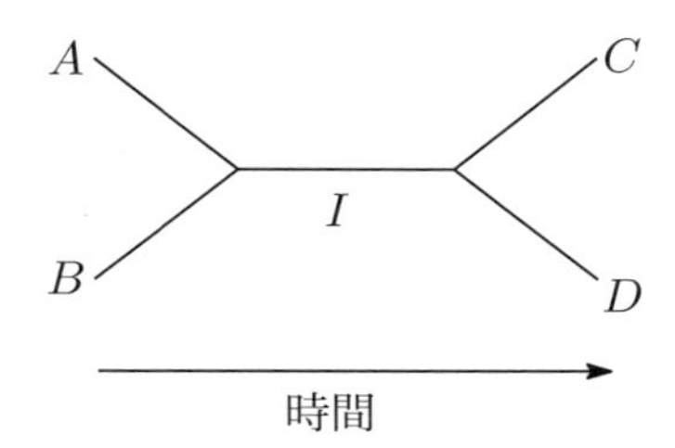

図 7.4　時間の流れを左から右にとったときの過程 $A + B \to C + D$ のファインマンダイアグラム.

粒子はボソン（力を伝える粒子）の交換を介して散乱することができる.散乱事象

$$C + D \to C + D$$

を表してみよう．ここでこの散乱事象で粒子 C と D はボソン B の交換をする．これは図 7.5 に示す．このダイアグラムで時間は下から上に流れる.粒子 C と D は近寄り，ボソン B の交換を介して散乱し，また離れていく.

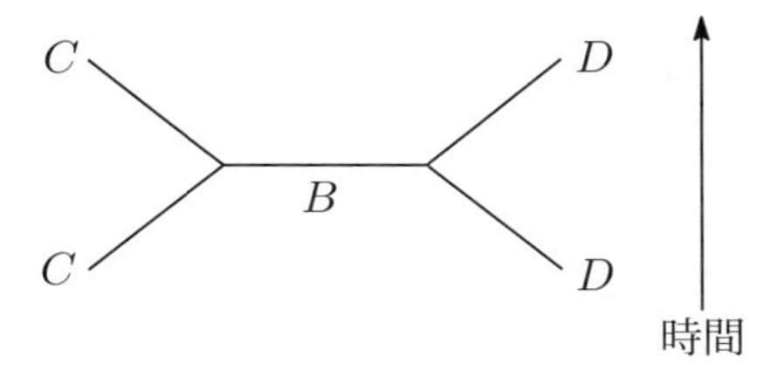

図 7.5　ボソン B の交換を伴う散乱事象 $C + D \to C + D$.

さて，我々は場の量子論において，反粒子，及び粒子が様々な過程に係わることを知っている．そこで反粒子にはプライム『′』を付けて表そう．したがって，粒子が A なら，その反粒子は A' である．ファインマンダイアグラムにおいて，粒子の線は時間の流れる向きの矢印で指し示される．逆に反粒子の線は時間の流れる向きとは逆向きの矢印で指し示される.

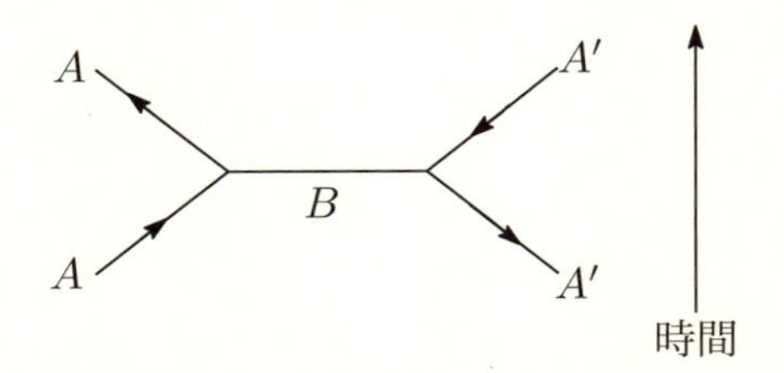

図 7.6　粒子を示す矢印は時間の流れる向きとし，反粒子を示す矢印は時間の流れる向きと逆向きにとった散乱事象 $A + A' \to A + A'$.

反応

$$A + A' \to A + A'$$

を考えよう．ここで A は A' とボソン B の交換を介して散乱する．この反応は，図 7.6 に描いた．

ファインマンの輝かしい観察の一つが，時間を**前進**する粒子が，時間を**後退**する反粒子と等価であるというものである（4 章参照）．これが，反粒子の矢印を時間に逆行する向きに進むようにとった理由である．さて，A と A' が出会って，消滅しボソン B を生成し，それが A と A' に崩壊する対消滅反応を考えよう．この場合の反応 $A + A' \to A + A'$ は図 7.7 に示す．

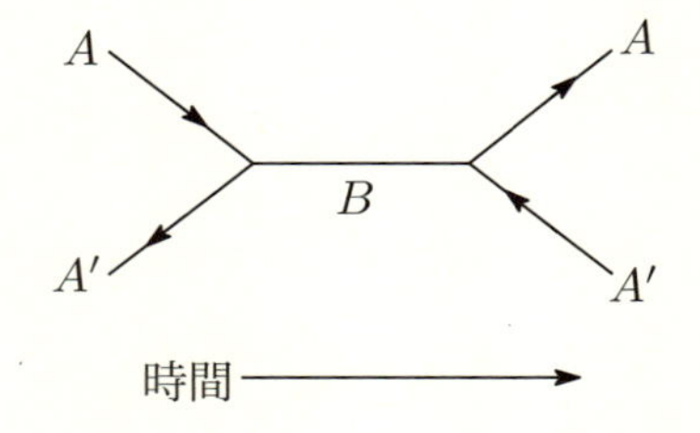

図 7.7　反応 $A + A' \to A + A'$ の別表現.

ファインマンダイアグラムの各々の線は 4 元運動量によって特徴付けられる．再び，図 7.6 に示したボソン B の交換を介して起こる反応

$A + A' \to A + A'$ を仮定しよう．ここでは，各々の入射及び出射粒子の運動量を p で示した．内部の運動量は q で示した．これは図 7.8 で示した．

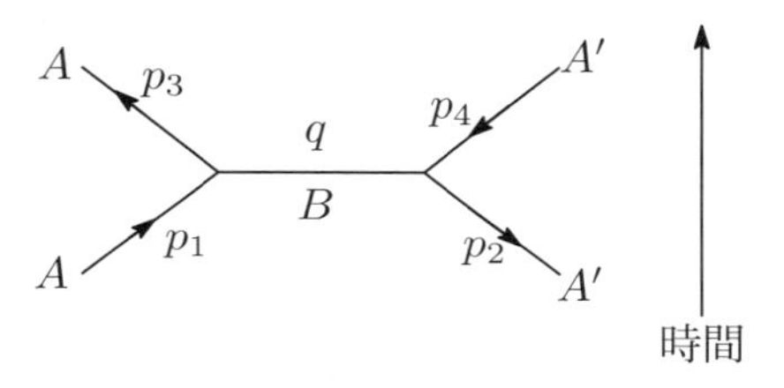

図 7.8　運動量を表示したファインマンダイアグラム．

振幅を計算する

実際に振幅 M を計算するには，内部の運動量全体に渡って積分する必要がある．幸いにもその全ての積分はデルタ関数を含むため一つずつ調べることによって行うことができる．これはデルタ関数のサンプル抽出特性が利用できるからである．すなわち，

$$\int_{-\infty}^{\infty} f(x)\delta(x - x')dx = f(x')$$

を使っている．以前述べたとおり，デルタ関数が振幅に含まれる理由はエネルギーと運動量の保存による制約のためである．各頂点において，頂点に流入する運動量は正の符号，頂点から流出する運動量については負の符号を割り当てる．例えば，図 7.9 に示す頂点を考えよう．

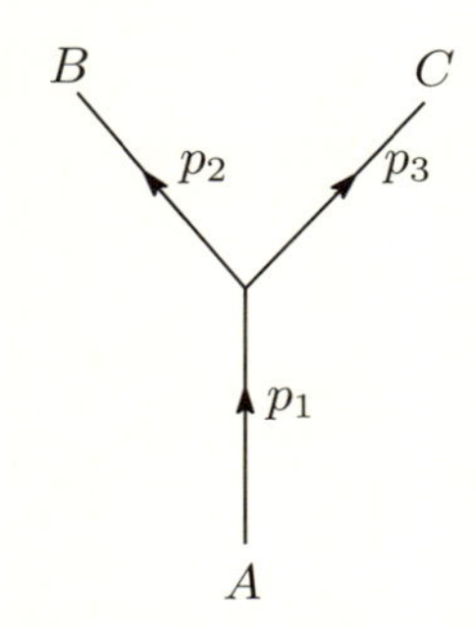

図 7.9　頂点に流入及び流出する運動量を示した粒子崩壊.

今考えている相互作用が外部とやり取りしないことより，運動量とエネルギーは保存し，変化しない．この保存則は $p_1 = p_2 + p_3$ と記述され，これはデルタ関数を使って計算に含める（$x_1 = x_2$ のとき以外 $\delta(x_1 - x_2) = 0$ であることを思い出そう.）．図 7.9 で示した，頂点においてエネルギーと運動量の保存を強制するデルタ関数は

$$(2\pi)^4\delta^4(p_1 - p_2 - p_3)$$

である．積分を実施すると $p_1 = p_2 + p_3$ のときデルタ関数は 1 と置き換わり，それ以外は 0 となる．

矢印の向きは与えられた線が粒子に対するものか，反粒子に対するものかを示し，運動量の方向には影響を与えない．もし，時間の向きに線をたどったとき線が頂点に向かっているなら運動量は頂点に流入する．

エネルギー運動量保存則は内線を含む頂点においても強制される．図 7.10 で示した頂点を考えよう．ここではボソン B は運動量 q を持ち去る．

図 7.10 で示した頂点におけるエネルギー運動量保存則を強制するデルタ関数は

$$(2\pi)^4\delta^4(p_1 - p_3 - q)$$

である．ここで，**内部運動量 q の向きを指定しなければならない**[*6]．図 7.11 に示すようにこれを行うと，デルタ関数は

$$\delta^4\left(\sum 流入する運動量 - \sum 流出する運動量\right)$$

となるべきで，これより，

$$(2\pi)^4\delta^4(p_2 - p_4 + q)$$

が成り立つ．

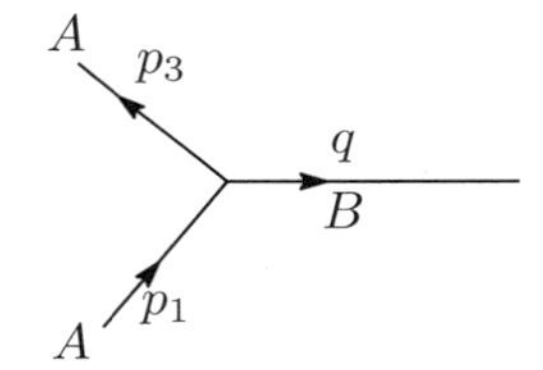

図 7.10　エネルギー運動量保存則はデルタ関数を使って内線を含む頂点でも強制される．

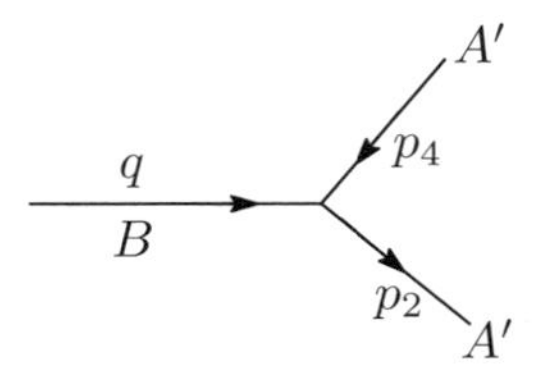

図 7.11　この図における運動量の保存は $(2\pi)^4\delta^4(p_2 - p_4 + q)$ によって強制される．

[*6] 訳注：内部運動量の向きは一般には計算をしないとわからないので，とりあえず自分で好きな向きに決めておくということ．計算の間中その向きだと思っておけば，もし逆向きだった場合符号が逆になるので，結局は問題にならない．

振幅を構成する手順

ファインマンダイアグラムから振幅を構成する方法は以下の手順を含む：

- 各頂点において，エネルギーと運動量が保存するようにデルタ関数を書き出す．そしてそれらの項を掛け合わせる．
- ダイアグラムの各頂点に対して一つずつ結合定数を書く．
- 各内線に対するプロパゲーター（伝播関数）を書き出す．
- 内部運動量に渡って積分する．

全振幅 M は同じ入射及び出射粒子を持つ特定の起こりうる過程に対する振幅 M_i 全ての和である．各々の M_i はそれぞれ，あるファインマンダイアグラムに対応する．したがって，過程 $A + A' \to A + A'$ のための全振幅は図7.6と図7.7によって表される2つの振幅の和になる[*7]．実はこれらの過程の高次数ダイアグラムは異なる中間状態を持つものとして描かれる．さて，いまから，残りの2つの手順，結合定数及びプロパゲーターについて議論しよう．

結合定数

全ての力はある基本的な強さを持ち，力それ自体がファインマン計算に結合定数 g として現れる．量子電磁力学においては，例えば，結合定数 g_e は微細構造定数 α と

$$g_e = \sqrt{4\pi\alpha} \tag{7.16}$$

の関係にある．微細構造定数は電磁気学に現れる基本定数，素電荷 e，真空の誘電率，ε_0，光速度 c および，量子論で現れる換算プランク定数 $\hbar$ を含む無次元の数である．

[*7] 訳注：もちろん，より高次のダイアグラムを切り捨てた近似としてである．

$$\alpha = \frac{e^2}{4\pi\varepsilon_0\hbar c}$$

QED（量子電磁力学）のような良い理論または結合定数が小さい ($\ll 1$) 任意の相互作用では，高い次数のダイアグラムの全振幅に対する寄与はどんどん小さくなっていく．何故なら高い次数の g の冪を含むからである．これは与えられた過程を記述するのに必要な正確さが得られるところで級数を打ち切ってしまって良いことを意味する．

ファインマンダイアグラムの各頂点で次のような結合定数を 1 つ含める．

$$-ig$$

プロパゲーター（伝播関数）

ファインマンダイアグラムにおいて，プロパゲーターは内線と関連付けられる．プロパゲーターは 1 つの粒子から別の粒子への運動量の伝播あるいは転送を表す因子である．今から，3 種類の粒子に対するプロパゲーターを導入する．それ以外は読者自身がのちに学ぶことになるだろう．

考えられる最も単純な場合がスピン 0 ボソンを表す内線である．この場合，プロパゲーターは

$$\frac{i}{q^2 - m^2} \tag{7.17}$$

となる．この項における質量は内線に対応する粒子の質量である．ファインマンダイアグラムでは，スピン 0 ボソンを表す内線は図 7.12 に示すように点線で表すことができる．

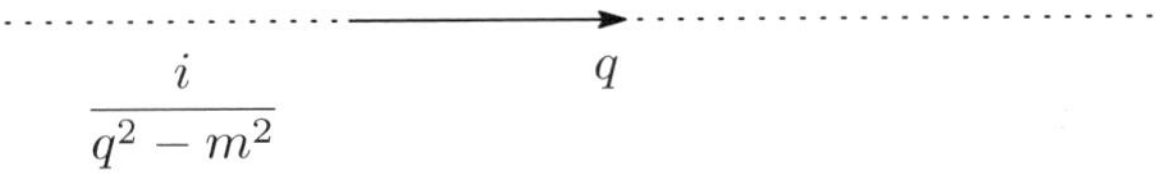

$$\frac{i}{q^2 - m^2} \qquad q$$

図 7.12　スピン 0 ボソンを表す内線．

スピン1/2粒子については，外線と同じく，粒子に対しては，運動量の方向に向いた矢印のついた実線で表し，反粒子に対しては，運動量の方向と逆向きの矢印のついた実線で表す．この場合，プロパゲーターは

$$i\frac{\not{q}+m}{q^2-m^2}=\frac{1}{\not{q}-m} \tag{7.18}$$

である．ここで

$$\not{q}=\gamma^\mu q_\mu$$

である．フェルミオンを表す内線は図7.13に示した．

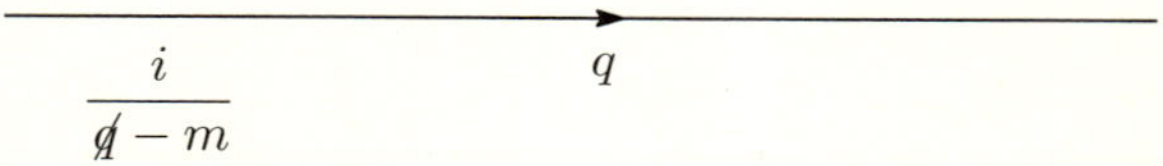

$$\frac{i}{\not{q}-m} \qquad q$$

図7.13　フェルミオンを表す内線.

光子のプロパゲーターは

$$\frac{i}{k^2}\left(-g^{\mu\nu}+(1-\zeta)\frac{k^\mu k^\nu}{k^2}\right) \tag{7.19}$$

である．ファインマンゲージでは $\zeta=1$ なので光子のプロパゲーターは単に

$$-\frac{i}{k^2}g^{\mu\nu} \tag{7.20}$$

となる．この章の例では，我々は全ての計算で力を伝える粒子としてスピン0ボソンを使う．何故ならそれらはより単純だからである．

ファインマンダイアグラムから振幅を構成するための手順を再びここに記そう．我々は各々の因子をとり，それらを積として掛け合わせる．

- 各頂点に対して因子 $-ig$ を書く．ここで g は描かれている相互作用の結合定数である．

- 運動量を保存するために各頂点でデルタ関数

$$(2\pi)^4\delta^4\left(\sum \text{流入する運動量} - \sum \text{流出する運動量}\right)$$

  を書き出す．
- 各内線に対してプロパゲーターを加える．

次の手順は全ての内部運動量に渡って積分をとることである．各内部運動量 q に対して，位相空間での正規化を強制する積分の尺度を加える：

$$\frac{1}{(2\pi)^4}d^4q \tag{7.21}$$

そののち，各内部運動量 q に関して積分する．最終的に**外線**に関するエネルギー運動量保存則を強制する最終的なデルタ関数が残る．この項を単純に切り捨てると，残った結果は与えられた過程の振幅になる．

例 7.1

粒子 A がその反粒子 A' と対消滅し，スピン 0 のスカラーボソンを生成し，それがまた A と A' に崩壊したとする．スカラーボソンの質量を m_B とするとき，図 7.14 に示すこの過程の振幅と確率を計算せよ．

解

規則に従って，各頂点の因子 $-ig$ を書くことから始める．図 7.14 には 2 つの頂点が存在する．したがって 2 つの因子 $-ig$ を得る．

$$(-ig)(-ig) = -g^2 \tag{7.22}$$

次に，頂点で 4 元運動量を保存するデルタ関数をこれにかけ合わせる．図 7.14 の下にある最初の頂点に対し，流入する運動量 p_1 及び p_2 と流出する運動量 q が得られる．これはデルタ関数

$$(2\pi)^4\delta^4(p_1 + p_2 - q)$$

によって表される．これに式 (7.22) を掛け合わせると

$$-g^2(2\pi)^4\delta^4(p_1+p_2-q) \tag{7.23}$$

が得られる．上の頂点において，流入する運動量は q で流出する運動量は p_3 及び p_4 である．これはデルタ関数

$$(2\pi)^4\delta^4(q-p_3-p_4)$$

によって示される．式 (7.23) の積に追加すると，

$$-g^2(2\pi)^4\delta^4(p_1+p_2-q)(2\pi)^4\delta^4(q-p_3-p_4) \tag{7.24}$$

が得られる．

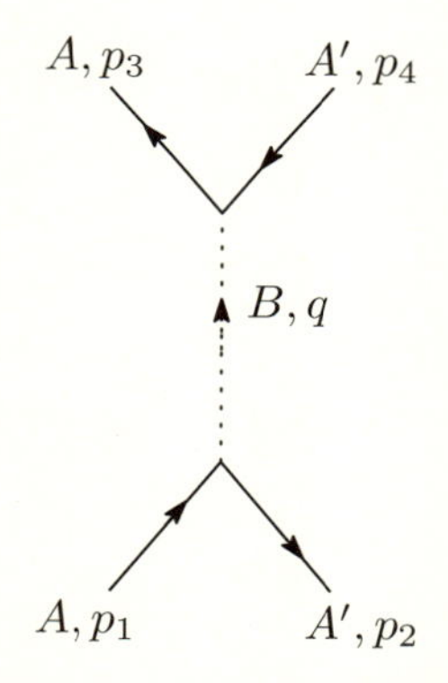

図 7.14　スピン 0 ボソンを伴う対消滅，対生成過程．

次の手順は内線に対するプロパゲーターを追加することである．これがスピン 0 ボソンであることより，使う式は (7.17) になる．これを式 (7.24) に掛け合わせると

$$\frac{-ig^2}{q^2-m_B^2}(2\pi)^4\delta^4(p_1+p_2-q)(2\pi)^4\delta^4(q-p_3-p_4)$$

が得られる．さて，次にするのは，積分の尺度

$$\frac{1}{(2\pi)^4}d^4q$$

を使って q で積分することである．すると

$$\int \frac{-ig^2}{q^2-m_B^2}(2\pi)^4\delta^4(p_1+p_2-q)\delta^4(q-p_3-p_4)d^4q$$

が得られる．この積分は調べてみると実行できる．2 つ目のデルタ関数で

$$q=p_3+p_4$$

と置ける．したがって，この過程の振幅 M は

$$\begin{aligned}&M\times(2\pi)^4\delta^4(p_1+p_2-p_3-p_4)\\=&\int \frac{-ig^2}{q^2-m_B^2}(2\pi)^4\delta^4(p_1+p_2-q)\delta^4(q-p_3-p_4)d^4q\\=&\frac{-ig^2(2\pi)^4\delta^4(p_1+p_2-p_3-p_4)}{(p_3+p_4)^2-m_B^2}\end{aligned}$$

となる．ここで，残ったデルタ関数

$$(2\pi)^4\delta^4(p_1+p_2-p_3-p_4)$$

は外線を計算するときエネルギー運動量保存則を強制する項なので今は切り捨てる．これより，この過程の起こる確率は M の絶対値の 2 乗になる．すなわち，

$$|M|^2=\frac{g^4}{((p_3+p_4)^2-m_B^2)^2}$$

である．

例 7.2

ある粒子が結合定数 g_w で

$$u \to w + v$$

の様に崩壊し，そののち，粒子 w は同じ結合定数によって与えられる強さで

$$w \to v' + e$$

と崩壊した．この過程のファインマンダイアグラムを描き，この過程が起こる振幅を計算せよ．ただし，w 粒子は質量 m_w のスピン 0 ボソンである．

解

この過程のファインマンダイアグラムは図 7.15 に示す．

まず各頂点に対して因子 $-ig_w$ を含める．図 7.15 は 2 つの頂点が存在するので，

$$(-ig_w)^2 = -g_w^2$$

が得られる．

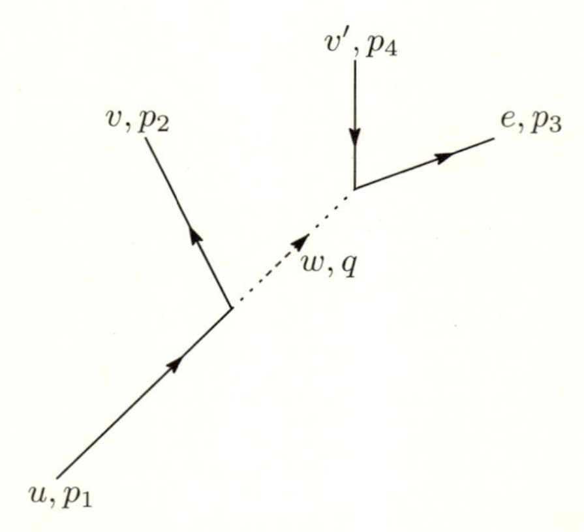

図 7.15　例 7.2 の過程．ここで v' が反粒子だからその外線に対する矢印が逆向きを指していることに注意せよ．

1つ目の頂点では流入する運動量 p_1 と流出する運動量 p_2 と q が存在する．したがって，

$$-g_w^2(2\pi)^4\delta^4(p_1-p_2-q)$$

なるデルタ関数を含める．粒子 w はその最終的な生成物に崩壊する．したがって，それは内線によって表される．この粒子のプロパゲーターは

$$\frac{i}{q^2-m_w^2}$$

2つ目の頂点では流入する運動量 q と流出する運動量 p_3 と p_4 が存在する．したがって，デルタ関数

$$(2\pi)^4\delta^4(q-p_3-p_4)$$

を掛け合わせる．これら全てを一緒にすると

$$-g_w^2(2\pi)^4\delta^4(p_1-p_2-q)\frac{i}{q^2-m_w^2}(2\pi)^4\delta^4(q-p_3-p_4)$$

が得られる．すると積分することによって

$$\int -g_w^2(2\pi)^4\delta^4(p_1-p_2-q)\frac{i}{q^2-m_w^2}(2\pi)^4\delta^4(q-p_3-p_4)\frac{d^4q}{(2\pi)^4}$$
$$=-\frac{ig_w^2(2\pi)^4\delta^4(p_1-p_2-p_3-p_4)}{(p_3+p_4)^2-m_w^2}$$

が得られる．ここでこの積分の2つ目のデルタ関数で $q=p_3+p_4$ となることを使った．この過程が起こる振幅を求めるには項 $(2\pi)^4\delta^4(p_1-p_2-p_3-p_4)$ を切り捨てる．

$$M=-\frac{ig_w^2}{(p_3+p_4)^2-m_w^2}$$

崩壊率と寿命

崩壊過程は多くの核子や粒子が不安定（それらは結局は何かに崩壊する）であることより原子物理学及び素粒子物理学においてとても重要である．実際，ごくわずかの粒子しか基礎粒子ではなく，崩壊に対する免疫を持たない．このため崩壊率と寿命は興味のある基礎的な量である．

ある過程の崩壊率は振幅の 2 乗に比例する．

$$\Gamma \propto |M|^2 \tag{7.25}$$

粒子の寿命は振幅の 2 乗の逆数に比例する．

$$\tau \propto \frac{1}{|M|^2} \tag{7.26}$$

まとめ

ファインマンダイアグラムは起こりうる過程の振幅を図形で表現することを可能とする．外線は流入または流出する粒子状態を表す．各頂点でデルタ関数によってエネルギー運動量の保存が強制される．そして，相互作用の強さは結合定数に含まれる．内線は力を伝える粒子か最終生成物に自然に崩壊する粒子を表すことができる．各内線は終状態への運動量の伝播（転送）を表すプロパゲーターを伴う．

章末問題

1. 図 7.16 に示す過程の振幅はどうなるか？

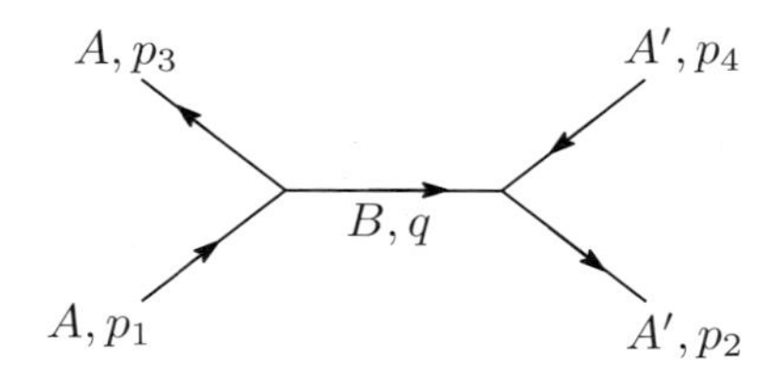

図 7.16　問 1 のファインマンダイアグラム.

2. 図 7.17 に示す崩壊の寿命を求めよ.

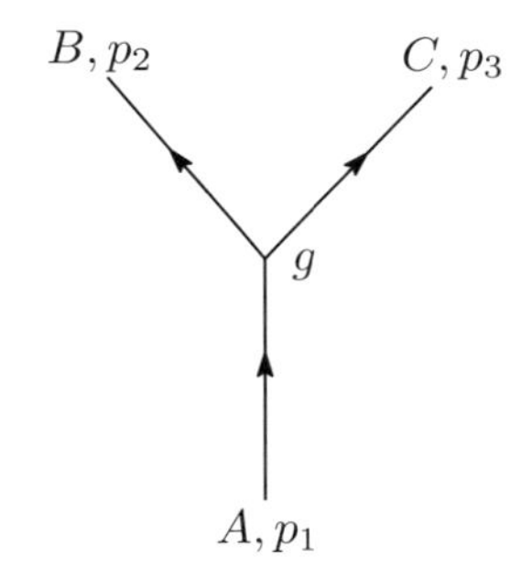

図 7.17　問 1 のファインマンダイアグラム.

3. ある内線は質量 m のスピン 0 ボソンに対応する．このときプロパゲーターは
   (a) $i\dfrac{\not{q}+m}{q^2-m^2}$ である.
   (b) $\dfrac{i}{q^2-m^2}$ である.
   (c) $\dfrac{i}{\not{q}-m}$ である.
   (d) $\delta(q^2-m^2)$ である.
4. 相互作用描像では,
   (a) 状態の時間発展は自由ハミルトニアンに支配される.
   (b) 状態は一定で，演算子はラグランジアンの相互作用項に従って発展する.

(c) 状態はハミルトニアンの相互作用項に従って発展し，場はハミルトニアンの自由項に従って発展する．
(d) 状態はハイゼンベルクの運動方程式に従う．

5. ファインマンダイアグラムの各頂点に対して，
(a) 結合定数からなる一つの因子 $-ig$ を付け加える必要がある．
(b) 結合定数からなる一つの因子 $-g$ を付け加える必要がある．
(c) 結合定数からなる一つの因子 $-ig^2$ を付け加える必要がある．
(d) 結合定数からなる一つの因子 $-i\sqrt{g}$ を付け加える必要がある．

6. 量子電磁力学に関する結合定数はいかなる値か？

Chapter 8 量子電磁力学

量子電磁力学または **QED** は最初に開発された正しい場の量子論である．名前が示すようにそれは電磁相互作用を記述する場の量子論である．それはしばしば場の量子論のプロトタイプと呼ばれる．ある意味物理学者は量子電磁力学のような理論によって全ての物理的相互作用を記述したいと望んでいる．

量子電磁力学の発達は力を粒子の交換という概念を中心に説明することをもたらした．量子電磁力学において，電磁力は**仮想光子**の交換の結果起こる．ここでその光子は直接観測されず，2 つの荷電粒子の間で交換されるのみであるため仮想光子と呼ばれる．その光子によって運ばれる運動量は 2 つの電子の間の反発をもたらす斥力の発生の原因となる．このような過程はファインマンダイアグラムによって描くことができる．交換される粒子である "光子" は図 8.1 に示すように波線で表される．光子を示すのには文字 γ を使うこともできる．

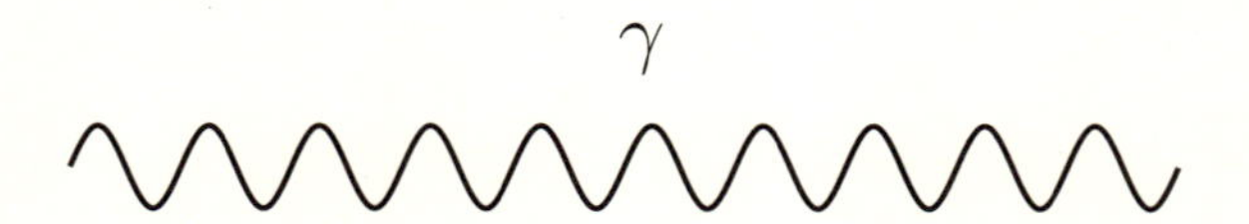

図 8.1　QED 過程のためのファインマンダイアグラムで使われる光子の図式的表現は波線である．必要なら文字 γ で明示することができる．

図 8.2 では基本的な QED 過程を示す．これは冒頭の一節で述べたとおり 2 つの電子の反発である．このダイアグラムにおいて時間は下から上の向きに流れる．2 つの電子が近寄り，光子の交換を伴って散乱する．

与えられた相互作用の強さがその結合定数によって記述されることを思いだそう．QED 過程の結合定数は**微細構造定数**でそれは α で表される．それは値が正確に知られていてその数値は

$$\alpha \approx 1/137$$

である．基本定数で書くとそれは，

$$\alpha = \frac{e^2}{4\pi\varepsilon_0\hbar c} \tag{8.1}$$

と書かれる[*1]．

$\alpha \ll 1$ という事実は大変有益である．これは，もしある量を α に関する冪級数で展開したとき，n が大きくなるにつれて $\alpha^n \to 0$ となることより，高次の項の寄与がどんどん小さくなることを意味する．この事実は QED の計算に摂動論と特にファインマンダイアグラムを使うことを可能にする．

[*1] 訳注：MKSA 単位系の場合．自然単位系の場合 $\hbar = c = \varepsilon_0 = 1$ となるので（当然このとき $\mu_0 = 1$），$\alpha = \dfrac{e^2}{4\pi}$ となる．また CGS ガウス単位系の場合は $\alpha = \dfrac{e^2}{\hbar c}$ となる．このように採用する単位系により見た目が大きく変わるが，どの単位系を採用しても無次元量なので値は変わらない．

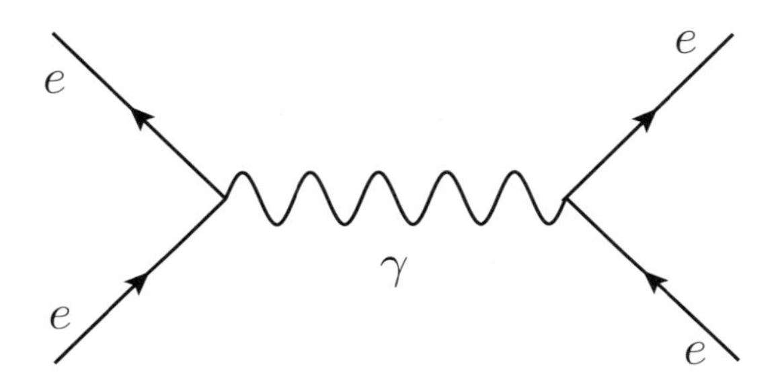

図 8.2　QED の基本過程：電子同士の反発．2 つの電子が近寄っていき，光子を交換してまた離れてゆく．

古典電磁気学の見直し

以前の章で電磁場の相対論的記述に触れた．ここではそれを再吟味して，光子の偏極をその描像に組み込む．一旦そうするならば，量子電磁力学を開発させるためにディラック方程式を使って電磁場と電子の記述を統一することができる．

まず，マクスウェル方程式に戻ろう*2.

$$\begin{aligned} \nabla \cdot \vec{E} = \rho \qquad & \nabla \cdot \vec{B} = 0 \\ \nabla \times \vec{E} + \frac{\partial \vec{B}}{\partial t} = \mathbf{0} \qquad & \nabla \times \vec{B} - \frac{\partial \vec{E}}{\partial t} = \vec{J} \end{aligned} \tag{8.2}$$

ここで，$\vec{E}$ は電場，$\vec{B}$ は磁場，ρ は電荷密度，そして $\vec{J}$ は電流密度である．場の理論では 4 元ベクトルポテンシャル

$$A^{\mu} = (\phi, \vec{A}) \tag{8.3}$$

*2 訳注：ここでは自然単位系 $\hbar = c = \varepsilon_0 = 1$ を採用する．

を扱う．これは，電場と磁場を

$$\vec{E} = -\nabla\phi - \frac{\partial \vec{A}}{\partial t} \qquad \vec{B} = \nabla \times \vec{A} \tag{8.4}$$

と定義することを許す．電磁テンソルは

$$F^{\mu\nu} = \partial^\mu A^\nu - \partial^\nu A^\mu \tag{8.5}$$

によって定義され，それは行列で成分表示すれば，

$$F^{\mu\nu} = \begin{pmatrix} 0 & -E_x & -E_y & -E_z \\ E_x & 0 & -B_z & B_y \\ E_y & B_z & 0 & -B_x \\ E_z & -B_y & B_x & 0 \end{pmatrix} \tag{8.6}$$

となる．この形式を使うと，マクスウェル方程式は簡潔に

$$\partial^\alpha F^{\beta\gamma} + \partial^\gamma F^{\alpha\beta} + \partial^\beta F^{\gamma\alpha} = 0$$
$$\partial_\mu F^{\mu\nu} = J^\nu$$

と書くことができる．ここで $J^\mu = (\rho, \vec{J})$ である．電磁場のラグランジアン密度は

$$\mathcal{L} = -\frac{1}{4} F_{\mu\nu} F^{\mu\nu} - J^\mu A_\mu$$

である．このラグランジアン密度から $F^{\mu\nu}(x)$ の正準運動量密度の役割をする場は

$$\pi^\mu(x) = \frac{\partial \mathcal{L}}{\partial[\partial_0 A_\mu]} = -F^{0\mu}(x) \tag{8.7}$$

となる．電荷保存を表す連続の式はこのラグランジアンから普通のやり方で導け，それは

$$\partial_\mu J^\mu = 0 \tag{8.8}$$

である．ゲージ変換はスカラー場 χ の偏微分を加えることによって 4 元ベクトルポテンシャルに適用できる．

$$A'_\mu = A_\mu + \partial_\mu \chi \tag{8.9}$$

このような数学的変換によって場の方程式は不変性を保つ．このことは A^μ を便利なように選ぶことを許す．例えば，4 元ベクトルポテンシャルの発散が消えるという要請を課すことができる．この条件を**ローレンス条件**と呼ぶ．

$$\partial_\mu A^\mu = 0 \tag{8.10}$$

この方程式は電磁場をクライン-ゴルドン方程式が対処されたのと似たような方法で対応することを許す．古典電磁気学において，ベクトルポテンシャルは数学的道具として補助的な役割を果たすに過ぎなかった．しかし QED では A^μ それ自体を光子の場として扱う．自由空間では電磁場は平面波解

$$A^\mu \propto e^{-ip\cdot x}\varepsilon^\mu(p)$$

で表せる．ここで例によって

$$p\cdot x = Et - \vec{p}\cdot\vec{x} \tag{8.11}$$

である．しかし，光子は質量ゼロの粒子だから $E = |\vec{p}|$ であり，そのため

$$p^\mu p_\mu = 0$$

が成り立つ．量 $\varepsilon^\mu(p)$ は**偏極ベクトル**と呼ばれる．このベクトルは光子の波動関数のスピン部分の役割を果たす．ローレンス条件 $\partial_\mu A^\mu = 0$ は偏極ベクトルに制限を与える．

$$\begin{aligned}
0 =& \partial_\mu A^\mu = \partial_\mu e^{-ip\cdot x}\varepsilon^\mu(p) \\
=& \partial_\mu e^{-ip_\alpha x^\alpha}\varepsilon^\mu(p) \\
=& -ip_\mu e^{-ip_\alpha x^\alpha}\varepsilon^\mu(p) + e^{-ip_\alpha x^\alpha}\partial_\mu\varepsilon^\mu(p) \\
=& -ip_\mu e^{-ip_\alpha x^\alpha}\varepsilon^\mu(p) \\
\Rightarrow p_\mu\varepsilon^\mu =& 0
\end{aligned}$$

この計算をもう一度詳しく追ってみよう．まず，ローレンスゲージ条件から始める．

$$\partial_\mu A^\mu = 0$$

次にポテンシャル A の自由空間解の形ををこれに代入して次の微分方程式を得る．

$$\partial_\mu \left[e^{-ip_\alpha x^\alpha} \varepsilon^\mu(p) \right] = 0$$

さて，ここで微分の積の法則を適用する．

$$\partial_\mu \left[e^{-ip_\alpha x^\alpha} \varepsilon^\mu(p) \right] = (-ip_\mu) e^{-ip_\alpha x^\alpha} \varepsilon^\mu(p) + e^{-ip_\alpha x^\alpha} \partial_\mu \varepsilon^\mu(p)$$

この式で $\varepsilon^\mu(p)$ が運動量の関数であり x^μ に依存しないから $\partial_\mu \varepsilon^\mu(p) = 0$ となる．これを使うと

$$\partial_\mu \left[e^{-ip_\alpha x^\alpha} \varepsilon^\mu(p) \right] = (-ip_\mu) e^{-ip_\alpha x^\alpha} \varepsilon^\mu(p) = 0$$

が得られる．この指数関数は複素平面内で単位円上にあるから，$e^{-ip_\alpha x^\alpha}$ は 0 ではない．したがってこの等式が成り立つためには

$$p_\mu \varepsilon^\mu(p) = 0$$

でなければならない．偏極ベクトルの形は基準座標系の選び方で決められ，一般的に z 方向を $\vec{p}$ にとる．

クーロンゲージでは 3 次元ベクトルポテンシャルの発散は 0 である．すなわち，

$$\nabla \cdot \vec{A} = 0$$

である．このとき偏極ベクトル（の空間成分）は運動量の空間成分に対して垂直となる．

$$\vec{\varepsilon} \cdot \vec{p} = 0$$

これは単に偏極ベクトルは横軸方向になる（偏極ベクトルは場の運動の方向に垂直な平面に横たわる.）という．質量ゼロのスピン s 粒子は 2 つの可能なスピン状態を持つ．$s = 1$ を持つクーロンゲージの光子のスピン状態を計算してみよう．このゲージで偏極ベクトルの時間成分を 0 にとる．すなわち，

$$\varepsilon^0 = 0$$

である．すると，光子の 2 つの偏極状態は

$$\varepsilon_1 = \begin{pmatrix} 0 \\ 1 \\ 0 \\ 0 \end{pmatrix} \qquad \varepsilon_2 = \begin{pmatrix} 0 \\ 0 \\ 1 \\ 0 \end{pmatrix}$$

となる．偏極ベクトルの正規化は

$$\varepsilon^\mu \cdot (\varepsilon^\nu)^* = g^{\mu\nu}$$

と表される．

量子化された電磁場

量子化の手続きは古典電磁気学を場の理論へと導く．電磁場を量子化するには交換関係を課し場を生成及び消滅演算子で書く．正準同時刻交換則は

$$\left[A_\mu(\vec{x}, t), \pi^\nu(\vec{y}, t)\right] = i g^\nu_\mu \delta^3(\vec{x} - \vec{y}) \tag{8.12}$$

である．さらに

$$\left[A_\mu(\vec{x}, t), A^\nu(\vec{y}, t)\right] = \left[\pi_\mu(\vec{x}, t), \pi^\nu(\vec{y}, t)\right] = 0 \tag{8.13}$$

も成り立つ．我々はフーリエモードとして古典自由空間解を眺めることで割と簡単に電磁場を量子化する．解は次のように $a_{\vec{p},\lambda}$ を複素展開係数として運動量 $\vec{p}$ と偏極 $\lambda = 1, 2$ に渡って和をとったものである．

$$\vec{A} = \frac{1}{\sqrt{V}} \sum_{\vec{p}} \sum_{\lambda} \frac{\varepsilon_\lambda(\vec{p})}{\sqrt{2\omega_p}} \left[a_{\vec{p},\lambda} e^{-i(\omega t - \vec{p}\cdot\vec{r})} + a^*_{\vec{p},\lambda} e^{i(\omega t - \vec{p}\cdot\vec{r})} \right]$$

この場を量子化するには次のように展開係数を生成及び消滅演算子に昇格すればよい．

$$\begin{aligned} a_{\vec{p},\lambda} &\to \hat{a}_{\vec{p},\lambda} \\ a^*_{\vec{p},\lambda} &\to \hat{a}^\dagger_{\vec{p},\lambda} \end{aligned}$$

生成演算子 $\hat{a}^\dagger_{\vec{p},\lambda}$ は運動量 $\vec{p}$，偏極 λ の光子を生成し，消滅演算子 $\hat{a}_{\vec{p},\lambda}$ はそのような光子を破壊する．いま偏極も考慮に入れるのでこれらの演算子は通常の交換関係に従う．よって

$$\left[\hat{a}_{\vec{p},\lambda}, \hat{a}^\dagger_{\vec{p}\,',\lambda'} \right] = -g_{\lambda\lambda'} \delta(\vec{p} - \vec{p}\,') = \delta_{\lambda\lambda'} \delta(\vec{p} - \vec{p}\,')$$

であり，場の演算子は

$$\begin{aligned} A_\mu =& \int \frac{d^3p}{(2\pi)^{3/2}\sqrt{2p^0}} \sum_\lambda \left[a_{\vec{p},\lambda} \varepsilon^{(\lambda)}_\mu(\vec{p}) e^{-ip_\alpha x^\alpha} + a^\dagger_{\vec{p},\lambda} \left(\varepsilon^{(\lambda)}_\mu(\vec{p}) \right)^* e^{ip_\alpha x^\alpha} \right] \\ =& A^+_\mu + A^-_\mu \end{aligned}$$

となる．ここで

$$\begin{aligned} A^+_\mu &= \int \frac{d^3p}{(2\pi)^{3/2}\sqrt{2p^0}} \sum_\lambda \left[a_{\vec{p},\lambda} \varepsilon^{(\lambda)}_\mu(\vec{p}) e^{-ip_\alpha x^\alpha} \right] \\ A^-_\mu &= \int \frac{d^3p}{(2\pi)^{3/2}\sqrt{2p^0}} \sum_\lambda \left[a^\dagger_{\vec{p},\lambda} \left(\varepsilon^{(\lambda)}_\mu(\vec{p}) \right)^* e^{ip_\alpha x^\alpha} \right] \end{aligned}$$

である（演算子のハットを落とし，場を正及び負の振動数成分に分けた．）．

ゲージ不変性と QED

我々が今扱っているのが QED であるので，ここでこの理論のゲージ不変性について再吟味しよう．満たすべきゲージ不変性は局所的なもので 3 つの要素を含む：電磁場のラグランジアンとディラックラグランジアン（これは運動エネルギー項と質量項の 2 つの項を含む)，そしてディラック場と電磁場を結合する相互作用項からなる．電磁場のラグランジアンの運動エネルギー部は

$$\mathcal{L}_{\mathrm{EM}} = -\frac{1}{4}F_{\mu\nu}F^{\mu\nu}$$

である．ディラック方程式からは，そのラグランジアンは

$$\mathcal{L}_{\mathrm{Dirac}} = i\bar{\Psi}\gamma^{\mu}\partial_{\mu}\Psi - m\bar{\Psi}\Psi$$

が得られる．電荷 q を持つ粒子と電磁場の相互作用を表すラグランジアンは

$$\mathcal{L}_{\mathrm{int}} = -q\bar{\Psi}\gamma^{\mu}\Psi A_{\mu}$$

によって与えられる．これらの項を全て一緒にすることで，電磁場と電子などを表すディラック場との相互作用を記述する全体のラグランジアンを構成することができる．

$$\begin{aligned}\mathcal{L} =& \mathcal{L}_{\mathrm{EM}} + \mathcal{L}_{\mathrm{Dirac}} + \mathcal{L}_{\mathrm{int}} \\ =& -\frac{1}{4}F_{\mu\nu}F^{\mu\nu} + i\bar{\Psi}\gamma^{\mu}\partial_{\mu}\Psi - m\bar{\Psi}\Psi - q\bar{\Psi}\gamma^{\mu}\Psi A_{\mu}\end{aligned}$$

さて，このラグランジアンのディラック部は大域的 $U(1)$ 対称性の下で不変である．すなわち，ラグランジアンは

$$\Psi(x) \to e^{i\theta}\Psi(x)$$

のように場を変えても変化しない．またこれはもちろん

$$\bar{\Psi} \to e^{-i\theta}\bar{\Psi}(x)$$

を意味する．大域的対称性において，θ はただの実パラメータであり，時空の関数ではないことを思いだそう．これは，$\partial_\mu e^{i\theta} = 0$ を意味する．

このラグランジアンのディラック部の質量項がこの変換で不変なことは自明である．

$$m\bar{\Psi}\Psi \to m[e^{-i\theta}\bar{\Psi}(x)][e^{i\theta}\Psi(x)] = m\bar{\Psi}\Psi$$

この変換が大域的であることより，ディラックラグランジアンの運動エネルギー項も偏微分 ∂_μ がそれに影響を与えないことより，同様に不変である．

$$\begin{aligned} i\bar{\Psi}\gamma^\mu\partial_\mu\Psi \to ie^{-i\theta}\bar{\Psi}(x)\gamma^\mu\partial_\mu[e^{i\theta}\Psi(x)] =& ie^{-i\theta}\bar{\Psi}(x)\gamma^\mu e^{i\theta}\partial_\mu\Psi(x) \\ =& i\bar{\Psi}\gamma^\mu\partial_\mu\Psi \end{aligned}$$

これでディラックラグランジアンが大域的 $U(1)$ 対称性の下で不変であることが示された．これは全く非常に素晴らしい．しかし，我々が場の量子論において相対論の精神を保つために興味があるのは，局所変換における不変性である．これはパラメータ θ が時空に依存する

$$\theta \to \theta(x)$$

となることを要求することを思いだそう．これは局所 $U(1)$ 変換をもたらす．この場合も，ディラックラグランジアンの質量項は不変である．

$$m\bar{\Psi}\Psi \to m[e^{-i\theta(x)}\bar{\Psi}(x)][e^{i\theta(x)}\Psi(x)] = m\bar{\Psi}\Psi$$

しかし，運動エネルギー項は変換項の微分がもはや 0 でないことより，問題がある．すなわち，$\partial_\mu e^{i\theta(x)} = i[\partial_\mu\theta(x)]e^{i\theta(x)} \neq 0$ である．次が問題となる点である：

$$
\begin{aligned}
& i\bar{\Psi}\gamma^\mu\partial_\mu\Psi \to ie^{-i\theta(x)}\bar{\Psi}(x)\gamma^\mu\partial_\mu[e^{i\theta(x)}\Psi(x)] \\
& = ie^{-i\theta(x)}\bar{\Psi}(x)\gamma^\mu\partial_\mu(i\theta(x))e^{i\theta(x)}\Psi(x) + ie^{-i\theta(x)}\bar{\Psi}(x)\gamma^\mu e^{i\theta(x)}\partial_\mu\Psi(x) \\
& = -\bar{\Psi}(x)\gamma^\mu\Psi(x)\partial_\mu(\theta(x)) + i\bar{\Psi}(x)\gamma^\mu\partial_\mu\Psi(x) \\
& \neq i\bar{\Psi}\gamma^\mu\partial_\mu\Psi
\end{aligned}
$$

物理的に（そして実験的に）自然の不変性が確認されているので，理論もまた不変性があるべきである．そこでどのようにして，局所ゲージ変換の下で不変性を取り戻すのか？　という疑問が湧いてくる．一つの方法は次のような電磁場の変換の形を作ることである．

$$
A_\mu \to A_\mu - \frac{1}{q}\partial_\mu\theta
$$

これは運動エネルギー項の中の余分な項を打ち消す[*3]．このことを確認するために，次のようにラグランジアンの相互作用部を試してみる：

$$
\begin{aligned}
\mathcal{L}_{\text{int}} =& -q\bar{\Psi}\gamma^\mu\Psi A_\mu \to -q\bar{\Psi}\gamma^\mu\Psi\left(A_\mu - \frac{1}{q}\partial_\mu\theta\right) \\
=& -q\bar{\Psi}\gamma^\mu\Psi A_\mu + \bar{\Psi}\gamma^\mu\Psi\partial_\mu\theta \\
=& \mathcal{L}_{\text{int}} + \bar{\Psi}\gamma^\mu\Psi\partial_\mu\theta
\end{aligned}
$$

さて，両方の変換を一緒にした結果を見てみよう．我々は局所 $U(1)$ ゲージ変換

$$
\Psi(x) \to e^{i\theta(x)}\Psi(x)
$$

と，不変性を取り戻す新しい変換

$$
A_\mu \to A_\mu - \frac{1}{q}\partial_\mu\theta
$$

[*3] 訳注：2 章ゲージ変換の節で局所ゲージ変換を論じたときの記号で表すなら，$U = e^{i\theta(x)}$，$A'_\mu = UA_\mu U^\dagger + \dfrac{i}{q}(\partial_\mu U)U^\dagger = A_\mu - \dfrac{1}{q}\partial_\mu\theta$ である．

の 2 つを得たことになる．ラグランジアンのディラック部と相互作用部は

$$\begin{aligned}
&\mathcal{L}_{\mathrm{Dirac}} + \mathcal{L}_{\mathrm{int}} \\
\to & ie^{-i\theta(x)}\bar{\Psi}(x)\gamma^\mu e^{i\theta(x)}\partial_\mu\Psi(x) \\
&- \bar{\Psi}\gamma^\mu\Psi\partial_\mu\theta - m\bar{\Psi}\Psi - q\bar{\Psi}\gamma^\mu\Psi A_\mu + \bar{\Psi}\gamma^\mu\Psi\partial_\mu\theta \\
=&\mathcal{L}_{\mathrm{Dirac}} + \mathcal{L}_{\mathrm{int}}
\end{aligned}$$

のように変換し，我々は理論の輝き――不変性を取り戻す．

$A_\mu \to A_\mu - \frac{1}{q}\partial_\mu\theta$ を課したことによりこの不変性は取り戻されたので，つまりここで我々は共変微分

$$D_\mu = \partial_\mu + iqA_\mu$$

を導入したことになる[*4]．微分演算子のこの修正は**最小結合処方**（**minimal coupling prescription**）と呼ばれている．これより，項

$$\bar{\Psi}\gamma^\mu D_\mu\Psi$$

は局所 $U(1)$ 変換の下で不変である．共変微分の起源はローレンスゲージ変換の下でどのように A^μ が変換するのかを考えることによって理解することができる．それは相似変換

$$U(\Lambda)A^\mu U^{-1}(\Lambda) = \Lambda^\mu{}_\nu A^\nu + \partial^\mu\theta(x)$$

であることが示すことができる．これが何故 $A_\mu \to A_\mu - \frac{1}{q}\partial_\mu\theta$ の形の変換の下での不変性を要求したのかという理由である．これはローレンスゲージ変換の下でラグランジアンの不変性を与える．

[*4] $D_\mu(A_\mu) \equiv \partial_\mu + iqA_\mu$ と共変微分を定義する．ベクトルポテンシャル A_μ は $A'_\mu = A_\mu - \frac{1}{q}\partial_\mu\theta(x)$ とゲージ変換できることに注意しよう．すると，簡単な計算で $D_\mu(A')(e^{i\theta(x)}\Psi) = e^{i\theta(x)}D(A)\Psi$ が得られるので $\bar{\Psi}\gamma^\mu D_\mu\Psi$ は局所 $U(1)$ 変換で不変である．

QED のファインマン則

QED のファインマン則はどんなレプトン-光子相互作用にも適用できる．しかし，ここでは電子と陽電子についてのみ議論する．我々は 5 章で導入したようにディラック状態を使い電子と陽電子を表す．したがって，$u(p,s)$ は運動量 p，スピン s の粒子状態であり，$v(p,s)$ は反粒子状態である．入射電子は正の時間の流れの向きを指す矢印を持つスピノル状態 $u(p,s)$ である．これは図 8.3 において模式的に示した．

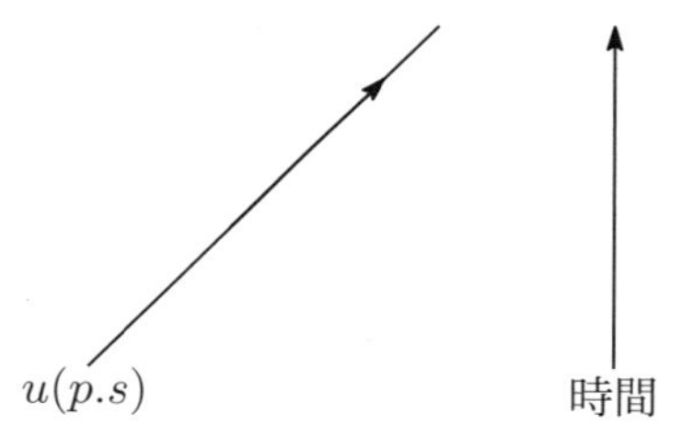

図 8.3　相互作用に入る電子

出射する電子状態は時間の向きに流れた矢印を持つ．しかし，我々はスピノル状態 $u(p,s)$ をその随伴 $\bar{u}(p,s)$ と置き換える．これは図 8.4 に描いた．

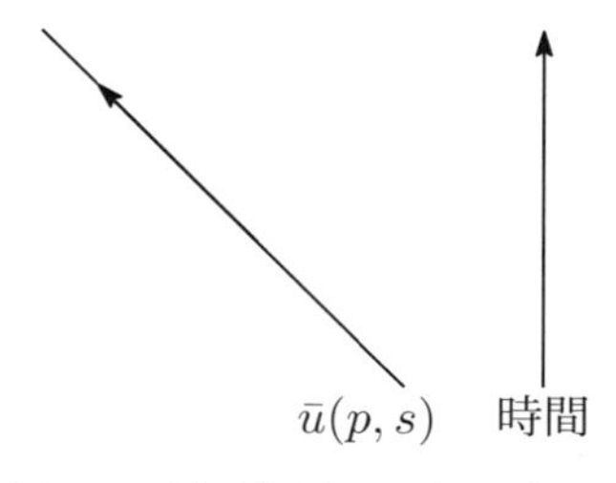

図 8.4　相互作用から出る電子

次に表すべきなのが入射及び出射する陽電子である．これは電子の反粒子である．陽電子はスピノル $v(p,s)$ を使う．入射する陽電子は随伴スピノル

$\bar{v}(p,s)$ によって表される．陽電子が反粒子であることより，時間の流れと逆向きを指す矢印で表す．これは図 8.5 に示す．

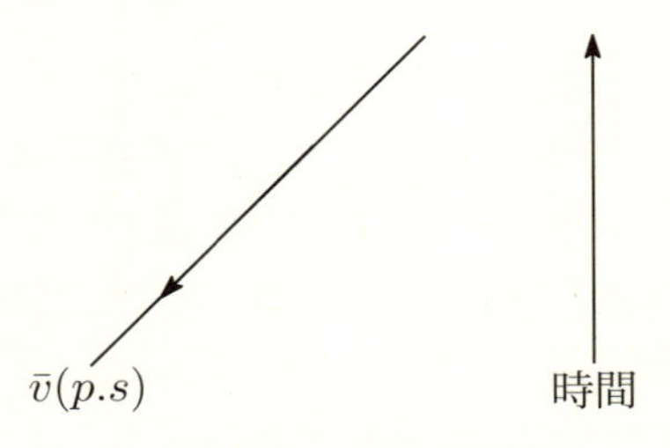

図 8.5　入射する陽電子状態

出射する陽電子状態はスピノル $v(p,s)$ によって表される．出射する陽電子状態は図 8.6 に示す．

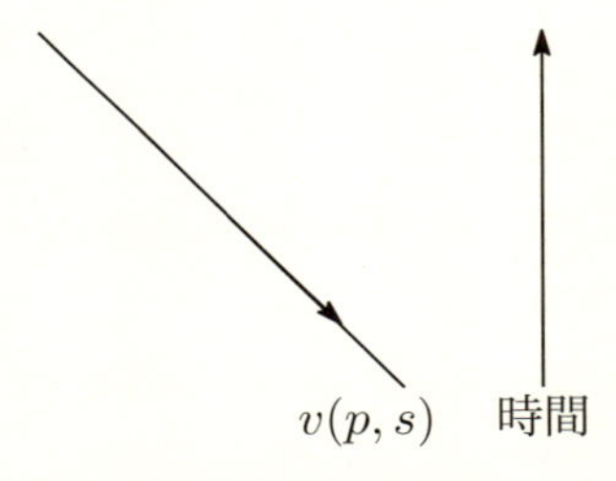

図 8.6　出射する陽電子状態

QED 過程のファインマンダイアグラムでは各頂点で結合定数 g_e を含める必要がある．微細構造定数 α で

$$g_e = \sqrt{4\pi\alpha} \tag{8.14}$$

と定義するならば，各頂点で

$$ig_e\gamma^\mu \tag{8.15}$$

なる形の項が必要になる．次に内部光子線について考えよう．それが内線であることより，それはプロパゲーター（伝播関数）で特徴付けられる．時空

上の点 x から時空上の点 y に伝播（propagate）する形は次に示すように場の時間順序真空期待値を計算することによって決定される．

$$-i\Delta_{\mu\nu}(x-y) = \langle 0|T\{A_\mu(x)A_\nu(y)\}|0\rangle$$

これは次のように場を正及び負振動数成分に分解することによって行われる[*5]．

$$\begin{aligned}
-i\Delta_{\mu\nu}(x-y) =& \langle 0|T\{A_\mu(x)A_\nu(y)\}|0\rangle \\
=& \theta(x^0-y^0)\int \frac{d^3pd^3p'}{(2\pi)^3\sqrt{2p^0 2p'^0}} \sum_\lambda \sum_{\lambda'} \Big\{ \\
& \varepsilon_\mu^{(\lambda)}(\vec{p})e^{-ip\cdot x}\left[\varepsilon_\nu^{(\lambda')}(\vec{p}\,')\right]^* e^{ip'\cdot y}\delta_{\lambda,\lambda'}\delta^3(\vec{p}-\vec{p}\,')\Big\} \qquad (8.16) \\
& + \theta(y^0-x^0)\int \frac{d^3pd^3p'}{(2\pi)^3\sqrt{2p^0 2p'^0}} \sum_\lambda \sum_{\lambda'} \Big\{ \\
& \varepsilon_\nu^{(\lambda)}(\vec{p})e^{-ip\cdot y}\left[\varepsilon_\mu^{(\lambda')}(\vec{p}\,')\right]^* e^{ip'\cdot x}\delta_{\lambda,\lambda'}\delta^3(\vec{p}-\vec{p}\,')\Big\}
\end{aligned}$$

クロネッカーのデルタ項は偏極状態を等しくすることを保証する．すなわち，$\lambda'=\lambda$ のみが結果に効いてくる．そこで $\lambda'\to\lambda$ と置いて積分に備える．ディラックのデルタ関数項 $\delta^3(\vec{p}-\vec{p}\,')$ は運動量保存を強制する．するとプロパゲーターは

[*5] 訳注：式 (8.16) について少し補足が必要だろう．T は 6 章で導入した時間順序積であり，したがって，$x^0>y^0$ のとき，$\langle 0|T\{A_\mu(x)A_\nu(y)\}|0\rangle = \langle 0|A_\mu(x)A_\nu(y)|0\rangle$ となる．また，$A_\mu(x)$ は当然 p.206 で定義した光子の場であるが，真空期待値をとっていることより，$\langle 0|\hat{a}^\dagger$ や $\hat{a}|0\rangle$ などの項はすべて消えてしまう．このため，考えるべき項は $\hat{a}_{\vec{p},\lambda}\hat{a}^\dagger_{\vec{p}\,',\lambda'}$ などの項のみであり，交換関係 $[\hat{a}_{\vec{p},\lambda},\hat{a}^\dagger_{\vec{p}\,',\lambda'}]=\delta_{\lambda\lambda'}\delta^3(\vec{p}-\vec{p}\,')$ を使えばこの積分は計算できる．$\theta(x)$ はヘヴィサイドのステップ関数であり，$\theta(x)$ は $x>0$ のとき 1 であり，$x<0$ のとき 0 となる．このため，$x_0>y_0$ のときは右辺 1 項，$x_0<y_0$ のときには右辺 2 項目のみが成り立ち，時間順序によって場合分けする手間が省けている．

$$
\begin{aligned}
&-i\Delta_{\mu\nu}(x-y) \\
&= \int \frac{d^3p}{(2\pi)^3 2|\vec{p}|} e^{-ip\cdot(x-y)}\theta(x^0-y^0)\sum_\lambda \varepsilon_\mu^{(\lambda)}(\vec{p})\left[\varepsilon_\nu^{(\lambda)}(\vec{p})\right]^* \\
&\quad + \int \frac{d^3p}{(2\pi)^3 2|\vec{p}|} e^{ip\cdot(x-y)}\theta(y^0-x^0)\sum_\lambda \varepsilon_\nu^{(\lambda)}(\vec{p})\left[\varepsilon_\mu^{(\lambda)}(\vec{p})\right]^*
\end{aligned}
$$

と単純化される．しかし，

$$
\sum_\lambda \varepsilon_i^{(\lambda)}(\vec{p})\left[\varepsilon_j^{(\lambda)}(\vec{p})\right]^* = \delta_{ij} - \frac{p_i p_j}{|\vec{p}|^2}
$$

を示すことができる[*6]．また偏極ベクトルの時間成分を 0，すなわち $\varepsilon_0^{(\lambda)}(\vec{p}) = 0$ にとる．これは偏極は単に固定されて時間変化しないことを意味するにすぎない．すると，

$$
P_{\mu\nu}(\vec{p}) = \sum_\lambda \varepsilon_\mu^{(\lambda)}(\vec{p})\left[\varepsilon_\nu^{(\lambda)}(\vec{p})\right]^*
$$

を定義し，次の単位階段関数あるいはヘビサイド関数

$$
\theta(x) = \frac{i}{2\pi}\int_{-\infty}^{\infty} \frac{e^{-sx}}{s+i\varepsilon} ds \tag{8.17}
$$

を使う[*7]と，光子のプロパゲーターは

$$
\Delta_{\mu\nu}(x-y) = \int \frac{d^4q}{(2\pi)^4} P_{\mu\nu}(\vec{q}) \frac{e^{iq\cdot(x-y)}}{q^2 - i\varepsilon}
$$

と書くことができる（ここで q は運動量であって電荷ではないことに注意.）[*8]．これがファインマンダイアグラムにおいて内線の運動量であること

[*6] 訳注：左辺は $i=j=1$ のときと $i=j=2$ のときだけ 1 になることに注意せよ．右辺が一見複雑だが，いま場の運動方向が z 軸正の向きより，$p^\mu = (|\vec{p}|, 0, 0, |\vec{p}|)$ となるのでつじつまが合う．

[*7] 訳注：$\dfrac{d\theta}{dx} = \delta(x)$ である．

[*8] 訳注：この式の ε は偏極ベクトルとは何の関係もない微小量であり，積分実行後 $\varepsilon \to +0$ とするものである．

より，$p \to q$ なる記号の変更を行った．これからプロパゲーターを

$$\Delta_{\mu\nu} = -\frac{ig_{\mu\nu}}{q^2} \tag{8.18}$$

のように短縮することが示せる．

QED において，電子や陽電子の内線をとることができ，そのプロパゲーターはより複雑になる．電子または陽電子を含む各内線において，そのプロパゲーターは

$$\frac{i(\gamma^\mu q_\mu + m)}{q^2 - m^2} \tag{8.19}$$

となる．振幅を計算する手続きは前章で概略を示したものと似ていて，そこではディラックのデルタ関数を使って各頂点で運動量の保存が強制された．しかし QED の場合，スピンを勘定に入れる必要がある．これからどのように基本的な計算を構成するのかいくつかの例で見てみよう．しばしばメラー散乱（Møller Scattering）として知られる電子-電子散乱を考えよう．これは図 8.7 に示す．

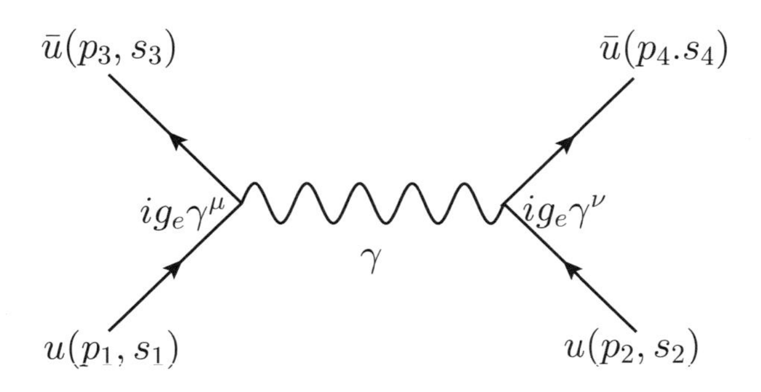

図 8.7　メラー散乱の最も単純な表現．

まず最初に各頂点で因子 $ig_e\gamma^\mu$ を拾い上げる．しかし，ここで因子の順序に気を付ける必要がある．何故なら今扱っているのがスピンを持つ粒子であり合計を考えるからである．我々はダイアグラムの左から始める．そして，

時間を逆向きに移動し，因子を式の左から右に書き下す．左の出射状態は電子状態 $\bar{u}(p_3, s_3)$ であり，入力状態は $u(p_1, s_1)$ である．したがって，

$$\bar{u}(p_3, s_3) i g_e \gamma^\mu u(p_1, s_1)$$

を得る．さて，左の頂点で運動量の保存を強制するようにディラックのデルタ関数に運動量をいれる．$u(p_1, s_1)$ に関する入射運動量 p_1 と $\bar{u}(p_3, s_3)$ に関する出射運動量 p_3 が存在する．また．この頂点で光子によって運動量 q も運び出される．したがって，適切なデルタ関数は

$$(2\pi)^4 \delta^4(p_1 - p_3 - q)$$

となる．ここまでで，

$$\bar{u}(p_3, s_3) i g_e \gamma^\mu u(p_1, s_1) (2\pi)^4 \delta^4(p_1 - p_3 - q)$$

が得られた．次の手順は光子のプロパゲーター (8.18) を追加することである．光子の内線が 1 つしかないことより，1 つの因子だけが必要となる．このファインマンダイアグラムの表式は

$$-\bar{u}(p_3, s_3) i g_e \gamma^\mu u(p_1, s_1) (2\pi)^4 \delta^4(p_1 - p_3 - q) \left(\frac{i g_{\mu\nu}}{q^2} \right)$$

になる．さて，右側の頂点のもう一つの因子 $i g_e \gamma^\nu$ をその頂点に入っていくまたは出ていく電子状態に関する項とともに掛け合わせる．これは $\bar{u}(p_4, s_4) i g_e \gamma^\nu u(p_2, s_2)$ となる．全て一緒にして，

$$\begin{aligned} &-\bar{u}(p_3, s_3) i g_e \gamma^\mu u(p_1, s_1) (2\pi)^4 \delta^4(p_1 - p_3 - q) \left(\frac{i g_{\mu\nu}}{q^2} \right) \\ &\quad \times \bar{u}(p_4, s_4) i g_e \gamma^\nu u(p_2, s_2) \end{aligned}$$

を得る．これは次のように並べ替えることができる．

$$\begin{aligned} &i (2\pi)^4 \bar{u}(p_3, s_3) g_e^2 \gamma^\mu u(p_1, s_1) \delta^4(p_1 - p_3 - q) \left(\frac{g_{\mu\nu}}{q^2} \right) \\ &\quad \times \bar{u}(p_4, s_4) \gamma^\nu u(p_2, s_2) \end{aligned}$$

を得る．内部運動量全体にわたって積分すると

$$
\begin{aligned}
-iM =& \int i(2\pi)^4 \bar{u}(p_3, s_3) g_e^2 \gamma^\mu u(p_1, s_1) \delta^4(p_1 - p_3 - q) \left(\frac{g_{\mu\nu}}{q^2} \right) \\
& \times \bar{u}(p_4, s_4) \gamma^\nu u(p_2, s_2) \frac{d^4 q}{(2\pi)^4} \\
=& i g_e^2 \bar{u}(p_3, s_3) \gamma^\mu u(p_1, s_1) \left(\frac{g_{\mu\nu}}{(p_1 - p_3)^2} \right) \bar{u}(p_4, s_4) \gamma^\nu u(p_2, s_2) \\
\Rightarrow M =& - g_e^2 \bar{u}(p_3, s_3) \gamma^\mu u(p_1, s_1) \left(\frac{g_{\mu\nu}}{(p_1 - p_3)^2} \right) \bar{u}(p_4, s_4) \gamma^\nu u(p_2, s_2)
\end{aligned}
$$

を得る．全体の運動量保存は $(2\pi)^4 \delta^4(p_1 + p_2 - p_3 - p_4)$ の形のデルタ関数を付け加えることで強制される．しかし，それは振幅を書き下すときには無視することができる．これで終わりではない．メラー散乱はもう一つの最低次数のダイアグラムを含む．これは図 8.8 に示す．

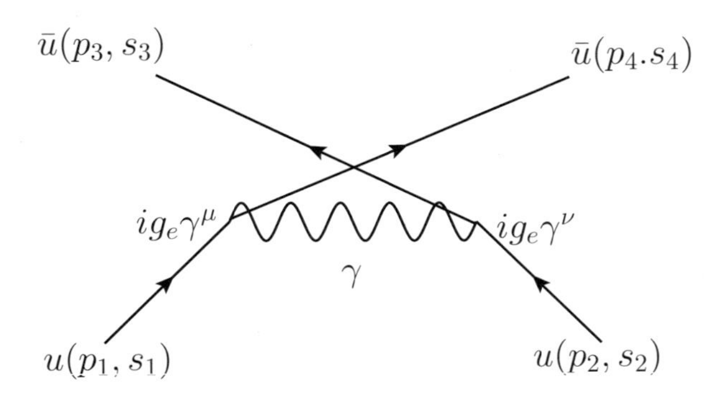

図 8.8　メラー散乱の計算を完了するにはこのダイアグラムを含める必要がある．

この過程は図 8.7 と全く同じではない．今回，$u(p_1, s_1)$ は入射するがその後交差し，$\bar{u}(p_4, s_4)$ として出ていく．一方，$u(p_2, s_2)$ は右から入り，$\bar{u}(p_3, s_3)$ として左から出ていく．運動量の保存は光子が運動量 q で放出されるダイアグラムの左側でデルタ関数によって強制される．

$$(2\pi)^4\delta^4(p_1 - p_4 - q)$$

これを除いて，この過程の振幅は前回書き下したのと似ている．しかし，出力状態を次のように入れ替える必要がある．

$$\bar{u}(p_3, s_3) \rightleftarrows \bar{u}(p_4, s_4)$$

2つの同一のフェルミオンを交換していることより，符号の反転が必要になる．全体として，図8.8に描いた過程の振幅は

$$M' = g_e^2 \bar{u}(p_4, s_4)\gamma^\mu u(p_1, s_1)\left(\frac{g_{\mu\nu}}{(p_1 - p_4)^2}\right)\bar{u}(p_3, s_3)\gamma^\nu u(p_2, s_2)$$

となる．この過程の全振幅は既に書き下した2つの振幅の和になる．すなわち，

$$\begin{aligned} M_{\mathrm{M\o ller}} =& M + M' \\ =& -\bar{u}(p_3, s_3) g_e^2 \gamma^\mu u(p_1, s_1)\left(\frac{g_{\mu\nu}}{(p_1 - p_3)^2}\right)\bar{u}(p_4, s_4)\gamma^\nu u(p_2, s_2) \\ &+ g_e^2 \bar{u}(p_4, s_4)\gamma^\mu u(p_1, s_1)\left(\frac{g_{\mu\nu}}{(p_1 - p_4)^2}\right)\bar{u}(p_3, s_3)\gamma^\nu u(p_2, s_2) \end{aligned}$$

である．これは便利な理論的結果である．測定可能な量を計算するために，

- 基準系を選ぶ．実験室系または重心系のいずれも選べる．
- 粒子のヘリシティ（偏極）を割り当てるか，可能なスピン状態全体にわたって平均/総和をとる．

図8.7の過程を考えよう．重心系をとるのが簡単である．全ての粒子がヘリシティ +1 を持つものと仮定しよう．これは粒子が z 軸の正の向きに沿って運動しているとすると，その波動関数は正規化因子を法として

$$u = \sqrt{E + m}\begin{pmatrix} 1 \\ 0 \\ \dfrac{p}{E + m} \\ 0 \end{pmatrix}$$

の形をしていることを意味する．粒子が z 軸負の向きに沿って運動する場合は波動関数は

$$u=\sqrt{E+m}\begin{pmatrix}0\\1\\0\\\dfrac{p}{E+m}\end{pmatrix}$$

の形になる．ここで m は電子の質量である．粒子が入射すると図 8.9 に描いた状況を得る．

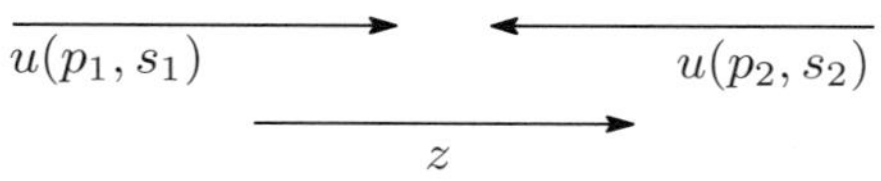

$u(p_1,s_1)$ $u(p_2,s_2)$

z

図 8.9　入射粒子状態．状態 $u(p_1,s_1)$ は z 軸正の方向に運動する．

さて，$u(p_1,s_1)$ が z 軸正の向きに運動することより，状態は

$$u(p_1,s_1)=\sqrt{E+m}\begin{pmatrix}1\\0\\\dfrac{p}{E+m}\\0\end{pmatrix}$$

となる．今回使っているのが重心系であることより，全ての状態が運動量 p を持つ．いま，$u(p_2,s_2)$ は z 軸負の方向に運動しているので，状態は

$$u(p_2,s_2)=\sqrt{E+m}\begin{pmatrix}0\\1\\0\\\dfrac{p}{E+m}\end{pmatrix}$$

となる．図 8.10 に示した出射状態について見てみよう．

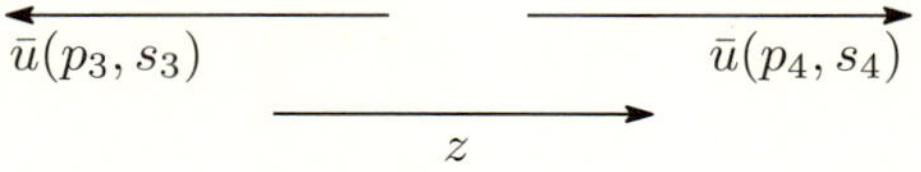

$\bar{u}(p_3, s_3)$ ← 　→ $\bar{u}(p_4, s_4)$

→ z

図 8.10　出射状態は方向を反転する.

各状態に対して運動の方向は反転する．そのためその状態の形は異なる．また，$\bar{\Psi} = \Psi^\dagger \gamma^0$ であることも思い出そう．すると

$$\begin{aligned}\bar{u}(p_3, s_3) =& u^\dagger(p_3, s_3)\gamma^0 \\ =& \sqrt{E+m}\begin{pmatrix}0 & 1 & 0 & \frac{p}{E+m}\end{pmatrix}\begin{pmatrix}1 & 0 & 0 & 0 \\ 0 & 1 & 0 & 0 \\ 0 & 0 & -1 & 0 \\ 0 & 0 & 0 & -1\end{pmatrix} \\ =& \sqrt{E+m}\begin{pmatrix}0 & 1 & 0 & -\frac{p}{E+m}\end{pmatrix}\end{aligned}$$

を得る．$\bar{u}(p_4, s_4)$ の場合，状態は z 軸正の方向に運動しそのため，

$$\begin{aligned}\bar{u}(p_4, s_4) =& u^\dagger(p_4, s_4)\gamma^0 \\ =& \sqrt{E+m}\begin{pmatrix}1 & 0 & \frac{p}{E+m} & 0\end{pmatrix}\begin{pmatrix}1 & 0 & 0 & 0 \\ 0 & 1 & 0 & 0 \\ 0 & 0 & -1 & 0 \\ 0 & 0 & 0 & -1\end{pmatrix} \\ =& \sqrt{E+m}\begin{pmatrix}1 & 0 & -\frac{p}{E+m} & 0\end{pmatrix}\end{aligned}$$

と書ける．さて，これらの結果を使うとある明確な計算を行うことができる．図 8.7 に示した過程の求めた振幅が

$$M = -g_e^2 \bar{u}(p_3, s_3)\gamma^\mu u(p_1, s_1)\left(\frac{g_{\mu\nu}}{(p_1 - p_3)^2}\right)\bar{u}(p_4, s_4)\gamma^\nu u(p_2, s_2) \quad (8.20)$$

によって与えられたことを思いだそう．したがって，次を計算する必要が

ある.

$$\bar{u}(p_4,s_4)\gamma^0 u(p_2,s_2), \bar{u}(p_4,s_4)\gamma^1 u(p_2,s_2), \bar{u}(p_4,s_4)\gamma^2 u(p_2,s_2),$$

及び,

$$\bar{u}(p_4,s_4)\gamma^3 u(p_2,s_2),$$

である．これを計算するには力ずくでやるしかない．最初の項は

$$\begin{aligned}
&\bar{u}(p_4,s_4)\gamma^0 u(p_2,s_2)\\
=&\sqrt{E+m}\begin{pmatrix}1 & 0 & -\frac{p}{E+m} & 0\end{pmatrix}\begin{pmatrix}1&0&0&0\\0&1&0&0\\0&0&-1&0\\0&0&0&-1\end{pmatrix}\sqrt{E+m}\begin{pmatrix}0\\1\\0\\\frac{p}{E+m}\end{pmatrix}\\
=&(E+m)\begin{pmatrix}1 & 0 & -\frac{p}{E+m} & 0\end{pmatrix}\begin{pmatrix}0\\1\\0\\-\frac{p}{E+m}\end{pmatrix}\\
=&0
\end{aligned}$$

となる．次は

$$\begin{aligned}
&\bar{u}(p_4,s_4)\gamma^1 u(p_2,s_2)\\
=&\sqrt{E+m}\begin{pmatrix}1 & 0 & -\frac{p}{E+m} & 0\end{pmatrix}\begin{pmatrix}0&0&0&1\\0&0&1&0\\0&-1&0&0\\-1&0&0&0\end{pmatrix}\sqrt{E+m}\begin{pmatrix}0\\1\\0\\\frac{p}{E+m}\end{pmatrix}\\
=&(E+m)\begin{pmatrix}1 & 0 & -\frac{p}{E+m} & 0\end{pmatrix}\begin{pmatrix}\frac{p}{E+m}\\0\\-1\\0\end{pmatrix}\\
=&2p
\end{aligned}$$

と求まる．計算を続けると

$$
\begin{aligned}
&\bar{u}(p_4, s_4)\gamma^2 u(p_2, s_2)\\
=&\sqrt{E+m}\begin{pmatrix}1 & 0 & -\frac{p}{E+m} & 0\end{pmatrix}\begin{pmatrix}0 & 0 & 0 & -i\\ 0 & 0 & i & 0\\ 0 & i & 0 & 0\\ -i & 0 & 0 & 0\end{pmatrix}\sqrt{E+m}\begin{pmatrix}0\\ 1\\ 0\\ \frac{p}{E+m}\end{pmatrix}\\
=&(E+m)\begin{pmatrix}1 & 0 & -\frac{p}{E+m} & 0\end{pmatrix}\begin{pmatrix}\frac{-ip}{E+m}\\ 0\\ i\\ 0\end{pmatrix}\\
=&-2ip
\end{aligned}
$$

と求まり，最後に

$$
\begin{aligned}
&\bar{u}(p_4, s_4)\gamma^3 u(p_2, s_2)\\
=&\sqrt{E+m}\begin{pmatrix}1 & 0 & -\frac{p}{E+m} & 0\end{pmatrix}\begin{pmatrix}0 & 0 & 1 & 0\\ 0 & 0 & 0 & -1\\ -1 & 0 & 0 & 0\\ 0 & 1 & 0 & 0\end{pmatrix}\sqrt{E+m}\begin{pmatrix}0\\ 1\\ 0\\ \frac{p}{E+m}\end{pmatrix}\\
=&(E+m)\begin{pmatrix}1 & 0 & -\frac{p}{E+m} & 0\end{pmatrix}\begin{pmatrix}0\\ -\frac{p}{E+m}\\ 0\\ 1\end{pmatrix}\\
=&0
\end{aligned}
$$

と求まる．

$$
\begin{aligned}
u(p_1, s_1) =& \sqrt{E+m}\begin{pmatrix} 1 \\ 0 \\ \dfrac{p}{E+m} \\ 0 \end{pmatrix}, \\
\bar{u}(p_3, s_3) =& \sqrt{E+m}\begin{pmatrix} 0 & 1 & 0 & -\dfrac{p}{E+m} \end{pmatrix}
\end{aligned}
$$

を使うことにより，

$$
\begin{aligned}
&\bar{u}(p_3, s_3)\gamma^0 u(p_1, s_1) \\
&\bar{u}(p_3, s_3)\gamma^1 u(p_1, s_1) \\
&\bar{u}(p_3, s_3)\gamma^2 u(p_1, s_1) \\
&\bar{u}(p_3, s_3)\gamma^3 u(p_1, s_1)
\end{aligned}
$$

も得られる．こちらは読者自ら確認してほしい．ここで，振幅 (8.20) の各項にアインシュタインの規約を適用する．右の項に対して，

$$
\begin{aligned}
g_{\mu\nu}\bar{u}(p_4, s_4)\gamma^\mu u(p_2, s_2) =& g_{0\nu}\bar{u}(p_4, s_4)\gamma^0 u(p_2, s_2) \\
&+ g_{1\nu}\bar{u}(p_4, s_4)\gamma^1 u(p_2, s_2) \\
&+ g_{2\nu}\bar{u}(p_4, s_4)\gamma^2 u(p_2, s_2) \\
&+ g_{3\nu}\bar{u}(p_4, s_4)\gamma^3 u(p_2, s_2) \\
=& g_{1\nu}(2p) + g_{2\nu}(-2ip) \\
=& 2p(g_{1\nu} - ig_{2\nu})
\end{aligned}
$$

を得る．すると $\bar{u}(p_3, s_3)\gamma^\nu u(p_1, s_1)$ との積は，計量が対角成分しか持たないことより，

$$
\begin{aligned}
&\bar{u}(p_3, s_3)\gamma^\nu u(p_1, s_1) \times 2p(g_{1\nu} - ig_{2\nu}) \\
=& 2p(g_{1\nu}\bar{u}(p_3, s_3)\gamma^\nu u(p_1, s_1) - ig_{2\nu}\bar{u}(p_3, s_3)\gamma^\nu u(p_1, s_1)) \\
=& 2p(g_{11}\bar{u}(p_3, s_3)\gamma^1 u(p_1, s_1) - ig_{22}\bar{u}(p_3, s_3)\gamma^2 u(p_1, s_1)) \\
=& 2p(2p + 2p) \\
=& 8p^2
\end{aligned}
$$

を得る．したがって，式 (8.20) は

$$M = -g_e^2 \bar{u}(p_3, s_3)\gamma^\mu u(p_1, s_1)\left(\frac{g_{\mu\nu}}{(p_1-p_3)^2}\right)\bar{u}(p_4, s_4)\gamma^\mu u(p_2, s_2)$$
$$= -g_e^2 \frac{8p^2}{(p_1-p_3)^2}$$

となる．$E^2 = m^2 + p^2$ を使うことにより，$(p_1 - p_3)^2 = 2m^2 - 2(E^2 + p^2) = -4p^2$ が成り立つ[*9]．したがって，振幅は

$$M = -g_e^2 \frac{8p^2}{-4p^2} = 2g_e^2$$

になる．粒子のヘリシティはしばしば分からない．この場合断面積は**偏極していない**という．その場合，平均をとり，スピンで和をとる必要がある．我々は全ての入射粒子についてのスピンの平均をとり，出射粒子についての全ての可能なスピン状態の和をとる計算をする．これを行う便利な道具が

$$\sum_s u(p, s)\bar{u}(p, s) = \frac{\not{p} + m}{2m} \tag{8.21}$$

である（この関係を導くことを考えよ.）．例えば，電子-ミューオン散乱の最低次数ダイアグラムを見てみよう．これは図 8.7 であるが，右側の入射及び出射粒子がミューオンに置き換わる．振幅は

$$M = -g_e^2 \bar{u}(p_3)\gamma^\mu u(p_1)\frac{g_{\mu\nu}}{(p_1-p_3)^2}\bar{u}(p_4)\gamma^\nu u(p_2)$$

である．ここで，$\bar{u}(p_3)\gamma^\mu u(p_1)$ は電子状態に対するものであり，また $\bar{u}(p_4)\gamma^\nu u(p_2)$ はミューオン状態に対するものである．全ての出射及び入射スピンに渡る和と平均をとったときの最終的な振幅は

$$|\bar{M}|^2 = \frac{g_e^4}{(p_1-p_3)^4} L_e^{\mu\nu} L_{\mu\nu}^{\mathrm{Muon}}$$

[*9] 訳注：$p_1 = (E, 0, 0, p), p_3 = (E, 0, 0, -p)$ 及び，$(p_1 - p_3)^2 = p_1^2 + p_2^2 - 2p_1 \cdot p_2 = 2m^2 - 2p_1 \cdot p_2$ に注意.

である．ここでは電子に関する項のみに焦点を当てるが，ミューオンについても同様である．電子に関する項は

$$L_e^{\mu\nu} = \frac{1}{2}\sum_s \left[\bar{u}(p_3)\gamma^\mu u(p_1)\right]\left[\bar{u}(p_3)\gamma^\nu u(p_1)\right]^*$$

となる．式 (8.21) を使うことにより，

$$L_e^{\mu\nu} = \frac{1}{2}\mathrm{tr}\left((\not{p}_3 + m_e)\gamma^\mu(\not{p}_1 + m_e)\gamma^\nu\right) \tag{8.22}$$

と求まる．これらの項はトレース定理と呼ばれる公式群で評価することができる．これは，

$$\begin{aligned}
\mathrm{tr}(I) =& 4\\
\mathrm{tr}(\not{a}\ \not{b}) =& 4a\cdot b\\
\mathrm{tr}(\not{a}\ \not{b}\ \not{c}\ \not{d}) =& 4[(a\cdot b)(c\cdot d) - (a\cdot c)(b\cdot d) + (a\cdot d)(b\cdot c)]\\
\gamma_\mu\ \not{a}\gamma^\mu =& -2\ \not{a}\\
\mathrm{tr}(\gamma^\mu\gamma^\nu) =& 4g^{\mu\nu}
\end{aligned} \tag{8.23}$$

を含む．これらの定理は単に基本的な線形代数とディラック行列の性質を土台としている．式 (8.22) の項を掛け合わせてトレース定理を適用すると

$$\begin{aligned}
L_e^{\mu\nu} =& \frac{1}{2}\mathrm{tr}\left((\not{p}_3 + m_e)\gamma^\mu(\not{p}_1 + m_e)\gamma^\nu\right)\\
=& \frac{1}{2}\mathrm{tr}(\not{p}_3\gamma^\mu\ \not{p}_1\gamma^\nu + m_e\ \not{p}_3\gamma^\mu\gamma^\nu + m_e\gamma^\mu\ \not{p}_1\gamma^\nu + m_e^2\gamma^\mu\gamma^\nu)\\
=& 2p_3^\mu p_1^\nu + 2p_3^\nu p_1^\mu - 2(p_3\cdot p_1 - m_e^2)g^{\mu\nu}
\end{aligned}$$

が得られる[*10]．こうして，全てが終わった．電子-ミューオン散乱の振幅は

[*10] 訳注：$\not{p}_3\gamma^\mu\ \not{p}_1\gamma^\nu$ などの項は $\gamma^\alpha p_{3\alpha}\gamma^\mu\gamma^\beta p_{1\beta}\gamma^\nu$ となるので，$\mathrm{tr}(\gamma^\alpha\gamma^\beta\gamma^\gamma\gamma^\delta) = 4(g^{\alpha\beta}g^{\gamma\delta} - g^{\alpha\gamma}g^{\beta\delta} + g^{\alpha\delta}g^{\beta\gamma})$ を使用してトレースを外せる．また，$m_e\gamma^\mu\ \not{p}_1\gamma^\nu$ などの項は $\mathrm{tr}(\gamma^\alpha\gamma^\beta\gamma^\gamma) = 0$ を使うと消えてしまう．

$$
\begin{aligned}
|\bar{M}|^2 =& \frac{g_e^4}{(p_1-p_3)^4} L_e^{\mu\nu} L_{\mu\nu}^{\mathrm{Muon}} \\
=& \frac{4g_e^4}{(p_1-p_3)^4} \left[p_3^\mu p_1^\nu + p_3^\nu p_1^\mu - (p_3\cdot p_1 - m_e^2) g^{\mu\nu}\right] \\
& \times \left[p_{4\mu} p_{2\nu} + p_{4\nu} p_{1\mu} - (p_4\cdot p_2 - m_{\mathrm{Muon}}^2) g_{\mu\nu}\right]
\end{aligned}
$$

となる.

まとめ

この量子電磁力学の最初の処方では，電磁力の基本的な概念を光子の交換として導入した．量子電磁力学は電子のディラック理論（そしてその他のレプトンに対しても原理は同様.）と電磁気学を固く結び付け，それは光子場の記述である．それは電磁相互作用の力を伝える光子によって媒介される相互作用を考えることによってこれを行う．電子や他の荷電粒子は光子の交換によって電磁力的に相互作用する．この最初の処方において，我々は発散をもたらす内部の “ループ” を含む高次の過程を無視した.

量子電磁力学のゲージ対称性は局所 $U(1)$ 対称性である．この対称性の下でのラグランジアンに対する要請は共変微分の最小結合処方を導く．我々は次にこの概念を散乱振幅のような測定できる量を計算するために拡張する.

章末問題

1. $[D_\mu, D_\nu]$ を計算せよ.
2. 量子電磁力学のラグランジアンは
   (a) 局所 $U(1)$ 対称性を認めることで最も良く記述できる.
   (b) 大域的 $U(1)$ 対称性を認めることで最も良く記述できる.
   (c) 局所 $SU(2)$ 対称性を認めることで最も良く記述できる.
   (d) 局所 $SU(1)$ 対称性を認めることで最も良く記述できる.

3. 図 8.11 に示す電子-陽電子散乱の振幅を書き下せ.

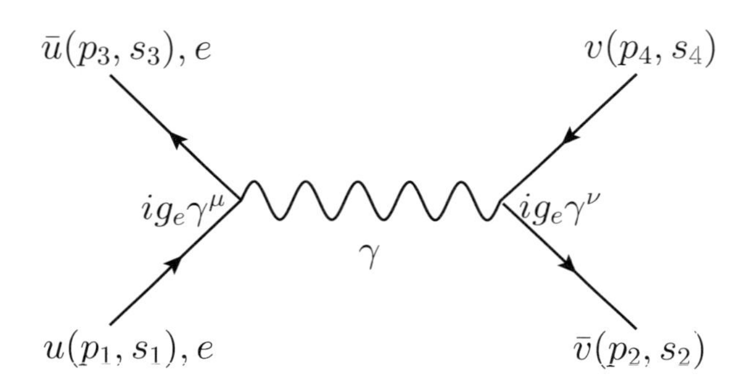

図 8.11　最低次数の電子-陽電子散乱.

4. QED ラグランジアンの最小結合処方は
   (a) $D_\mu = \partial_\mu + ig_e A_\mu$.
   (b) $D_\mu = \partial_\mu - ig_e A_\mu$.
   (c) $D_\mu = \partial_\mu + iqA_\mu$.
   (d) $D_\mu = \partial_\mu + iq\gamma^\mu A_\mu$.
5. QED 過程において，入射する反粒子状態は
   (a) $\bar{v}(p, s)$.
   (b) $\bar{u}(p, s)$.
   (c) $u(p, s)$.
   (d) $v(p, s)$.

Chapter 9 自発的対称性の破れとヒッグス機構

まず重要な概念を復習しよう．ネーターの定理はラグランジアンで保存則を対称性と関連付ける．量子論が使われるときこれらの対称性はユニタリ変換の下での不変性という形をとることができる．例えば，$U(1)$ 対称性は，ラグランジアン $\mathcal{L} = \mathcal{L}(\varphi, \partial_\mu \varphi)$ が

$$\varphi(x) \to \varphi'(x) = e^{-i\theta}\varphi(x) \tag{9.1}$$

という形の変換の下で不変であることを意味する．θ が時空座標 x に依存しないとき，式 (9.1) は大域的に対称であるという．場の量子論では大域的対称性は量子力学における波動関数の位相のような測定できないものを表している．波動関数 $\Psi(x,t)$ 及び $e^{-i\alpha}\Psi(x,t)$ は同じ物理的予測を与える．その一方で，もし θ が時空座標に依存する，つまり $\theta = \theta(x)$ なら，式 (9.1) はどこにいるかに依存し，そのため**局所**対称性を表す．局所対称性は相対論的物理学においてとても重要である．何故ならそれは電荷やレプトン数のような保存する量が**局所的**に保存するという物理的事実を表しているからである．電荷はもし地球上の電流が消滅して突然月の上に再出現することができたら局所的に保存されないだろう．電荷は月の上に現れるためには間の空間を横切って移動しなければならない，そして地球から月への移動する経路は光の速さより速くは移動できないという事実によって規定される．別の言い方を

すれば，局所対称性は特殊相対論によって要求される**因果関係**を保存する．

2 つの図が局所 $U(1)$ 変換と大域的 $U(1)$ 変換の違いを見分ける助けとなる．我々は複素変数の極座標表示から指数 $e^{i\theta}$ が単位円上の点を表すことを知っている．大域的変換において，θ を（実）定数と仮定しよう，これにより，$e^{i\theta}$ は時空を通して定数となる．そのため大域という名前で呼ぶ．その一方で，x を時空上の点とするとき，$e^{i\theta(x)}$ は $\theta(x)$ がいま時空の関数であることより，位置によって異なる値を持つ．そこで，我々は特定の点での値について話すことになる．下の図はこれら 2 つの場合を表す．左側は各々のベクトルが等しいことに注意せよ．一方右側はベクトルの向きはその位置に依存する．したがって，左側は大域的変換を描いているが，右側は局所的変換を描いている．

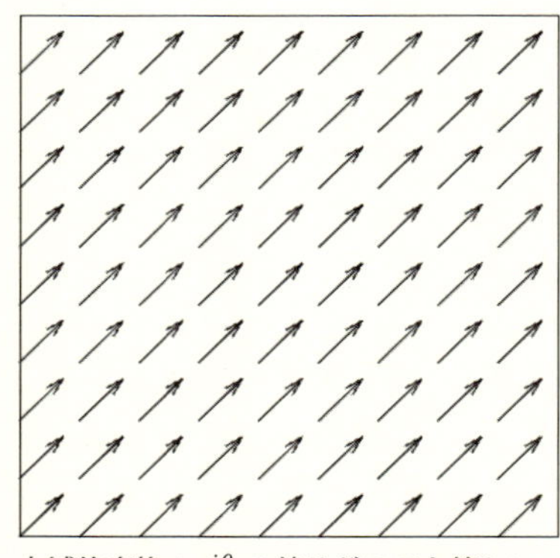

大域的変換：$e^{i\theta}$ の値はどこでも等しい

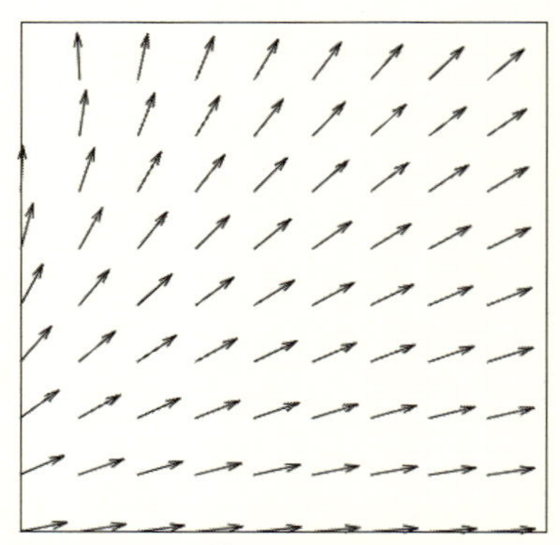

局所的変換：$e^{i\theta}$ の値は時空の位置に依存する．

3 章で見たように，場の量子論には $SU(2)$ のようなより複雑なユニタリ変換が現れる．$\varphi \to -\varphi$ のような別の型の変換の下でも不変であるようなラグランジアンを持つこともできる．この型の対称性は**自発的対称性の破れ**の概念を導入する際に使われる．$\varphi \to -\varphi$ の下で不変であるようなラグ

ランジアンの例は (φ^4) 理論と呼ばれるラグランジアンである.

$$\mathcal{L} = \frac{1}{2}\partial_\mu\varphi\partial^\mu\varphi - \frac{1}{2}\mu^2\varphi^2 - \frac{1}{4}\lambda\varphi^4 \tag{9.2}$$

明らかに，場 φ がこのラグランジアンの中で偶数次のべき乗と偶数次の微分でしか現れないことより，ラグランジアンは変換 $\varphi \to -\varphi$ の下で不変である．しかしのちに見るように，このラグランジアンはそれを初めて見たときよりより興味深い.

多くの場合，ラグランジアンの中に存在するなんらかの対称性を持つ系が同じ対称性を**満たさない**基底状態（例えば真空状態）を持つかもしれないことがわかる．その一つの例が式 (9.2) で与えられたラグランジアンの場合である．このような状況が存在するとき，系は**自発的対称性の破れ**を経たと呼ぶ．この状況の数理へ飛ぶ前に，単純な物理的例でこの概念を説明してみよう．平らな大地に置かれた逆さまの半球状のお椀を想像してみよう．お椀の上中央に正確にビー玉を置く．この系は対称的である．ビー玉の視点ではお椀の上から大地まで全ての方向が等価である．しかし，この系は**不安定**である．ビー玉は最初静止している．しかし，わずかな摂動がお椀から大地へ転げ落ちるように送り出す．場の量子論の類推ではお椀の上に置かれたビー玉を不安定な基底状態と考える.

さて，ビー玉が摂動し，お椀から転げ落ちると仮定しよう．それは一つの特定の方向に転げ落ち，下の平らな地面で静止する．要するに，この摂動は以前に存在した対称性を**自発的に破る**．さらに，ビー玉はいま，最低ポテンシャルエネルギー状態に到達している．要するに，ビー玉はお椀の上に静止しているときは基底状態ではない．ポテンシャルエネルギーの本当の基底状態は対称性が破れたときに存在し，ビー玉はそれ自体下の大地で静止する.

場の理論における対称性の破れ

場の量子論では多くの場合，ラグランジアンは逆さまのお椀と似たような特性を持つ．今後我々は真空状態は見かけ上基底状態だが，実際は対称性を破る**真の**基底状態，またはより低いエネルギーの真空状態が存在するということを見るだろう．真空とは何か？　真空とは場を持たない状態，すなわち，$\varphi = 0$ である．摂動論を適用した計算では $\varphi = 0$ について展開する．すると場は基底状態に対して変動するものとして表される．読者は $\varphi = 0$ がポテンシャルエネルギーが最低の状態と考えるかもしれない．

しかし，異なるラグランジアンを考えるとき，$\varphi = 0$ を持つ状態は常に最小とは限らないことが判明する．ラグランジアンが運動エネルギー T とポテンシャルエネルギー V の差であることを思いだそう．

$$L = T - V$$

場の理論では，運動エネルギー項は $\frac{1}{2}\partial_\mu\varphi\partial^\mu\varphi$ の形をしていることを思いだそう．ポテンシャル V は場 φ の何らかの関数であるから $V = V(\varphi)$ である．したがって，最小を求めるには通常の微積分を使えばよい．すなわち，その微分を計算することによって最小ポテンシャルを求める．つまり

$$\frac{\partial V}{\partial \varphi} = 0 \tag{9.3}$$

を満たす φ を求める．この手続きが系の本当の基底状態を与え，それは多分 $\varphi = 0$ ではないだろう．

例 9.1

φ^4 理論のラグランジアンとして

$$\mathcal{L} = \frac{1}{2}(\partial_\mu\varphi)^2 - \frac{1}{2}\mu^2\varphi^2 - \frac{1}{4}\lambda\varphi^4 \tag{9.4}$$

を考えよ．ここで φ は実スカラー場である．$\mu^2 > 0$ と $\mu^2 < 0$ のそれぞれの場合について最低ポテンシャルを記述せよ．

解

このラグランジアンの運動エネルギー項は

$$\frac{1}{2}(\partial_\mu \varphi)^2$$

であり，ポテンシャルは

$$V(\varphi) = \frac{1}{2}\mu^2\varphi^2 + \frac{1}{4}\lambda\varphi^4$$

である．どのような力がこのポテンシャルを作るのか？　我々は場 φ に関する V の導関数を計算する：

$$\begin{aligned}\frac{\partial V}{\partial \varphi} &= \mu^2\varphi + \lambda\varphi^3 \\ &= \varphi(\mu^2 + \lambda\varphi^2)\end{aligned}$$

この表式が 0 に等しいとすると最小値を得る．一つの極値がすぐに飛び出してくる．それは単純に

$$\varphi = 0$$

である．これは $\mu^2 > 0$ の場合が対応し，それは質量 μ のスカラー場を表す．φ^4 項は λ で表される結合定数を持つ場の自己相互作用を表す．この場合のポテンシャルは図 9.1 に示す．基底状態が $\varphi = 0$ の点のとき，それは明らかにラグランジアンの対称性が $\varphi \to -\varphi$ で満たされ，自明である．

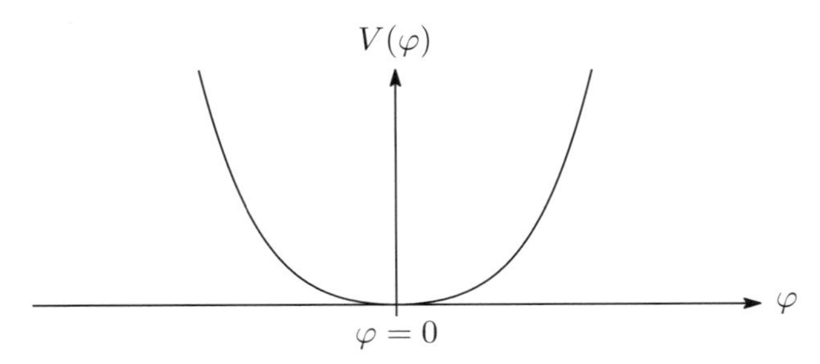

図 9.1　式 (9.4) によって与えられるラグランジアンの $\mu^2 > 0$ の場合のポテンシャル．最小値は $\varphi = 0$.

さて，$\partial V/\partial\varphi = 0$ の別の最小値を考えてみよう．この場合，

$$\mu^2 + \lambda\varphi^2 = 0$$

である．φ が 2 乗で現れることより，これは 2 つの可能な最小値

$$\varphi = \pm\sqrt{\frac{-\mu^2}{\lambda}} = \pm v \tag{9.5}$$

を与える．この場合，場 φ が実スカラーであるために $\mu^2 < 0$ の場合になっていなければならない．これはお椀の上のビー玉に対応する状況である．この場合のポテンシャルは図 9.2 に示す．$\varphi = 0$ の点はビー玉がお椀の上で静止している不安定な点に対応することに注意しよう．我々は $\varphi = +v$ または $\varphi = -v$ の真の基底状態を与える点に行くことができる．しかし，このうちの一方を選ぶと対称性を破る．これはビー玉がお椀から転げ落ちて大地の特定の点で静止しているのと似ている．

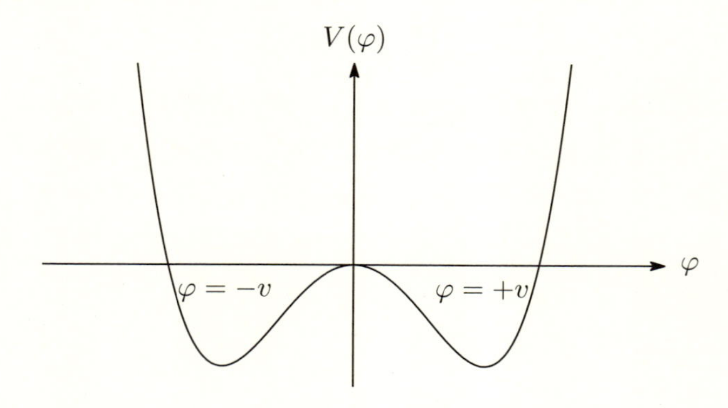

図 9.2　式 (9.4) によって与えられるラグランジアンの $\mu^2 < 0$ の場合のポテンシャル．

この場合のラグランジアンにおいて，真の最小点は $\varphi = \pm v$ である．点 $\varphi = 0$ は不安定な点であり，したがって，この点についての摂動展開は収束

しない．それと対比して $\varphi = \pm v$ の一つについての摂動展開は収束し，ファインマン則を使って計算を行うことができる．

しかし，対称性は破れている．そして，$\varphi = +v$ と $\varphi = -v$ での最小点の2つの基底状態が存在する．次の節ではラグランジアンはもはや $\varphi \to -\varphi$ の下で不変でないことを見る．対称性という恩恵を失うにもかかわらず，我々は具体的には場 φ に関連した粒子の真の質量という概念を得る．

ラグランジアンの質量項

自発的対称性の破れが含む問題の主要課題はラグランジアンの質量項を見つけることである．これを行うことは通常かなり単純である．これを見るために，ポテンシャルが2乗のものに戻ってみよう．これはクライン-ゴルドン方程式を掘り起こすことを意味する．この場合のラグランジアンは

$$\mathcal{L} = \frac{1}{2}(\partial_\mu \varphi)^2 - \frac{1}{2}m^2\varphi^2$$

である．我々は既にクライン-ゴルドン方程式の場合，場の量子 φ は質量 m を持つ粒子であることを知っている．したがってこのラグランジアンを見ることにより，質量項は

$$-\frac{1}{2}m^2\varphi^2$$

であると認識する．ここで $m^2 > 0$ で m は関連する粒子の質量である．したがってこれは簡単な練習問題である．これより，

> ラグランジアンの質量項は場の2次の項で，ある α で $-\frac{1}{2}\alpha^2\varphi^2$ となる形式の項である[*1]．

[*1] 訳注：ただし，$\alpha^2 > 0$ とするときラグランジアンの中で $-\frac{1}{2}\alpha^2\varphi^2$ となるものが質量項であり，符号を反転させたものは質量項にならない．したがって，φ の2次の項として $+\frac{1}{2}\alpha^2\varphi^2$ がラグランジアンに現れるとき，その場の表す粒子の質量は0である．

しかし，ラグランジアンを観察することで質量項を見極めるのはいつでも可能ではないことが判明する．多くのラグランジアンは何らかの方法で隠れた質量項を持つ，これを確認するために，

$$\mathcal{L}=\frac{1}{2}(\partial_\mu\varphi)^2+\ln(1-\alpha\varphi) \tag{9.6}$$

によって与えられるある架空のラグランジアンを考えよう．このラグランジアンに質量項は存在するだろうか？ 調べてみると，場に関する2次の項が見当たらず，よってこの場合 $m=0$ という結論に飛躍するかもしれない．例えば，このラグランジアンは光子のような質量ゼロの場を記述するように見えるなど．しかし，式 (9.6) を詳しく見ると，そうでないことが明らかとなる．再び大学新入生の微積分の技術を呼び出そう．このラグランジアンを級数展開するには対数項を展開する必要がある．仕掛けは次に示す幾何級数から始めることである．

$$\frac{1}{1-\alpha x}=1+\alpha x+(\alpha x)^2+(\alpha x)^3+\cdots \qquad （ただし，|\alpha x|<1）$$

（もし読者がこの展開を忘れたら単に等比級数の和を計算せよ．）対数を導入するために，この表式を積分する．

$$\ln(1-\alpha x)=-\alpha\left[\int 1+\alpha x+(\alpha x)^2+(\alpha x)^3+\cdots dx\right]$$

これは単に

$$\ln(1-\alpha x)=-\alpha x-\frac{1}{2}\alpha^2x^2-\frac{1}{3}\alpha^3x^3-O(x^4)$$

である．この展開を使って式 (9.6) 書き表すと，このラグランジアンは実際は場に関する2次の項を含むことがわかる．

$$\begin{aligned}\mathcal{L}=&\frac{1}{2}(\partial_\mu\varphi)^2+\ln(1-\alpha\varphi)\\=&\frac{1}{2}(\partial_\mu\varphi)^2-\alpha\varphi-\frac{1}{2}\alpha^2\varphi^2-\frac{1}{3}\alpha^3\varphi^3-O(\varphi^4)\end{aligned}$$

$\alpha^2 > 0$ ととれば，このラグランジアンは質量 $m = \alpha$ の粒子を記述する．式 (9.6) によって与えられたラグランジアンの元の表現によって質量項は偽られている．したがって，与えられたラグランジアンが質量項を含むかどうか明らかでないときには，

- ポテンシャルを級数に展開する．
- 場に関する 2 次の項を確認する．

ことを行えばよい．

例 9.2

ラグランジアン

$$\mathcal{L}_1 = \frac{1}{2}(\partial_\mu \varphi)^2 - e^{\alpha^3 \varphi^3}$$
$$\mathcal{L}_2 = \frac{1}{2}(\partial_\mu \varphi)^2 - e^{\alpha \varphi}$$

は質量ゼロの場を表すかそれとも質量がある場を表すか？

解

我々の小さなレシピを適用し，クライン-ゴルドン方程式によって用意される案内に従おう．すなわち，指数関数の展開を使い，場に関する 2 次の項を確認する．次を思いだそう．

$$e^{\alpha x} = 1 + \alpha x + \frac{1}{2!}(\alpha x)^2 + \frac{1}{3!}(\alpha x)^3 + O(x^4)$$

$\mathcal{L}_1$ の場合，

$$\begin{aligned}\mathcal{L}_1 &= \frac{1}{2}(\partial_\mu \varphi)^2 - e^{\alpha^3 \varphi^3} \\ &= \frac{1}{2}(\partial_\mu \varphi)^2 - 1 - \alpha^3 \varphi^3 - \frac{1}{2}\alpha^6 \varphi^6 - O(\varphi^9)\end{aligned}$$

である．φ^2 を含む項は存在しない．したがって，$\mathcal{L}_1$ は質量ゼロの場に対するラグランジアンであると結論付けられる．

次に $\mathcal{L}_2$ を考えよう．この場合の指数を展開すると

$$\begin{aligned}\mathcal{L}_2 =& \frac{1}{2}(\partial_\mu \varphi)^2 - e^{\alpha\varphi} \\ =& \frac{1}{2}(\partial_\mu \varphi)^2 - 1 - \alpha\varphi - \frac{1}{2}\alpha^2\varphi^2 - \frac{1}{6}\alpha^3\varphi^3 + O(\varphi^4)\end{aligned}$$

を与える．項

$$-\frac{1}{2}\alpha^2\varphi^2$$

が存在することは $\mathcal{L}_2$ が質量を持つ場に関するラグランジアンであることを教えてくれる．粒子の質量はクライン-ゴルドン方程式と比較することによって与えられる．したがって質量は $m = \alpha$ である．

単位についての余談

さて，質量項の単位についてちょっと確認しておこう．クライン-ゴルドン方程式に $\hbar$ と c を戻すと，それは，

$$\frac{1}{c^2}\frac{\partial^2\varphi}{\partial t^2} - \nabla^2\varphi + \frac{m^2c^2}{\hbar^2} = 0$$

と書かれる．したがって我々が考えているラグランジアンの項が

$$-\frac{1}{2}\alpha^2\varphi^2$$

という形なら，定数 α は質量項と次のように関係する．

$$\alpha = \frac{mc}{\hbar} \tag{9.7}$$

すなわち，粒子の質量は

$$m = \frac{\hbar\alpha}{c} \tag{9.8}$$

となる．ここで α は無次元量で m は $\hbar$ と c の値から引き継いだ質量の次元を持つ．

もし，ラグランジアンの 2 次の項が比例定数 1/2 を持たない．すなわち，それが

$$-\alpha^2\varphi^2$$

を含むなら，クライン-ゴルドン方程式と比較するときに 1/2 を勘定に入れなければならない．この場合，

$$\alpha^2 = \frac{1}{2}\frac{m^2c^2}{\hbar^2}$$

という関係式が成り立つ．したがってこのとき粒子の質量は

$$m = \sqrt{2}\frac{\alpha\hbar}{c}$$

となる．

自発的対称性の破れと質量

こうしていま，ラグランジアンの質量項をどのようにして見つけるかを知ったので，φ^4 理論に戻って状況を再吟味しよう．ページを行ったり来たりしないで済むように，例 9.1 で使ったラグランジアンが

$$\mathcal{L} = \frac{1}{2}(\partial_\mu\varphi)^2 - \frac{1}{2}\mu^2\varphi^2 - \frac{1}{4}\lambda\varphi^4$$

であることを忘れないようにしよう．このポテンシャルの真の基底状態または最小点では対称性が自発的に破れており，

$$\varphi = \pm\sqrt{\frac{-\mu^2}{\lambda}} = \pm v$$

によって与えられることを知った．それでは，この情報から何をしたらよいのだろうか？　最小点は $\varphi = 0$ の点ではなく，その代わりに $\varphi = \pm v$ に位置する．ここでは，$\varphi = +v$ の場合を考え，この事実を表すために場を取り直す．

$$\varphi(x) = v + \eta(x) \tag{9.9}$$

ここでは $\eta(x)$ によって記述される右側の最小点 $+v$ の周りの変動によって場を書いた．次に新しい形，式 (9.9) を使ってラグランジアンを書き直す．v がただの数であることより，運動エネルギー項は簡単に書き下せる．

$$\partial_\mu \varphi(x) = \partial_\mu [v + \eta(x)] = \partial_\mu \eta(x)$$

式 (9.9) を 2 乗すると直ちに

$$\varphi^2 = (v+\eta)^2 = v^2 + 2v\eta + \eta^2$$

を得，この場の 4 乗は

$$\varphi^4 = (v+\eta)^4 = v^4 + 4v^3\eta + 6v^2\eta^2 + 4v\eta^3 + \eta^4$$

となる．これらの項を一緒にすると，ラグランジアンは

$$\begin{aligned}&\mathcal{L}\\ =&\frac{1}{2}(\partial_\mu\varphi)^2 - \frac{1}{2}\mu^2\varphi^2 - \frac{1}{4}\lambda\varphi^4\\ =&\frac{1}{2}(\partial_\mu\eta)^2 - \frac{1}{2}\mu^2(v^2+2v\eta+\eta^2) - \frac{1}{4}\lambda(v^4+4v^3\eta+6v^2\eta^2+4v\eta^3+\eta^4)\end{aligned}$$

となる．再び，v がただの数であったことを思いだそう．定数はこの系の場の方程式に寄与しないことより，ラグランジアンの定数である全ての項は切り落とせる．ポテンシャルの最初の項は式 (9.5) を使って $\mu^2 = -\lambda v^2$ と書き，定数項を落とすことにより，

$$\begin{aligned}\frac{1}{2}\mu^2(v^2+2v\eta+\eta^2) =& -\frac{1}{2}\lambda v^2(v^2+2v\eta+\eta^2)\\ &\to -\lambda v^3\eta - \frac{1}{2}\lambda v^2\eta^2\end{aligned}$$

と書くことができる．ポテンシャルの最後の項から定数項を落とすことにより

$$
\begin{aligned}
&\mathcal{L} \\
=&\frac{1}{2}(\partial_\mu \eta)^2 - \frac{1}{2}\mu^2(v^2 + 2v\eta + \eta^2) - \frac{1}{4}\lambda(v^4 + 4v^3\eta + 6v^2\eta^2 + 4v\eta^3 + \eta^4) \\
\rightarrow&\frac{1}{2}(\partial_\mu \eta)^2 + \cancel{\lambda v^3 \eta} + \frac{1}{2}\lambda v^2\eta^2 - \cancel{\lambda v^3 \eta} - \frac{3}{2}\lambda v^2\eta^2 - \lambda v\eta^3 - \frac{1}{4}\lambda\eta^4
\end{aligned}
$$

が得られる．最終的に我々は新しいラグランジアン

$$
\mathcal{L} = \frac{1}{2}(\partial_\mu \eta)^2 - \lambda v^2\eta^2 - \lambda v\eta^3 - \frac{1}{4}\lambda\eta^4 \tag{9.10}
$$

に到達する．さて，ここで我々の規則を適用する．場 η に関する 2 次の項を見よう．それは負の符号が付くはずである．式 (9.10) の質量項は

$$
-\lambda v^2\eta^2
$$

である．クライン-ゴルドン型のラグランジアンの質量項

$$
-\frac{1}{2}m^2\varphi^2
$$

と比較すると，式 (9.10) の場合の質量項は

$$
m = \sqrt{2\lambda v^2} = \sqrt{2\lambda}v
$$

となる．ここで欠落している 1/2 因子を勘定に入れていることに注意しよう．ラグランジアンの他の項についてはどうか？　これらは場 $\eta(x)$ の自己相互作用項を表している．特に，3 乗項 η^3 は 3 つの脚を持ち λv で与えられる結合をするファインマンダイアグラムの頂点である[*2]．これは図 9.3 に描いた．

*2 訳注：一般にファインマンダイアグラムの頂点から出ている線のことを“脚”と呼ぶ．

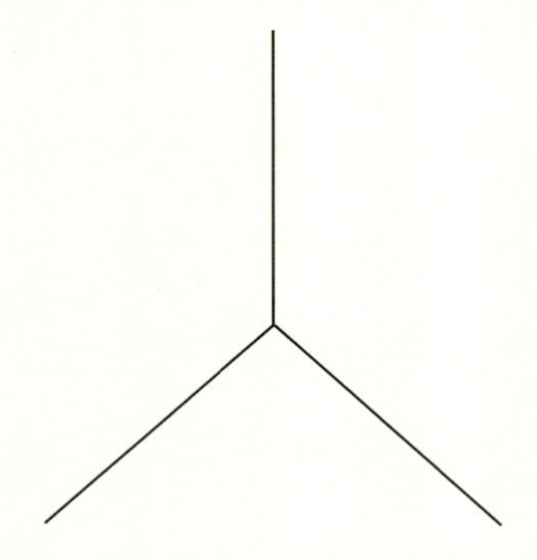

図 9.3　ラグランジアンの自己相互作用項 $-\lambda v \eta^3$ のファインマンダイアグラム表現.

最後の項 $\frac{1}{4}\lambda\eta^4$ はファインマンダイアグラムで 4 つの脚を持つ別の頂点の相互作用項である．これは図 9.4 に描いた.

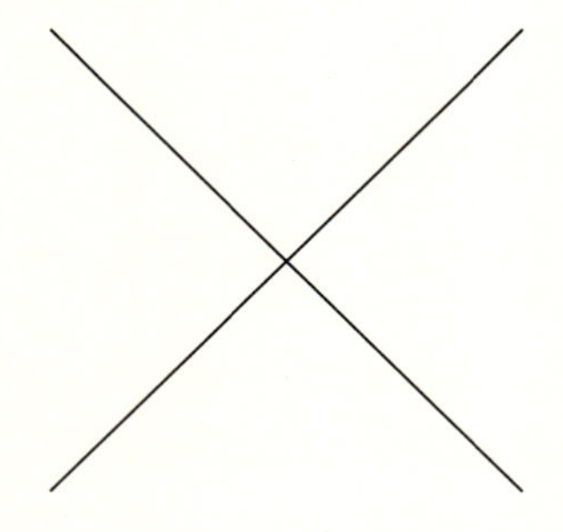

図 9.4　式 (9.10) によって与えられるラグランジアンの $-\frac{1}{4}\lambda\eta^4$ 項はファインマンダイアグラムの 4 脚頂点によって表される.

こうしていま，我々はラグランジアンの全ての項を説明した:

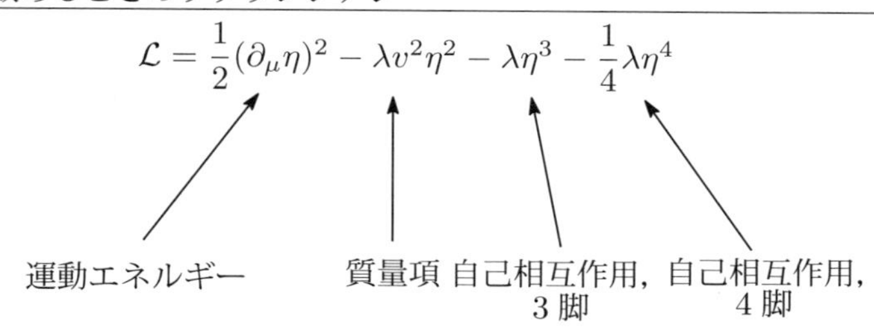

粒子が複数あるときのラグランジアン

全てではないにせよ，ほとんどの物理的に興味深い実際の場合，与えられたラグランジアンの自発的対称性の破れは 1 つより多くの粒子の存在という結果を招く．これらの粒子は異なる質量を持つかもしれない．ある粒子は質量を持ち別の粒子は持たないかもしれない．このことを 1 つの質量のある粒子と 1 つの質量ゼロの粒子を引き起こす複素場とそのラグランジアンで描こう．まず最初に 2 つの実場 φ_1 と φ_2 に関する場を定義しよう．

$$\varphi = \frac{\varphi_1 + i\varphi_2}{\sqrt{2}} \tag{9.11}$$

ここで考えるラグランジアンは

$$\mathcal{L} = \partial_\mu \varphi^\dagger \partial^\mu \varphi + \mu^2 \varphi^\dagger \varphi - \lambda(\varphi^\dagger \varphi)^2 \tag{9.12}$$

である[*3]．いま，

$$\varphi^\dagger \varphi = \left(\frac{\varphi_1 - i\varphi_2}{\sqrt{2}}\right)\left(\frac{\varphi_1 + i\varphi_2}{\sqrt{2}}\right) = \frac{1}{2}(\varphi_1^2 + \varphi_2^2)$$

である．これを使うと式 (9.12) のラグランジアンは

$$\mathcal{L} = \frac{1}{2}(\partial_\mu \varphi_1)^2 + \frac{1}{2}(\partial_\mu \varphi_2)^2 + \frac{1}{2}\mu^2(\varphi_1^2 + \varphi_2^2) - \frac{1}{4}\lambda(\varphi_1^4 + \varphi_2^4) - \frac{1}{2}\lambda \varphi_1^2 \varphi_2^2 \tag{9.13}$$

になる．ポテンシャルは

[*3] 訳注：$\mu^2 \varphi^\dagger \varphi$ は質量項でないことに注意．

$$
\begin{aligned}
V =& -\frac{1}{2}\mu^2(\varphi_1^2+\varphi_2^2)+\frac{1}{4}\lambda(\varphi_1^4+\varphi_2^4)+\frac{1}{2}\lambda\varphi_1^2\varphi_2^2 \\
=& -\frac{1}{2}\mu^2(\varphi_1^2+\varphi_2^2)+\frac{1}{4}\lambda(\varphi_1^2+\varphi_2^2)^2 \\
=& \frac{\lambda}{4}\left[(\varphi_1^2+\varphi_2^2)-\frac{\mu^2}{\lambda}\right]^2-\frac{\mu^4}{4\lambda}
\end{aligned}
$$

である．

このラグランジアンは (φ_1, φ_2) 対称性を持ち，それは (φ_1, φ_2) 空間の回転として記述できる．これは，次の形の行列で書くことができる．

$$
\begin{pmatrix} \varphi_1' \\ \varphi_2' \end{pmatrix} = \begin{pmatrix} \cos\alpha & \sin\alpha \\ -\sin\alpha & \cos\alpha \end{pmatrix} \begin{pmatrix} \varphi_1 \\ \varphi_2 \end{pmatrix}
$$

すなわち，

$$
\begin{aligned}
\varphi_1' &= \cos\alpha\varphi_1 + \sin\alpha\varphi_2 \\
\varphi_2' &= -\sin\alpha\varphi_1 + \cos\alpha\varphi_2
\end{aligned}
$$

で不変である．ポテンシャルの最小は

$$
\varphi_1^2 + \varphi_2^2 = \frac{\mu^2}{\lambda}
$$

を満たす円周上である．$U(1)$ 対称性を破るには，最初の例であるお椀の上に置かれたビー玉の例に戻って考える．（対称性が破れたとして）特定の方向を選ぼう．最後の例の記号に従い，最小点を v で示し，φ_1 と φ_2 の最小点をそれぞれの添え字を使うことにする．この場合，ここでは最小点を

$$
v_1 = \frac{\mu}{\sqrt{\lambda}} \qquad v_2 = 0 \tag{9.14}
$$

に選ぶ．

さて，場を書き直そう．今回は式 (9.14) によって与えられる最小点からの変化である 2 つの場 χ と Ψ が必要となる．すると，

$$
\varphi = \frac{\left(\chi + \dfrac{\mu}{\sqrt{\lambda}}\right) + i\Psi}{\sqrt{2}}
$$

を得る．ここで，

$$\chi = \varphi_1 - \frac{\mu}{\sqrt{\lambda}} \qquad \Psi = \varphi_2 \tag{9.15}$$

ととった．

座標系の変更は $\begin{pmatrix} \varphi_1 \\ \varphi_2 \end{pmatrix}$ から $\begin{pmatrix} \chi \\ \Psi \end{pmatrix}$ へ座標系を右に $\frac{\mu}{\sqrt{\lambda}}$ 移動したものである．言い換えれば，原点を実際のポテンシャルの最小点に移動したことになる．すると，

$$\varphi_1^2 = \left(\chi + \frac{\mu}{\sqrt{\lambda}}\right)^2 = \chi^2 + 2\frac{\mu}{\sqrt{\lambda}}\chi + \frac{\mu^2}{\lambda}$$
$$\varphi_2^2 = \Psi^2$$

であり，4 次の項は

$$\varphi_1^4 = \left(\chi + \frac{\mu}{\sqrt{\lambda}}\right)^4$$
$$= \chi^4 + 4\frac{\mu}{\sqrt{\lambda}}\chi^3 + 6\frac{\mu^2}{\lambda}\chi^2 + 4\frac{\mu^3}{\sqrt{\lambda^3}}\chi + \frac{\mu^4}{\lambda^2}$$

及び，

$$\varphi_2^4 = \Psi^4$$

である．最後に

$$\frac{1}{2}\lambda\varphi_1^2\varphi_2^2 = \frac{1}{2}\lambda\left(\chi^2\Psi^2 + 2\frac{\mu}{\sqrt{\lambda}}\chi\Psi^2 + \frac{\mu^2}{\lambda}\Psi^2\right)$$

が得られる．

$n > 2$ のとき φ^n の項は相互作用項を表すことを思い出そう．質量項を得るためには，これらを無視し，**自由ラグランジアン**を見る必要がある．また，定数はラグランジアンから導かれる場の方程式に寄与しないために切り捨てることができることも忘れてはならない．いま，2 次の項を除いてすべて切り捨てると，自由部分のポテンシャルは，

$$
\begin{aligned}
-\frac{1}{2}\mu^2(\varphi_1^2+\varphi_2^2)_{\text{free}} =& -\frac{1}{2}\mu^2(\chi^2+\Psi^2) \\
\frac{1}{4}\lambda(\varphi_1^4+\varphi_2^4)_{\text{free}} =& \frac{1}{4}\lambda\left(6\frac{\mu^2}{\lambda}\chi^2\right) \\
\frac{1}{2}\lambda(\varphi_1^2\varphi_2^2)_{\text{free}} =& \frac{1}{2}\lambda\left(\frac{\mu^2}{\lambda}\Psi^2\right)
\end{aligned}
$$

となる.

$$
\begin{aligned}
V_{\text{free}} =& -\frac{1}{2}\mu^2(\varphi_1^2+\varphi_2^2)_{\text{free}} + \frac{1}{4}\lambda(\varphi_1^4+\varphi_2^4)_{\text{free}} + \frac{1}{2}\lambda(\varphi_1^2\varphi_2^2)_{\text{free}} \\
=& -\frac{1}{2}\mu^2(\chi^2+\Psi^2) + \frac{1}{4}\lambda\left(6\frac{\mu^2}{\lambda}\chi^2\right) + \frac{1}{2}\lambda\left(\frac{\mu^2}{\lambda}\Psi^2\right) \\
=& \mu^2\chi^2
\end{aligned}
$$

であることに注意しよう．全てを一緒にすると，ラグランジアンの自由または非相互作用部分は

$$
\mathcal{L}_{\text{free}} = \frac{1}{2}(\partial_\mu\chi)^2 + \frac{1}{2}(\partial_\mu\Psi)^2 - \mu^2\chi^2
$$

となる．これより，このラグランジアン (9.12) の式 (9.11) の複素場に関する (φ_1, φ_2) 空間の回転によって与えられる $U(1)$ 対称性の破れは場 χ を質量 $\sqrt{2}\mu$，Ψ を質量ゼロの場として与える．質量 $\sqrt{2}\mu$ は円周上の最小点で我々は

$$
v_1 = \frac{\mu}{\sqrt{\lambda}}
$$

と選んだ．したがって，$\sqrt{2}\mu = \sqrt{2\lambda}v_1$ である．この例はスカラー場の特別な場合である．そのためこれらの場に関連する粒子はスピン 0 粒子である．対称性の破れに伴う質量ゼロのスピン 0 粒子が現れるとき，それは**ゴールドストーンボソン**呼ばれる．

ヒッグス機構

前節では $U(1)$ 対称性と 2 つの実成分に関する複素場の場合を考えることによって，自発的対称性の破れを考察した．そこでは単純のため，大域的ゲージ不変性を考えた．いまから，この概念をゲージ場 A_μ を含む $U(1)$ 変換の下での局所ゲージ不変性を必要とするより複雑な状況に拡張したい．ここでは質量ゼロのゲージ場 A_μ から始め，対称性の破れが質量のあるベクトル場になるという結果を導くことを示す．読者はのちに電弱理論において，この型の手続きが質量のあるベクトルボソン，$W^\pm$ と Z^0 の発生を与えることを見るだろう．ゲージ場と局所 $U(1)$ 不変性を伴う自発的対称性の破れを含むこの機構は，この効果を 1964 年に発見したその提唱者ピーター・ヒッグスにちなんで**ヒッグス機構**として知られている．実験物理学者たちの主要な任務は，大型ハドロン衝突型加速器（LHC）が 2008 年夏に運転を開始したときにヒッグス場 $h(x)$ の量子（ヒッグス粒子）を見つけることである[*4]．

再び，$U(1)$ 不変性はラグランジアンが

$$\varphi \to \varphi' = e^{-i\theta}\varphi$$

の形の変換の下で不変であることを意味することを思い出そう．

以前，大域的ゲージ変換を考察した．そこでは θ はスカラー，つまりただの数で時空の関数ではなかった．しかし，いま，我々は $\theta \to \theta(x)$ と置いて，この概念を局所ゲージ変換に拡張する．ラグランジアンはこの変換の下で不変であるべきである．すなわち，

$$\varphi(x) \to \varphi'(x) = e^{-iq\theta(x)}\varphi(x) \tag{9.16}$$

なる変換の下で不変であるべきである．

さて，q はただの数である．しかし，$\theta \to \theta(x)$ は時空の関数である．これは，ある点からある点への移動でこの変換が変化することを意味する．局所

[*4] 訳注：2015 年現在，LHC によりヒッグス粒子は既に発見されている．

ゲージ変換での不変性は**ゲージ場**の導入を要求する．読者は電磁気学との類似性より，局所ゲージ不変性の要請がラグランジアンの不変性を回復するために共変微分を使うことを強制することを見るだろう．ゲージ場は次の形を仮定した変換でも $U(1)$ ゲージ変換の下で不変であるべきである．

$$A_\mu \to A'_\mu = A_\mu + \partial_\mu \theta \tag{9.17}$$

これには，式 (9.16) と同じ θ が存在し，A_μ が時空の関数，すなわち，$A_\mu = A_\mu(x)$ であることに注意しよう*5.

この時点まではこの章ではラグランジアンの中で通常の微分を使ってきた．すなわち，ラグランジアンの運動エネルギー項は

$$\partial_\mu \varphi^\dagger \partial^\mu \varphi$$

の形をしていた．ラグランジアンのゲージ不変性を得るために，式 (9.16) 及び，式 (9.17) を考えると，共変微分を使う必要がある．この場合の適した共変微分は

$$D_\mu = \partial_\mu + iqA_\mu \tag{9.18}$$

である．この定義によって，ラグランジアンは

$$\mathcal{L} = (D_\mu \varphi)^\dagger D^\mu \varphi - V(\varphi^\dagger \varphi) - \frac{1}{4} F_{\mu\nu} F^{\mu\nu} \tag{9.19}$$

となる．

まとめると，このラグランジアンは複素スカラー場 φ と質量ゼロのゲージ場 A_μ を含んだ理論を記述する．この理論のゲージ場に関して，$F_{\mu\nu}F^{\mu\nu}$

---

*5 訳注：2 章ゲージ変換の節の記号を使い $U = e^{-iq\theta(x)}$ と置くと，

$$\begin{aligned} A_\mu \to A'_\mu =& U A_\mu U^\dagger + \frac{i}{q} (\partial_\mu U) U^\dagger \\ =& A_\mu + \partial_\mu \theta \end{aligned}$$

である．

のような項は運動エネルギー項を表す．電磁気学との類似性により，次の定義が使われる．

$$F_{\mu\nu} = \partial_\mu A_\nu - \partial_\nu A_\mu \tag{9.20}$$

もし，質量項が存在すると，スカラー場の 2 次質量項との類似性でゲージ場の縮約 $A_\mu A^\mu$ が現れることになる．式 (9.19) によって与えられるラグランジアンがこの形の項を持たないことより，このゲージ場は質量ゼロである．すぐに見るように，ある型の対称性の破れはゲージ場 A_μ に質量を獲得させる．これがヒッグス機構の真髄である．式 (9.19) のポテンシャルは

$$V(\varphi^\dagger\varphi) = \frac{\mu^2}{2v^2}(\varphi^\dagger\varphi - v^2)^2 \tag{9.21}$$

によって与えられる．ここで，この式に含めた v は探している最小点の予測である．この場合，対称性が**破れていない**とき，v はこの理論の最小点である．

いまから，前の例に倣って進めてみよう．今回は，ゲージ場 A_μ とポテンシャル V が共に消えるような最小ポテンシャルエネルギーを探そう．対称性が破れていないとき，ポテンシャルの最小点は真空状態で，

$$|\varphi|^2 = v^2$$

を満たす点にある．ここで，v はある実数である．しかし，ここで次のようにゲージ変換を施すことができる．

$$\varphi'^\dagger\varphi' = (\varphi^\dagger e^{iq\theta(x)})(e^{-iq\theta(x)}\varphi) = \varphi^\dagger\varphi = |\varphi|^2 = v^2$$

したがってこれより，局所ゲージ変換は同じ最小点を与える．そして，もしこの場が複素場なら，無限の真空状態が存在することになる．ゲージ変換が同じ最小点を与えることより，対称性が存在している．

どのようにすれば対称性が破れるであろうか？　最小点が複素場の 2 乗振幅によって得られるという事実の中にそのヒントがある．対称性は場が**実場**であると要請することによって破れる．したがって，状況としては

- 対称性が破れていないとき，値 v はポテンシャルの最小点である．
- v からの変動として表される場を与えるようなゲージ変換を探す．

となる．

これは真空 v が実場 $h(x)$ で摂動されるとき行うことができる．

$$\varphi \to \varphi' = v + \frac{h(x)}{\sqrt{2}} \tag{9.22}$$

場 $h(x)$ はヒッグス場である．この場が実場であることより，$\varphi^\dagger = \varphi$ であり，ポテンシャルは

$$\begin{aligned} V =& \frac{\mu^2}{2v^2}\left[\sqrt{2}vh(x) + \frac{h^2(x)}{2}\right]^2 \\ =& \mu^2 h^2 + \frac{\mu^2 h^2}{2v^2}\left(\sqrt{2}vh + \frac{h^2}{4}\right) \end{aligned} \tag{9.23}$$

となる．共変微分の定義 (9.18) と一緒に式 (9.22) を使うと，

$$\begin{aligned} D'^\mu \varphi' =& (\partial^\mu + iqA'^\mu)\left(v + \frac{h(x)}{\sqrt{2}}\right) \\ =& \frac{1}{\sqrt{2}}\partial^\mu h + iqvA'^\mu + \frac{iqh}{\sqrt{2}}A'^\mu \end{aligned}$$

を得る．同様に

$$\begin{aligned} (D'_\mu \varphi')^\dagger =& (\partial_\mu - iqA'_\mu)\left(v + \frac{h(x)}{\sqrt{2}}\right) \\ =& \frac{1}{\sqrt{2}}\partial_\mu h - iqvA'_\mu - \frac{iqh}{\sqrt{2}}A'_\mu \end{aligned}$$

と求まる．したがって，

$$\begin{aligned} &(D'_\mu \varphi')^\dagger D'^\mu \varphi' \\ =& \left(\frac{1}{\sqrt{2}}\partial_\mu h - iqvA'_\mu - \frac{iqh}{\sqrt{2}}A'_\mu\right)\left(\frac{1}{\sqrt{2}}\partial^\mu h + iqvA'^\mu + \frac{iqh}{\sqrt{2}}A'^\mu\right) \\ =& \frac{1}{2}\partial_\mu h \partial^\mu h + q^2 v^2 A'_\mu A'^\mu + \sqrt{2}q^2 vhA'_\mu A'^\mu + \frac{q^2 h^2}{2}A'_\mu A'^\mu \end{aligned}$$

を得る．ポテンシャルに関して得た表式とこれを一緒にすることによって式 (9.22) のゲージ変換の場合の完全なラグランジアンを得ることができる．ここでこの場は実場であるように選んだのであった．単純に書くためベクトルポテンシャル項などのプライム『$'$』を落として表すことにすると，

$$
\begin{aligned}
\mathcal{L} =&(D_\mu\varphi)^\dagger D^\mu\varphi - V(\varphi^\dagger\varphi) - \frac{1}{4}F_{\mu\nu}F^{\mu\nu} \\
=&\frac{1}{2}\partial_\mu h\partial^\mu h + q^2v^2A_\mu A^\mu + \sqrt{2}q^2vhA_\mu A^\mu + \frac{q^2h^2}{2}A_\mu A^\mu \\
&-\mu^2h^2 - \frac{\mu^2h^2}{2v^2}\left(\sqrt{2}vh + \frac{h^2}{4}\right) - \frac{1}{4}F_{\mu\nu}F^{\mu\nu}
\end{aligned}
$$

となる．このラグランジアンはいくつかの成分を持っている．最初に見るのはヒッグス場 $h(x)$ を含むラグランジアンの自由部分である．すなわち，

$$
\mathcal{L}^h_{\text{free}} = \frac{1}{2}\partial_\mu h\partial^\mu h - \mu^2h^2 \tag{9.24}
$$

である．今では，これは見慣れているはずだ．これはスカラー場 $h(x)$ のクライン-ゴルドン方程式型ラグランジアンでそのスカラー場 $h(x)$ の質量は

$$
m = \sqrt{2}\mu \tag{9.25}
$$

である．したがって，ここで見た例では，ヒッグス場がスカラー場で質量 $m = \sqrt{2}\mu$ のスピン 0 ボソンとなっている．さて，いまから他のいくつかの項を見てみよう．ゲージ場の自由ラグランジアンを見てみると，これは，

$$
\mathcal{L}^B_{\text{free}} = -\frac{1}{4}F_{\mu\nu}F^{\mu\nu} + q^2v^2A_\mu A^\mu
$$

によって与えられる．これは注目すべき結果である．元のラグランジアン (9.19) には運動エネルギー項 $-\frac{1}{4}F_{\mu\nu}F^{\mu\nu}$ は存在するが，対称性が破られる前にはゲージ場は質量ゼロである．実場を選ぶと，すなわち，破れていない真空 v からの摂動は

$$
q^2v^2A_\mu A^\mu
$$

によって与えられる質量項を持つ．これは場を ϕ とするときクライン-ゴルドン型ラグランジアンに現れる質量項

$$\frac{1}{2}m^2\phi$$

との比較によって質量を決定できる．このため，2つの項を比較すると，対称性の破れがベクトルボソンに質量

$$m = \sqrt{2}qv \tag{9.26}$$

を発生させることが分かる[*6]．ラグランジアンの残りの項は相互作用項である．最初に書き下す項は次のようにヒッグス場の自己相互作用項である．

$$\mathcal{L}^h_{\text{int}} = -\frac{\mu^2 h^2}{2v^2}\left(\sqrt{2}vh + \frac{h^2}{4}\right)$$

そして，最後に，ヒッグス場 h とゲージ場 A_μ との結合を表す相互作用ラグランジアンが存在する．すなわち，

$$\mathcal{L}^{\text{coup}}_{\text{int}} = q^2 A_\mu A^\mu \left(\sqrt{2}vh + \frac{1}{2}h^2\right)$$

である．

まとめ

この章では読者は質量のある粒子がラグランジアンに現れるのを導く過程である自発的対称性の破れを学んだ．ラグランジアンの，ある真空状態を考

[*6] 訳注：よく見ると質量項が逆符号のように見えるが，自由空間における A^ν が従うクライン-ゴルドン型方程式

$$\partial_\mu \partial^\mu A^\nu + m^2 A^\nu = 0$$

を導くラグランジアンが

$$\mathcal{L} = -\frac{1}{4}F_{\mu\nu}F^{\mu\nu} + \frac{1}{2}m^2 A_\mu A^\mu$$

なので，この場合はこれで正しい．

えることによってこの過程が機能する．系は対称性を破ることによって，再構成され，新しい真空状態が導かれる．ゲージ不変性は新しい粒子の発生を導く．スカラー理論では質量を持つゴールドストーンボソンが現れる．複素スカラー理論と質量ゼロのゲージ場を組み合わせる．するとこのとき，場を破れていない真空 v の周りの実変動に制限することによって対称性を破ることができる．これにより，ヒッグス場と呼ばれる質量のあるスカラー場とゲージ場が質量を得ることを導く．ヒッグス場とゲージ場は相互作用ラグランジアンを通して結合する．

章末問題

1. $\mathcal{L} = \frac{1}{2}(\partial_\mu \varphi)^2 - \cosh(b\varphi)$ と仮定しよう．このとき，これは質量のある粒子かそれともない粒子か？
2. ラグランジアンの質量項は
   (a) 場にスカラーの 2 乗を掛けたものである．
   (b) 場の 2 乗にスカラー項を掛けたものである．
   (c) 場の 4 乗にスカラー項を掛けたものである．
   (d) 自分で付け加えなければならない．

   次の問題文は問 3. 問 4. 問 5. で共通である．

   次の形のポテンシャル

$$V = \frac{\lambda}{4}\left(\varphi^* \varphi - \frac{\mu^2}{\lambda}\right)^2$$

   を持つラグランジアンを考えよ，
3. $\varphi \to \Psi(x)e^{i\theta(x)}$ と置け．このとき，ラグランジアンの形を書き下せ．
4. 得られたラグランジアンから質量項を特定せよ．
5. 自己相互作用項は存在するか？

Chapter 10 電弱理論

この章では，素粒子物理学の標準模型の中の電弱理論の部分を探求する．この理論は電磁力と弱い相互作用を統一する．これを行うゲージ群は

$$SU(2) \otimes U(1)$$

である．弱い力は $SU(2)$ ゲージボソンによって媒介され，それは電荷を帯びた $W^{\pm}$ と中性な Z^0 を含む．相互作用のうち $U(1)$ 部分は電磁相互作用であり，それは質量ゼロの光子によって媒介される．電弱相互作用を記述するこの理論は 2 人の共同発見者にちなんで**ワインバーグ-サラム理論**として知られている．彼らはシェルドン・グラショウ（Sheldon Glashow）とともに 1979 年，この理論の研究と $W^{\pm}$ と Z^0 の質量の予想によりノーベル賞を受賞した．

ヒッグス場は自発的対称性の破れを引き起こすモデルに導入されるものである．これは電子とその重い仲間であるミューオンとタウ粒子が質量を獲得することを導く．加えて，ゲージボソン $W^{\pm}$ と Z^0 も質量を獲得するが光子は質量ゼロのままである．この結果は実験とよく一致した．ここまでは順調といえる．しかし，ワインバーグ-サラムモデルはニュートリノの質量がゼロであるということも予想した．最近の実験事実によれば例えその質量が小さい（$< 1\mathrm{eV}$）とはいえ，ニュートリノは質量があることを示唆している．

この問題は現在のところ素粒子物理学において大きな未解決問題であり[*1]，ニュートリノの質量の問題を解くことは標準模型を超えた新しい物理学に導くことになるだろう．

この章ではレプトンの電弱相互作用に注目し，ハドロンの相互作用については取り扱わないことにする．

右巻き及び左巻きスピノル

ここで簡単に右巻き及び左巻きスピノルの概念について復習しよう．ディラックスピノルは2つの成分を持つ物体で，上の成分は左巻きスピノルであり，下の成分は右巻きスピノルである．

$$\Psi = \begin{pmatrix} \Psi_L \\ \Psi_R \end{pmatrix} \tag{10.1}$$

各々の成分 Ψ_L 及び Ψ_R はそれ自体が2成分の物体である．ディラック場 Ψ の左巻き成分と右巻き成分は単位行列と γ_5 行列から構成される演算子を使うことによって取り出すことができる．γ_5 行列は次の 4×4 行列であった[*2]．

$$\gamma_5 = \begin{pmatrix} -1 & 0 \\ 0 & 1 \end{pmatrix} = \begin{pmatrix} -1 & 0 & 0 & 0 \\ 0 & -1 & 0 & 0 \\ 0 & 0 & 1 & 0 \\ 0 & 0 & 0 & 1 \end{pmatrix} \tag{10.2}$$

さて，ここでどのようにして Ψ の左巻き成分と右巻き成分を取り出すか

[*1] 原著者注：質量を持ったニュートリノは長年に渡る太陽ニュートリノ不足の問題を解決する．太陽に関する核物理学はよく知られていて，ニュートリノの個数を除いて測定結果が一致している．異なる研究機関による地球上からの測定は太陽ニュートリノ流が予想される値の1/3しかないことで一致し，問題はニュートリノ振動によって解決された．

[*2] 訳注：γ_5 行列が対角化されるカイラル表現を使っている．

見てみよう．まず最初に，

$$\frac{1}{2}(1-\gamma_5) = \frac{1}{2}\left[\begin{pmatrix}1 & 0\\0 & 1\end{pmatrix} - \begin{pmatrix}-1 & 0\\0 & 1\end{pmatrix}\right] = \begin{pmatrix}1 & 0\\0 & 0\end{pmatrix}$$

となる．これより，

$$\frac{1}{2}(1-\gamma_5)\Psi = \begin{pmatrix}1 & 0\\0 & 0\end{pmatrix}\begin{pmatrix}\Psi_L\\\Psi_R\end{pmatrix} = \begin{pmatrix}\Psi_L\\0\end{pmatrix} = \Psi_L$$

が得られる．同様に

$$\frac{1}{2}(1+\gamma_5)\Psi = \begin{pmatrix}0 & 0\\0 & 1\end{pmatrix}\begin{pmatrix}\Psi_L\\\Psi_R\end{pmatrix} = \begin{pmatrix}0\\\Psi_R\end{pmatrix} = \Psi_R$$

が得られる．また，ディラック場は

$$\Psi = \begin{pmatrix}\Psi_L\\\Psi_R\end{pmatrix} = \begin{pmatrix}\Psi_L\\0\end{pmatrix} + \begin{pmatrix}0\\\Psi_R\end{pmatrix} = \Psi_L + \Psi_R$$

と書くことができることにも注意しよう．

質量ゼロのディラックラグランジアン

ここでは，標準的なディラックラグランジアンにおいて，質量項を 0 と置いたものから始める．これは，

$$\mathcal{L} = i\bar{\Psi}\gamma^\mu\partial_\mu\Psi \tag{10.3}$$

によって与えられる．ここで例によって

$$\bar{\Psi} = \Psi^\dagger\gamma^0$$

である．

ここで，このラグランジアンを一つは左巻きスピノル，もう一つは右巻きスピノルの2つの部分に分解したい．これは実際とても簡単である．計算を進めると，

$$
\begin{aligned}
\mathcal{L} =& i\bar{\Psi}\gamma^\mu\partial_\mu\Psi \\
=& i(\bar{\Psi}_L + \bar{\Psi}_R)\gamma^\mu\partial_\mu(\Psi_L + \Psi_R) \\
=& i\bar{\Psi}_L\gamma^\mu\partial_\mu\Psi_L + i\bar{\Psi}_R\gamma^\mu\partial_\mu\Psi_R + i(\bar{\Psi}_L\gamma^\mu\partial_\mu\Psi_R + \bar{\Psi}_R\gamma^\mu\partial_\mu\Psi_L)
\end{aligned}
$$

を得る．最後の項は実際には消える．これは何故なら反交換関係 $\{\gamma_5, \gamma^\mu\} = 0$ を使うと，

$$
\begin{aligned}
\bar{\Psi}_L\gamma^\mu\partial_\mu\Psi_R =& \Psi^\dagger\left(\frac{1-\gamma_5}{2}\right)\gamma^0\gamma^\mu\partial_\mu\left[\left(\frac{1+\gamma_5}{2}\right)\Psi\right] \\
=& \Psi^\dagger\left(\frac{1-\gamma_5}{2}\right)\gamma^0\gamma^\mu\left(\frac{1+\gamma_5}{2}\right)\partial_\mu\Psi \\
=& \frac{1}{4}\Psi^\dagger(\gamma^0\gamma^\mu - \gamma_5\gamma^0\gamma^\mu)(1+\gamma_5)\partial_\mu\Psi \\
=& \frac{1}{4}\Psi^\dagger[\gamma^0\gamma^\mu - (-\gamma^0\gamma_5)\gamma^\mu](1+\gamma_5)\partial_\mu\Psi \\
=& \frac{1}{4}\Psi^\dagger[\gamma^0\gamma^\mu + \gamma^0(-\gamma^\mu\gamma_5)](1+\gamma_5)\partial_\mu\Psi \\
=& \frac{1}{4}\Psi^\dagger\gamma^0\gamma^\mu(1-\gamma_5)(1+\gamma_5)\partial_\mu\Psi \\
=& \frac{1}{4}\bar{\Psi}\gamma^\mu(1-\gamma_5+\gamma_5-\gamma_5^2)\partial_\mu\Psi \\
=& \frac{1}{4}\bar{\Psi}(1-\gamma_5^2)\gamma^\mu\partial_\mu\Psi
\end{aligned}
$$

であるが，

$$
\gamma_5^2 = \begin{pmatrix} -1 & 0 \\ 0 & 1 \end{pmatrix}\begin{pmatrix} -1 & 0 \\ 0 & 1 \end{pmatrix} = I
$$

が成り立つため，これらが混ざった項は消えるからである[*3]．したがって残

[*3] 訳注：$\gamma_5^\dagger = \gamma_5$ を使うと，$\bar{\Psi}_L = \Psi^\dagger\left(\frac{1-\gamma_5}{2}\right)\gamma^0$ が成り立つ．

る項は，

$$\mathcal{L} = i\overline{\Psi}_L \gamma^\mu \partial_\mu \Psi_L + i\overline{\Psi}_R \gamma^\mu \partial_\mu \Psi_R \tag{10.4}$$

となる．こうして，ラグランジアンは上手く左巻き型と右巻き型部分に分かれる．電弱理論の場合，左巻きの弱い相互作用と右巻きの弱い相互作用の間に非対称性が存在する．その結果，実際に使われるラグランジアンはそのことを反映したものになっている．

電弱相互作用のレプトン場

理由はまだ分かってないが，基本粒子は 3 つの世代のうちの一つに属している．それらの違いの一つは質量である．実際のところ，それ以外は各世代間の粒子は似たように振る舞う（例えば，同じ電荷と同じスピンを持つ）．レプトンのみを考えるとき，電弱相互作用の場は電子（e），ミューオン（μ），タウ粒子（τ）から成り，それらは対応するニュートリノを持つ．これらが，レプトンの 3 世代である．簡単に書くと

$$\mathcal{L} = \mathcal{L}_e + \mathcal{L}_\mu + \mathcal{L}_\tau$$

と書くことができる．

ただし，ミューオンとタウ粒子は単に電子の重い複製品に過ぎないので，電子のみに焦点を当てれば電弱理論で必要な全てのことを学ぶことができる[*4]．電子場とその関連するニュートリノ場は 2 成分の物体として一緒に組み合される．左巻き成分のみを考えよう．左巻きスピノルとして，

$$\Psi_L = \begin{pmatrix} \nu_e \\ e_L \end{pmatrix} \tag{10.5}$$

[*4] 原著者注：それではそれ以外の 2 つの世代は何か？　このような謎は物理学者たちを弦理論のような派生理論に興味を向かわせる．

を考えることができる．ここで，ν_e は電子ニュートリノで e_L は左巻き電子場である．左巻き及び右巻き電子場は電子 e と普通の方法で関係している．

$$e_L = \left(\frac{1-\gamma_5}{2}\right)e \qquad e_R = \left(\frac{1+\gamma_5}{2}\right)e \tag{10.6}$$

もし，ここでニュートリノの質量を 0，すなわち $m_{\nu_e} = 0$ にとると，ニュートリノ場は左巻き成分しか存在しなくなる．このとき，この場は完全に左巻きになるから，関係式，

$$\left(\frac{1-\gamma_5}{2}\right)\nu_e = \nu_e \tag{10.7}$$

を満たすことになる．ニュートリノの右巻き成分が存在しないことより，

$$\Psi_R = \begin{pmatrix} 0 \\ e_R \end{pmatrix} \tag{10.8}$$

と定義することができる．

電子のみを考えるとき，電弱相互作用のディラック場を記述するラグランジアンは既に述べた形で表すことができる．すなわち，

$$\mathcal{L} = i\overline{\Psi}_L\gamma^\mu\partial_\mu\Psi_L + i\overline{\Psi}_R\gamma^\mu\partial_\mu\Psi_R$$

である．レプトンについての完全な理論を考えるには，単にミューオンとタウ粒子に関する項を追加すればよい．それは電子についての場合と同じ形をしている．

電弱相互作用のチャージ（荷）

荷電カレント相互作用は次のように働く．荷電カレントは左巻き粒子と右巻き反粒子を結合する．電弱理論では，3 つのタイプのチャージ（荷）が存在する．

種類	**ラベル**
電荷	Q
弱アイソスピン	I
弱ハイパーチャージ	Y

これらのチャージは**西島-ゲルマンの関係式**（**Gell-Mann-Nishijima relation**）

$$Q = I_3 + \frac{Y}{2} \tag{10.9}$$

を満たす．ここで，I_3 は弱アイソスピンの第 3 成分である．ニュートリノはアイソスピン

$$I_{3\nu} = +\frac{1}{2}$$

が割り当てられる．一方，左巻き電子は

$$I_{3e_L} = -\frac{1}{2}$$

を持つ．右巻き電子場は

$$\vec{I}_{e_R} = \vec{0}$$

である．

左巻きスピノルに対しては，$Y = -1$ である．一方，右巻きスピノルに対しては $Y = -2$ である．よって，全体として電弱理論の分野の左巻き及び右巻きスピノルのチャージは

$$\begin{aligned}
I_{3\nu} = +\frac{1}{2} \quad Y_\nu = -1 \quad Q_\nu = +\frac{1}{2} + \frac{-1}{2} = 0 \quad &（ニュートリノ）\\
I_{3e_L} = -\frac{1}{2} \quad Y_{e_L} = -1 \quad Q_{e_L} = -\frac{1}{2} + \frac{-1}{2} = -1 \quad &（左巻き電子）\\
I_{3e_R} = 0 \quad Y_{e_R} = -2 \quad Q_{e_R} = 0 + \frac{-2}{2} = -1 \quad &（右巻き電子）
\end{aligned} \tag{10.10}$$

となる．弱ハイパーチャージ Y と弱アイソスピンチャージ I は独立である．そのため

$$[Y, \vec{I}] = 0$$

である．

次節では弱アイソスピンチャージ I と弱ハイパーチャージ Y にそれぞれ対応する W_μ^1，W_μ^2，W_μ^3 及び B_μ で表される 4 つのゲージ場が存在することを見る．もし，粒子が与えられた型のチャージを持つなら，それはそのチャージに関する場と相互作用できる．そして，チャージの値はその相互作用の強さを決定する．ニュートリノが弱い相互作用に参加するが，光子と相互作用しないことより，それは量子数 $I_{3\nu} = \frac{1}{2}$，$Y_\nu = -1$ 及び，$Q_\nu = 0$ を持つ．左巻き電子は弱い相互作用に参加し，光子と相互作用するから全て 0 でないチャージを持つ．

右巻き電子は少し違う．それは，$I_{3e_R} = 0$，$Y_{e_R} = -2$ 及び，$Q_{e_R} = -1$ を持つ．次に見るように，アイソスピンチャージはゲージボソン W_μ と相互作用することを許す．右巻き電子はゲージ場と相互作用しない．それは，一方で，B_μ 場と相互作用し，その強さは，実は左巻き電子の 2 倍である．右巻き電子は $Q_{e_R} = -1$ であることより，光子と相互作用する．

この理論におけるユニタリ変換とゲージ場

次にこの理論の可能な対称性を考え，ゲージボソンの導入を進めよう．上で述べたように，電弱理論は 2 つの独立な対称性 $SU(2)$ と $U(1)$ を持っている．この組を

$$SU(2) \otimes U(1)$$

で表す．$SU(2)$ 対称性はここで述べる 3 つのゲージボソンを導く．

$$SU(2) : W_\mu^1, W_\mu^2, W_\mu^3$$

弱ハイパーチャージ Y の保存は実は $U(1)$ 変換の下での不変性から生じる．そのため，$U(1)$ 不変性に関連した追加のゲージ場が存在することになる．これを，B_μ と書く．

$$U(1) : B_\mu$$

ゲージ場を導入した後では，ラグランジアンは次のように拡張される．

$$\mathcal{L} = \mathcal{L}_{\text{leptons}} + \mathcal{L}_{\text{gauge}}$$

まず，$U(1)$ 変換を最初に見てみよう．このラグランジアンを見ると，このラグランジアンは右巻きスピノルに対する普通の $U(1)$ 変換

$$\Psi_R \to \Psi'_R = e^{i\beta}\Psi_R$$

の下で不変であることが明らかである．ここで，β は実スカラーである．この変換はラグランジアンを変えない．

$$\begin{aligned}\mathcal{L} \to \mathcal{L}' =& i\bar{\Psi}_L\gamma^\mu\partial_\mu\Psi_L + i\bar{\Psi}_R e^{-i\beta}\gamma^\mu\partial_\mu e^{i\beta}\Psi_R + \mathcal{L}_{\text{gauge}} \\ =& i\bar{\Psi}_L\gamma^\mu\partial_\mu\Psi_L + i\bar{\Psi}_R\gamma^\mu\partial_\mu\Psi_R + \mathcal{L}_{\text{gauge}} = \mathcal{L}\end{aligned}$$

したがって，明らかにラグランジアンは $\Psi_R \to \Psi'_R = e^{i\beta}\Psi_R$ の下で不変である．読者は単純に左巻き場に対しても同じ $U(1)$，$\Psi_L \to \Psi'_L = e^{i\beta}\Psi_L$ を期待するかもしれない．しかしこれは間違いである．我々は既に左巻きと右巻き場が異なる弱ハイパーチャージを持つことを知っている．したがって，それらは異なる変換をすると考えるべきである．左巻き場の正しい変換は，

$$\Psi_L \to \Psi'_L = e^{in\beta}\Psi_L$$

の形をしている．$Y_R = -2$ の一方で $Y_L = -1$ であることより，左巻き場は半分の強さで相互作用する．したがって，$n = \frac{1}{2}$ であり，正しい変換は

$$\Psi_L \to \Psi'_L = e^{i\beta/2}\Psi_L$$

である．

これら，ニュートリノ，左巻き，右巻き電子を一つの物体に配置すると，

$$\begin{pmatrix} \nu_e \\ e_L \\ e_R \end{pmatrix}$$

となる．すると，$U(1)$ 変換は次のような素晴らしい行列形式で書くことができる．

$$\begin{pmatrix} \nu_e \\ e_L \\ e_R \end{pmatrix} \to \begin{pmatrix} \nu'_e \\ e'_L \\ e'_R \end{pmatrix} = \begin{pmatrix} e^{i\beta/2} & 0 & 0 \\ 0 & e^{i\beta/2} & 0 \\ 0 & 0 & e^{i\beta} \end{pmatrix} \begin{pmatrix} \nu_e \\ e_L \\ e_R \end{pmatrix} \tag{10.11}$$

さて，いまから，与えられたゲージ場 B_μ から，場の強度テンソル

$$f_{\mu\nu} = \partial_\mu B_\nu - \partial_\nu B_\mu \tag{10.12}$$

を定義する．この結果，ゲージ場 B_μ がラグランジアンに追加項

$$\mathcal{L}_B = -\frac{1}{4} f_{\mu\nu} f^{\mu\nu} \tag{10.13}$$

として含められる．

この項を追加するにあたって変分 $\delta S = 0$ の下で作用が保存するように導入したい．ここで再び，ゲージ場 B_μ が共変性を回復するために微分に追加項を導入するように強制する．これは

$$\partial_\mu \to \partial_\mu + \frac{ig_B}{2} B_\mu$$

と採ることによって可能となる．ここで g_B はゲージ場 B_μ に関する結合定数である．似たような方法で，ゲージ場 W_μ^1，W_μ^2 及び W_μ^3 に関する場の強度テンソルも定義する．まず最初に $SU(2)$ 変換を考えよう．

ここでは，今から $SU(2)$ を含むことを予想してパウリ行列

$$\tau_1 = \begin{pmatrix} 0 & 1 \\ 1 & 0 \end{pmatrix} \qquad \tau_2 = \begin{pmatrix} 0 & -i \\ i & 0 \end{pmatrix} \qquad \tau_3 = \begin{pmatrix} 1 & 0 \\ 0 & -1 \end{pmatrix} \tag{10.14}$$

を再導入しよう．これらがただのパウリ行列であることより，$SU(2)$ 代数が得られる．

$$[\tau_i, \tau_j] = 2i\varepsilon_{ijk}\tau_k \tag{10.15}$$

τ_i 生成子は弱アイソスピン空間を定義する．これらを使って次の形の $SU(2)$ 変換を考えよう．

$$U(\vec{\alpha}) = \exp\left(-i\alpha_j\tau_j/2\right) \tag{10.16}$$

右巻き電子スピノル e_R は $SU(2)$ 変換の下で不変である．

$$\Psi_R \to \Psi'_R = U(\vec{\alpha})\Psi_R = \Psi_R$$

一方，左巻きスピノルは普通の仕方で変換する．

$$\Psi_L \to \Psi'_L = e^{-i(\vec{\tau}\cdot\vec{\alpha}/2)}\Psi_L$$

これらの変換の性質の理由は右巻き電子 e_R が $SU(2)$ に関連しているいかなる弱アイソスピンチャージも伝えない（$\vec{I}_{e_R} = I_{3e_R} = 0$）ので，右巻き電子は W_μ^1，W_μ^2 及び W_μ^3 の場と結合しないことによる．電子ニュートリノと左巻き電子状態はアイソスピンチャージを伝える．したがって，この場合，$SU(2)$ 変換を適用する必要がある．行列形式では，$SU(2)$ 変換は

$$\begin{pmatrix} \nu_e \\ e_L \\ e_R \end{pmatrix} \to \begin{pmatrix} \nu'_e \\ e'_L \\ e'_R \end{pmatrix} = \begin{pmatrix} e^{-i(\vec{\tau}\cdot\vec{\alpha})/2} & 0 & 0 \\ 0 & e^{-i(\vec{\tau}\cdot\vec{\alpha}/2)} & 0 \\ 0 & 0 & 1 \end{pmatrix} \begin{pmatrix} \nu_e \\ e_L \\ e_R \end{pmatrix} \tag{10.17}$$

と書くことができる．さて，いまから，ゲージ場 W_μ^1，W_μ^2 及び W_μ^3 に対応する場の強度テンソルを考えよう．それは次の形式をとる．

$$F_{\mu\nu}^l = \partial_\mu W_\nu^l - \partial_\nu W_\mu^l - g_W \varepsilon^{lmn} W_\mu^m W_\nu^n \tag{10.18}$$

ラグランジアンにこの場のテンソルを追加するには，$l = 1, 2, 3$ に渡って $F^l_{\mu\nu} F^{l,\mu\nu}$ の和をとって各ゲージ場 W^1_μ，W^2_μ 及び W^3_μ を含める．すなわち，トレースをとる．するとラグランジアンへの寄与は

$$\mathcal{L}_W = -\frac{1}{8}\mathrm{tr}(F_{\mu\nu}F^{\mu\nu}) \tag{10.19}$$

と書くことができる．

微分を共変に保つために，ラグランジアンの中に式 (10.18) が存在することを勘定に入れて，追加項を加える必要がある．これは次の項を微分に加えることによって行われる．

$$ig_W \frac{\vec{\tau}}{2} \cdot \vec{W}_\mu = \frac{ig_W}{2}(\tau_1 W^1_\mu + \tau_2 W^2_\mu + \tau_3 W^3_\mu)$$

右巻きレプトン場が弱アイソスピンを含む相互作用に関わらないことより，右巻きレプトン場の場合，この項は微分に付け加わることはない．右巻きレプトン場に対しては，ゲージ場 B_μ の存在に係わる項だけを追加する．したがって，

$$i\bar{\Psi}_R \gamma^\mu \partial_\mu \Psi_R \to i\bar{\Psi}_R \gamma^\mu \left(\partial_\mu + \frac{ig_B}{2} B_\mu\right) \Psi_R$$

となる．左巻き場に対しては，

$$i\bar{\Psi}_L \gamma^\mu \partial_\mu \Psi_L \to i\bar{\Psi}_L \gamma^\mu \left(\partial_\mu + \frac{ig_B}{2} B_\mu + ig_W \frac{\vec{\tau}}{2} \cdot \vec{W}_\mu\right) \Psi_L$$

が得られる．したがって，これよりラグランジアンの全レプトン部は

$$\begin{aligned}&\mathcal{L}_{\mathrm{Lepton}} \\ =& i\bar{\Psi}_R \gamma^\mu \left(\partial_\mu + \frac{ig_B}{2} B_\mu\right) \Psi_R + i\bar{\Psi}_L \gamma^\mu \left(\partial_\mu + \frac{ig_B}{2} B_\mu + ig_W \frac{\vec{\tau}}{2} \cdot \vec{W}_\mu\right) \Psi_L\end{aligned}$$

となる．全ラグランジアンはゲージ場のラグランジアンを含むので，

$$
\begin{aligned}
\mathcal{L} =& \mathcal{L}_{\text{Lepton}} + \mathcal{L}_{\text{gauge}} \\
=& i\bar{\Psi}_R \gamma^\mu \left(\partial_\mu + \frac{i g_B}{2} B_\mu\right) \Psi_R + i\bar{\Psi}_L \gamma^\mu \left(\partial_\mu + \frac{i g_B}{2} B_\mu + i g_W \frac{\vec{\tau}}{2} \cdot \vec{W}_\mu\right) \Psi_L \\
& - \frac{1}{4} f_{\mu\nu} f^{\mu\nu} - \frac{1}{8} \mathrm{tr}(F_{\mu\nu} F^{\mu\nu})
\end{aligned} \tag{10.20}
$$

となる．このラグランジアンに戻ると，カイラル場の非対称性が項の不一致という注目すべき事実を導くことを確認する．標準模型が大きな成功をおさめたにもかかわらず，理論家たちはいまだに標準模型を超えた物理学によって解決する必要のある様々な問題を残している．

弱混合角またはワインバーグ角

この節では利便性のため結合定数 g_B と g_W を次のように関係付ける：

$$
\tan \theta_W = \frac{g_B}{g_W} \tag{10.21}
$$

角度 θ_W はしばしば**ワインバーグ角**と呼ばれる．これはまた**弱混合角**とも呼ばれることがある．その理由はそれがゲージ場を次のように混合するからである．

$$
\begin{aligned}
A_\mu &= B_\mu \cos \theta_W + W_\mu^3 \sin \theta_W \\
Z_\mu &= -B_\mu \sin \theta_W + W_\mu^3 \cos \theta
\end{aligned} \tag{10.22}
$$

これは次のような行列形式の関係式として回転として表示することができる：

$$
\begin{pmatrix} A_\mu \\ Z_\mu \end{pmatrix} = R(\theta_W) \begin{pmatrix} B_\mu \\ W_\mu^3 \end{pmatrix} = \begin{pmatrix} \cos \theta_W & \sin \theta_W \\ -\sin \theta_W & \cos \theta_W \end{pmatrix} \begin{pmatrix} B_\mu \\ W_\mu^3 \end{pmatrix}
$$

ゲージ場 A_μ は理論に光子を組み込む電磁場のベクトルポテンシャルに他ならない．これについてはヒッグス機構を導入したのちにより詳しく調べる．

対称性の破れ

この時点で我々は 2 つのレプトン，電子とそれに対応するニュートリノ及び，4 つのゲージボソンを一緒にした理論を記述した．これまで説明したすべての粒子は質量ゼロである．そこで，今からこの理論に質量を導入する．これは 9 章で説明した対称性を破る方法を使って行われる．そのためにここではゲージボソンが質量を得るように強制するヒッグス場を導入する．この節ではまた電弱相互作用の統一描像を表すために明示的に光子場（及び電荷）を導入する．

9 章の例に従い，ここではヒッグス場を（スピン 0）スカラー場として導入する．ただし，今回は次に示すように 2 つの成分を持つ物体である．

$$\varphi = \begin{pmatrix} \varphi^A \\ \varphi^B \end{pmatrix} \tag{10.23}$$

それぞれの成分は複素スカラー場で

$$\begin{aligned} \varphi^A &= \frac{\varphi_3 + i\varphi_4}{\sqrt{2}} \\ \varphi^B &= \frac{\varphi_1 + i\varphi_2}{\sqrt{2}} \end{aligned} \tag{10.24}$$

のように書かれる．これより，ヒッグス場は実際には 4 つの実スカラー場から構成される．それは，

$$\begin{aligned} \varphi^\dagger \varphi =& (\varphi^A)^\dagger \varphi^A + (\varphi^B)^\dagger \varphi^B \\ =& \frac{1}{2}(\varphi_1^2 + \varphi_2^2 + \varphi_3^2 + \varphi_4^2) \end{aligned}$$

となる．ヒッグス場は弱い相互作用のチャージを伝える．特に，

$$Y_\varphi = +1 \qquad I_\varphi = 1/2 \tag{10.25}$$

である．

式 (10.16) で与えられた $SU(2)$ 変換をここに再現しよう．

$$U(\vec{\alpha}) = e^{-i\frac{\alpha_j}{2}\tau_j}$$

ヒッグス場の形を単純化するためにゲージ自由度を使うことができる．これは，各 “角度” が時空の関数 $\alpha_j = \alpha_j(x)$ であるように要求することによって行われる．特別なことをしているわけではない．これは局所対称性が必要だからである．

ここで，このゲージ自由度がどのように役立つか見てみよう．我々は $\alpha_j = \alpha_j(x)$ を

$$\varphi^A = 0$$

及び

$$\varphi^B = \varphi_0 + \frac{h(x)}{\sqrt{2}}$$

を満たすように選ぶことができる．これは，次のようにヒッグス場をとりわけ単純で便利な形にする．

$$\varphi = \begin{pmatrix} 0 \\ \varphi_0 + \dfrac{h(x)}{\sqrt{2}} \end{pmatrix} \tag{10.26}$$

ここで，パラメータ φ_0 及び場 $h(x)$ はどちらも実数である．このパラメータ φ_0 が対称性を破ることを許す．基底状態を $\varphi \to 0$ ととる代わりに

$$\varphi_G = \begin{pmatrix} 0 \\ \varphi_0 \end{pmatrix}$$

ととろう．

ヒッグス場は式 (10.20) のラグランジアンの中で様々な形でその姿を変える．それは，ポテンシャル $V(\varphi^\dagger\varphi)$，運動エネルギー項 $(D_\mu\varphi)^\dagger D^\mu\varphi$ 及び，ヒッグス場を電子とゲージボソンを結合する相互作用項を通してそのようになり，それらに質量を与える．式 (10.26) を使って，ポテンシャルの形を書いてみよう．まず，

$$\varphi^\dagger\varphi = \begin{pmatrix} 0 & \varphi_0 + \frac{h}{\sqrt{2}} \end{pmatrix} \begin{pmatrix} 0 \\ \varphi_0 + \frac{h}{\sqrt{2}} \end{pmatrix}$$
$$= \varphi_0^2 + \sqrt{2}\varphi_0 h + \frac{1}{2}h^2$$

である．ポテンシャルは

$$V(\varphi^\dagger\varphi) = \mu^2\varphi^\dagger\varphi + \lambda(\varphi^\dagger\varphi)^2 \tag{10.27}$$

である．もし，$\mu^2 > 0$ とすると，ポテンシャルの最小点は $\varphi = 0$ の位置である．9 章の手続きに従い，$\mu^2 < 0$ がヒッグス場を真空期待値に到達させることより，対称性が破られる．

何が新しい最小点であろうか？　簡単な平方完成により，

$$V(\varphi^\dagger\varphi) = \mu^2\varphi^\dagger\varphi + \lambda(\varphi^\dagger\varphi)^2$$
$$= \lambda\left(\varphi^\dagger\varphi + \frac{\mu^2}{2\lambda}\right)^2 - \frac{\mu^4}{4\lambda}$$

となるので，いま，φ が実数であることを考えると，

$$\varphi_{\min}^2 = \varphi_{\min}^\dagger\varphi_{\min} = -\frac{\mu^2}{2\lambda}$$

より，

$$\varphi_{\min} = \pm\sqrt{\frac{-\mu^2}{2\lambda}}$$

を得る．これは，

$$\varphi_0 = \sqrt{\frac{-\mu^2}{2\lambda}}$$

とすることにより，対称性を破れる．こうして，基底状態 $\varphi_G = \begin{pmatrix} 0 \\ \varphi_0 \end{pmatrix}$ が得られた．このときヒッグス場は質量

$$m_h = \sqrt{-2\mu^2} \tag{10.28}$$

を持つ．この結果を得るには 9 章を復習すると良い．

レプトン場に質量を与える

ディラック場は次のように質量 m の左巻き及び右巻き場からなる．

$$\mathcal{L} = i\bar{\Psi}_L\gamma^\mu\partial_\mu\Psi_L + i\bar{\Psi}_R\gamma^\mu\partial_\mu\Psi_R - m(\bar{\Psi}_L\Psi_R + \bar{\Psi}_R\Psi_L) \tag{10.29}$$

このため，ラグランジアンの質量項は

$$-m(\bar{\Psi}_L\Psi_R + \bar{\Psi}_R\Psi_L) \tag{10.30}$$

の形に書くことができる．ここで，m はスカラー（実数であり，時空の関数ではない）である．ワインバーグ-サラム理論では，相互作用項（**湯川**項として知られる）は物質場をヒッグス場と結合させる項として導入される．湯川結合定数 G_e はヒッグス場と電子-レプトン場の間に働く相互作用の強さを定義する．相互作用ラグランジアンは

$$\mathcal{L}_{\text{int}} = -G_e(\bar{\Psi}_L\varphi\Psi_R + \bar{\Psi}_R\varphi^\dagger\Psi_L) \tag{10.31}$$

である．

さて，各項を見てみよう．

$$\bar{\Psi}_L\varphi = \begin{pmatrix}\bar{\nu}_e & \bar{e}_L\end{pmatrix}\begin{pmatrix}\varphi^A \\ \varphi^B\end{pmatrix} = \bar{\nu}_e\varphi^A + \bar{e}_L\varphi^B$$

である．ここで，式 (10.26) の形のヒッグス場になるようにゲージを選ぶと，ニュートリノ項は落ちる．これが肝心な手順である．この結果，

$$\bar{\Psi}_L\varphi = \begin{pmatrix}\bar{\nu}_e & \bar{e}_L\end{pmatrix}\begin{pmatrix}\varphi^A \\ \varphi^B\end{pmatrix} = \bar{\nu}_e\varphi^A + \bar{e}_L\varphi^B = \bar{e}_L\left(\varphi_0 + \frac{h(x)}{\sqrt{2}}\right)$$

が得られる．ここで，$\Psi_R = \begin{pmatrix}0 \\ e_R\end{pmatrix}$ を使うと，

$$\bar{\Psi}_L\varphi\Psi_R = \bar{e}_L\left(\varphi_0 + \frac{h(x)}{\sqrt{2}}\right)e_R \tag{10.32}$$

が得られる．次に式 (10.31) の第 2 項は

$$\begin{aligned}\bar{\Psi}_R\varphi^\dagger\Psi_L &= \begin{pmatrix}0 & \bar{e}_R\end{pmatrix}\begin{pmatrix}0 & \varphi_0+\dfrac{h(x)}{\sqrt{2}}\end{pmatrix}\begin{pmatrix}\nu_e\\ e_L\end{pmatrix}\\ &= \begin{pmatrix}0 & \bar{e}_R\end{pmatrix}\left(\varphi_0+\frac{h(x)}{\sqrt{2}}\right)e_L\\ &= \bar{e}_R\left(\varphi_0+\frac{h(x)}{\sqrt{2}}\right)e_L\end{aligned}$$

となる．ここで再びニュートリノ項が落ちる．これらの結果を使うと，相互作用ラグランジアンは，

$$\begin{aligned}\mathcal{L}_{\mathrm{int}} &= -G_e(\bar{\Psi}_L\varphi\Psi_R+\bar{\Psi}_R\varphi^\dagger\Psi_L)\\ &= -G_e\left[\bar{e}_L\left(\varphi_0+\frac{h(x)}{\sqrt{2}}\right)e_R+\bar{e}_R\left(\varphi_0+\frac{h(x)}{\sqrt{2}}\right)e_L\right]\\ &= -G_e\varphi_0(\bar{e}_Le_R+\bar{e}_Re_L)-G_e\frac{h(x)}{\sqrt{2}}(\bar{e}_Le_R+\bar{e}_Re_L)\end{aligned}$$

となる．質量を探すと，まず，第 2 項は除外される．何故ならラグランジアンの質量項は全体でスカラー（ただの数）が掛けられたものでなくてはならず，第 2 項は時空に依存するヒッグス場 $h(x)$ が掛けられているからである．したがってこのラグランジアンの質量項は

$$\mathcal{L}_{\mathrm{mass}} = -G_e\varphi_0(\bar{e}_Le_R+\bar{e}_Re_L) \tag{10.33}$$

となる．式 (10.30) と比較することにより，電子の質量は

$$m = G_e\varphi_0 \tag{10.34}$$

となる．

結論としては，ヒッグス場と電子場の相互作用はニュートリノを質量ゼロに保ち，電子に式 (10.34) によって定義される質量を与える．したがって，これらが構成的な結果であるにもかかわらず，ここで説明されるように

ニュートリノが質量を持たないということは自然界を完全には反映していないように見える．以前注意したように実験事実はニュートリノは小さいがゼロではない質量を持つことを示唆している．これはこの理論が不完全であることを示唆する．

ゲージ質量

さて，いまからヒッグス機構がどのようにしてゲージボソンに質量を与えるか見てみよう．ゲージボソンはヒッグス場上の共変微分の作用を通して質量を得る．まず最初によく使われる記号法を用意しよう．場 W_μ^1 及び W_μ^2 は電荷を帯びており，次に示す物理的場として結合することができる．

$$W_\mu^+ = \frac{W_\mu^1 - iW_\mu^2}{\sqrt{2}} \tag{10.35}$$

$$W_\mu^- = \frac{W_\mu^1 + iW_\mu^2}{\sqrt{2}} \tag{10.36}$$

共変微分は

$$D_\mu = \partial_\mu + i\frac{g_B}{2}B_\mu + i\frac{g_W}{2}\vec{\tau}\cdot\vec{W}_\mu \tag{10.37}$$

によって与えられる．さて，ヒッグス場に共変微分を適用しよう．

$$D_\mu\varphi = \partial_\mu\varphi + i\frac{g_B}{2}B_\mu\varphi + i\frac{g_W}{2}\vec{\tau}\cdot\vec{W}_\mu\varphi \tag{10.38}$$

ここで

$$\begin{aligned}\vec{\tau}\cdot\vec{W}_\mu =& \tau_1 W_\mu^1 + \tau_2 W_\mu^2 + \tau_3 W_\mu^3 \\ =& \begin{pmatrix} 0 & 1 \\ 1 & 0 \end{pmatrix} W_\mu^1 + \begin{pmatrix} 0 & -i \\ i & 0 \end{pmatrix} W_\mu^2 + \begin{pmatrix} 1 & 0 \\ 0 & -1 \end{pmatrix} W_\mu^3 \\ =& \begin{pmatrix} W_\mu^3 & W_\mu^1 - iW_\mu^2 \\ W_\mu^1 + iW_\mu^2 & -W_\mu^3 \end{pmatrix}\end{aligned}$$

に注意しよう．これより，

$$
\begin{aligned}
i\frac{g_W}{2}\vec{\tau}\cdot\vec{W}_\mu\varphi =& i\frac{g_W}{2}\begin{pmatrix} W_\mu^3 & W_\mu^1 - iW_\mu^2 \\ W_\mu^1 + iW_\mu^2 & -W_\mu^3 \end{pmatrix}\begin{pmatrix} 0 \\ \varphi_0 + \frac{h(x)}{\sqrt{2}} \end{pmatrix} \\
=& i\frac{g_W}{2}\begin{pmatrix} \sqrt{2}W_\mu^+\left(\varphi_0 + \frac{h(x)}{\sqrt{2}}\right) \\ -W_\mu^3\left(\varphi_0 + \frac{h(x)}{\sqrt{2}}\right) \end{pmatrix}
\end{aligned}
$$

式 (10.38) の最初の項はヒッグス場のただの微分を与える．

$$
\partial_\mu\begin{pmatrix} 0 \\ \left(\varphi_0 + \frac{h(x)}{\sqrt{2}}\right) \end{pmatrix} = \begin{pmatrix} 0 \\ \frac{1}{\sqrt{2}}\partial_\mu h \end{pmatrix}
$$

この項は運動エネルギー項であり，ボソンの質量の生成に寄与しない．したがって，この項は特に気にする必要はない．しかし，全てを一緒にすると，

$$
\begin{aligned}
& D_\mu\varphi \\
=& \begin{pmatrix} 0 \\ \frac{1}{\sqrt{2}}\partial_\mu h \end{pmatrix} + i\frac{g_W}{2}\begin{pmatrix} \sqrt{2}W_\mu^+\left(\varphi_0 + \frac{h(x)}{\sqrt{2}}\right) \\ -W_\mu^3\left(\varphi_0 + \frac{h(x)}{\sqrt{2}}\right) \end{pmatrix} + i\frac{g_B}{2}B_\mu\begin{pmatrix} 0 \\ \varphi_0 + \frac{h(x)}{\sqrt{2}} \end{pmatrix}
\end{aligned}
$$

を得る．質量項を見つけるには，$(D_\mu\varphi)^\dagger D^\mu\varphi$ を計算して，2 次の項のみを残せばよい．いま，

$$
\begin{aligned}
& (D_\mu\varphi)^\dagger \\
=& \begin{pmatrix} 0 & \frac{1}{\sqrt{2}}\partial_\mu h \end{pmatrix} - i\frac{g_W}{2}\begin{pmatrix} \sqrt{2}W_\mu^-\left(\varphi_0 + \frac{h(x)}{\sqrt{2}}\right) & -W_\mu^3\left(\varphi_0 + \frac{h(x)}{\sqrt{2}}\right) \end{pmatrix} \\
& - i\frac{g_B}{2}B_\mu\begin{pmatrix} 0 & \varphi_0 + \frac{h(x)}{\sqrt{2}} \end{pmatrix}
\end{aligned}
$$

であるので，$(D_\mu\varphi)^\dagger D^\mu\varphi$ の最初の項は

$$
\frac{1}{2}(\partial_\mu h)^2
$$

となる． これが運動エネルギー項である．2 次の項を拾っていくと次の項は

$$
\begin{aligned}
&-i\frac{g_W}{2}\left(\sqrt{2}W_\mu^-\left(\varphi_0+\frac{h(x)}{\sqrt{2}}\right) \quad -W_\mu^3\left(\varphi_0+\frac{h(x)}{\sqrt{2}}\right)\right)i\frac{g_W}{2}\begin{pmatrix}\sqrt{2}W^{+,\mu}\left(\varphi_0+\frac{h(x)}{\sqrt{2}}\right)\\ -W^{3,\mu}\left(\varphi_0+\frac{h(x)}{\sqrt{2}}\right)\end{pmatrix}\\
&=\frac{g_W^2}{2}W_\mu^-W^{+,\mu}\left(\varphi_0+\frac{h(x)}{\sqrt{2}}\right)^2+\frac{g_W^2}{4}W_\mu^3W^{3,\mu}\left(\varphi_0+\frac{h(x)}{\sqrt{2}}\right)^2
\end{aligned}
$$

さらに 2 次の項が現れる交差項は

$$
\begin{aligned}
&-i\frac{g_W}{2}\left(\sqrt{2}W_\mu^-\left(\varphi_0+\frac{h(x)}{\sqrt{2}}\right) \quad -W_\mu^3\left(\varphi_0+\frac{h(x)}{\sqrt{2}}\right)\right)i\frac{g_B}{2}B^\mu\begin{pmatrix}0\\ \varphi_0+\frac{h(x)}{\sqrt{2}}\end{pmatrix}\\
&=-\frac{g_Wg_B}{4}W_\mu^3B^\mu\left(\varphi_0+\frac{h(x)}{\sqrt{2}}\right)^2
\end{aligned}
$$

となる．2 つ目の交差項は

$$
\begin{aligned}
&-i\frac{g_B}{2}B_\mu\left(0 \quad \varphi_0+\frac{h(x)}{\sqrt{2}}\right)i\frac{g_W}{2}\begin{pmatrix}\sqrt{2}W^{+,\mu}\left(\varphi_0+\frac{h(x)}{\sqrt{2}}\right)\\ -W^{3,\mu}\left(\varphi_0+\frac{h(x)}{\sqrt{2}}\right)\end{pmatrix}\\
&=-\frac{g_Bg_W}{4}B_\mu W^{3,\mu}\left(\varphi_0+\frac{h(x)}{\sqrt{2}}\right)^2
\end{aligned}
$$

となる．最後の関心のある 2 次の項は

$$
\begin{aligned}
&-i\frac{g_B}{2}B_\mu\left(0 \quad \varphi_0+\frac{h(x)}{\sqrt{2}}\right)i\frac{g_B}{2}B^\mu\begin{pmatrix}0\\ \varphi_0+\frac{h(x)}{\sqrt{2}}\end{pmatrix}\\
&=\frac{g_B^2}{4}B_\mu B^\mu\left(\varphi_0+\frac{h(x)}{\sqrt{2}}\right)^2
\end{aligned}
$$

となる．

前節では質量項はただの数が掛けられている項であると注意した．したがって，$h(x)$ を含むいかなる項も無視してよい．ボソン場に対しては，$m^2A_\mu A^\mu$ の形の項を探している．

これらの表式を物理場で書きたい．弱混合角を使うと，式 (10.22) を逆にして，

$$\begin{pmatrix} B_\mu \\ W_\mu^3 \end{pmatrix} = R(-\theta_W)\begin{pmatrix} A_\mu \\ Z_\mu \end{pmatrix} = \begin{pmatrix} \cos\theta_W & -\sin\theta_W \\ \sin\theta_W & \cos\theta_W \end{pmatrix}\begin{pmatrix} A_\mu \\ Z_\mu \end{pmatrix}$$

$$B_\mu = A_\mu \cos\theta_W - Z_\mu \sin\theta_W \tag{10.39}$$

$$W_\mu^3 = A_\mu \sin\theta_W + Z_\mu \cos\theta_W \tag{10.40}$$

が得られる．$\left(\varphi_0 + \dfrac{h(x)}{\sqrt{2}}\right)^2$ に含まれる主要な項，つまり，スカラー（数）になる項だけを残すと，

$$\begin{aligned}
&\frac{g_W^2}{2} W_\mu^- W^{+,\mu} \varphi_0^2 + \frac{g_W^2}{4} W_\mu^3 W^{3,\mu} \varphi_0^2 \\
=&\frac{g_W^2}{2} W_\mu^- W^{+,\mu} \varphi_0^2 \\
&+ \frac{g_W^2}{4}\left(A_\mu \sin\theta_W + Z_\mu \cos\theta_W\right)\left(A^\mu \sin\theta_W + Z^\mu \cos\theta_W\right)\varphi_0^2 \\
=&\frac{g_W^2}{2} W_\mu^- W^{+,\mu} \varphi_0^2 + \frac{g_W^2}{4}(A_\mu A^\mu \sin^2\theta_W + A_\mu Z^\mu \sin\theta_W \cos\theta_W \\
&+ Z_\mu A^\mu \sin\theta_W \cos\theta_W + Z_\mu Z^\mu \cos^2\theta_W)\varphi_0^2
\end{aligned} \tag{10.41}$$

と求まる．次の項は

$$\begin{aligned}
&-\frac{g_W g_B}{4} W_\mu^3 B^\mu \varphi_0^2 \\
=&-\frac{g_W g_B}{4}(A_\mu \sin\theta_W + Z_\mu \cos\theta_W)(A^\mu \cos\theta_W - Z^\mu \sin\theta_W)\varphi_0^2 \\
=&-\frac{g_W g_B}{4}(A_\mu A^\mu \sin\theta_W \cos\theta_W - A_\mu Z^\mu \sin^2\theta_W \\
&+ Z_\mu A^\mu \cos^2\theta_W - Z_\mu Z^\mu \sin\theta_W \cos\theta_W)\varphi_0^2
\end{aligned} \tag{10.42}$$

となる．2つ目の交差項は

$$
\begin{aligned}
&-\frac{g_B g_W}{4} B_\mu W^{3,\mu} \varphi_0^2 \\
=&-\frac{g_B g_W}{4}(A_\mu \cos\theta_W - Z_\mu \sin\theta_W)(A^\mu \sin\theta_W + Z^\mu \cos\theta_W)\varphi_0^2 \\
=&-\frac{g_B g_W}{4}(A_\mu A^\mu \sin\theta_W \cos\theta_W + A_\mu Z^\mu \cos^2\theta_W \\
&- Z_\mu A^\mu \sin^2\theta_W - Z_\mu Z^\mu \sin\theta_W \cos\theta_W)\varphi_0^2 \qquad (10.43)
\end{aligned}
$$

となる．そして最後の項は

$$
\begin{aligned}
&\frac{g_B^2}{4} B_\mu B^\mu \varphi_0^2 \\
=&\frac{g_B^2}{4}(A_\mu \cos\theta_W - Z_\mu \sin\theta_W)(A^\mu \cos\theta_W - Z^\mu \sin\theta_W)\varphi_0^2 \\
=&\frac{g_B^2}{4}(A_\mu A^\mu \cos^2\theta_W - A_\mu Z^\mu \sin\theta_W \cos\theta_W \\
&- Z_\mu A^\mu \sin\theta_W \cos\theta_W + Z_\mu Z^\mu \sin^2\theta_W)\varphi_0^2 \qquad (10.44)
\end{aligned}
$$

となる．

さて，今から式 (10.41) から式 (10.44) までを足し合わせる．我々が捜しているのは場の質量項である．したがって，$A_\mu Z^\mu$ のような混合項は無視してよい．この場たちの各組み合わせについて見てみよう．まず，$A_\mu A^\mu$ について見てみると，

$$
\begin{aligned}
&A_\mu A^\mu \left[\frac{g_B^2}{4}\cos^2\theta_W - \frac{g_B g_W}{4}\sin\theta_W \cos\theta_W \right. \\
&\left. - \frac{g_B g_W}{4}\sin\theta_W \cos\theta_W + \frac{g_W^2}{4}\sin^2\theta_W\right] \\
=&A_\mu A^\mu \left[\frac{g_B^2}{4}\cos^2\theta_W + \frac{g_W^2}{4}\sin^2\theta_W - \frac{g_B g_W}{2}\sin\theta_W \cos\theta_W\right]
\end{aligned}
$$

を得る．

混合角は 2 つの力がどのように混合するかを記述する．下の図を見ればわかるように，もし $\theta_W = 0$ だとすると，W ボソンとの純粋な結合になり，Z

ボソンとは結合しない．θ_W が 0 より大きく $90°$ より小さいときは次の図のように両方の場との結合を表す（そのためこの項を弱混合角と呼ぶ）．

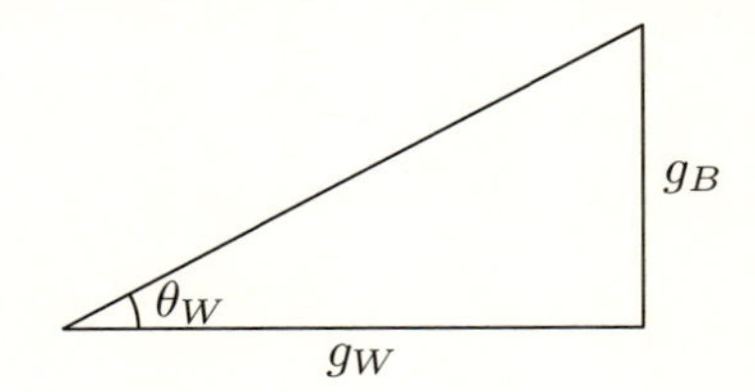

この図より，

$$\cos\theta_W = \frac{g_W}{\sqrt{g_B^2 + g_W^2}} \qquad \sin\theta_W = \frac{g_B}{\sqrt{g_B^2 + g_W^2}} \tag{10.45}$$

となるから，先ほどの項は，

$$\begin{aligned}
&A_\mu A^\mu \left[\frac{g_B^2}{4}\cos^2\theta_W + \frac{g_W^2}{4}\sin^2\theta_W - \frac{g_B g_W}{2}\sin\theta_W\cos\theta_W\right]\varphi_0^2 \\
=&A_\mu A^\mu \left[\frac{g_B^2}{4}\frac{g_W^2}{g_B^2 + g_W^2} + \frac{g_W^2}{4}\frac{g_B^2}{g_B^2 + g_W^2} - \frac{g_B g_W}{2}\frac{g_B}{\sqrt{g_B^2 + g_W^2}}\frac{g_W}{\sqrt{g_B^2 + g_W^2}}\right]\varphi_0^2 \\
=&0
\end{aligned}$$

となる．これは A_μ が質量ゼロの場であることを教えてくれる．事実これは電荷と結合するから，これが光子の場であることが分かる．一方，Z 場に対しては，

$$\begin{aligned}
&Z_\mu Z^\mu \left[\frac{g_B^2}{4}\sin^2\theta_W + \frac{g_W^2}{4}\cos^2\theta_W + \frac{g_B g_W}{2}\sin\theta_W\cos\theta_W\right]\varphi_0^2 \\
=&Z_\mu Z^\mu \left[\frac{g_B^2}{4}\frac{g_B^2}{g_B^2 + g_W^2} + \frac{g_W^2}{4}\frac{g_W^2}{g_B^2 + g_W^2} + \frac{g_B g_W}{2}\frac{g_B}{\sqrt{g_B^2 + g_W^2}}\frac{g_W}{\sqrt{g_B^2 + g_W^2}}\right]\varphi_0^2 \\
=&Z_\mu Z^\mu \left(\frac{g_B^2 + g_W^2}{4}\right)\varphi_0^2
\end{aligned}$$

を得る．したがって，Z 粒子の質量は

$$M_Z = \sqrt{\frac{g_B^2 + g_W^2}{2}}\varphi_0 \tag{10.46}$$

となる．同様の計算で $W_\mu^\pm$ の質量は

$$M_W = \frac{\varphi_0 g_W}{\sqrt{2}} \tag{10.47}$$

となることが示せる．また，M_W と M_Z の間には

$$\sin^2\theta_W = 1 - \left(\frac{M_W}{M_Z}\right)^2 \tag{10.48}$$

の関係がある[*5]．これらの質量の理論的な制限は

$$\begin{aligned} M_W &= \frac{\varphi_0 g_W}{\sqrt{2}} \approx \frac{38}{\sin\theta_W}\text{GeV} \geq 38\text{GeV} \\ M_Z &= \frac{\varphi_0 g_W}{\sqrt{2}\cos\theta_W} \approx \frac{76}{\sin\theta_W}\text{GeV} \geq 76\text{GeV} \end{aligned} \tag{10.49}$$

である．したがって，実験をすれば $M_W < M_Z$ が得られるはずであろう．測定された質量は

$$\sin^2\theta_W = 0.222 \tag{10.50}$$

を示している．これは，θ_W が大体 28.1°（これは先の図に使用した角度である）であることを教えてくれる．

この手法で質量を予測するワインバーグ-サラムモデルの能力はその発見者に対してノーベル賞を獲得させた．さらに，実験的観測がまだ捉えていないにもかかわらずヒッグス機構は標準模型に質量を加える有効な手段として物理学者たちに自信をもたらした．しかし，これを書いている時点で実質的な実験的観測においてヒッグスはいまだに捉えられていない[*6]．研究者たちは大型ハドロン衝突型加速器（LHC）が 2008 年のいつかにスイスで運用が開始されればすぐに発見されると自信を持っている．しかし，今は待って様子を見る必要があるだろう．

[*5] 訳注：したがって，$\cos\theta_W = \dfrac{M_W}{M_Z}$ の関係が成り立つから，$M_W = M_Z\cos\theta_W < M_Z$ である．

[*6] 訳注：既に何度か述べたとおり，2015 年現在，LHC にてヒッグス粒子は観測されている．

まとめ

ワインバーグ-サラムモデルはレプトンとゲージボソンを $SU(2) \otimes U(1)$ 対称性を持つ一つのラグランジアンに結合する．このラグランジアンの原型は質量ゼロの電子ニュートリノ，質量ゼロの電子及び，4 つの質量ゼロのゲージ場を含む全て質量ゼロの粒子に対するものである．ヒッグス機構を使った自発的対称性の破れが $SU(2)$ 対称性を破り，電子や弱い力を媒介するゲージボソン $W^{\pm}$ 及び Z^0 に質量を生成する．対称性の破れはまた，このモデルに光子場を導入して，電磁相互作用と弱い相互作用を一つのラグランジアンに統一する．

章末問題

1. 電弱理論ではニュートリノは
   (a) チャージを持たない．
   (b) $I_{3\nu} = +\frac{1}{2}, Y_\nu = -1, Q_\nu = 0$ である．
   (c) $I_{3\nu} = 0, Y_\nu = -2, Q_\nu = -1$ である．
   (d) $I_{3\nu} = -\frac{1}{2}, Y_\nu = -1, Q_\nu = -1$ である．
2. 電弱理論では左巻きスピノルの電子のチャージは
   (a) $I_{3e_L} = -\frac{1}{2}, Y_{e_L} = -1, Q_{e_L} = -1$ である．
   (b) $I_{3e_L} = +\frac{1}{2}, Y_{e_L} = -1, Q_{e_L} = -1$ である．
   (c) $I_{3e_L} = 0, Y_{e_L} = -2, Q_{e_L} = -1$ である．
   (d) $I_{3e_L} = +\frac{1}{2}, Y_{e_L} = -1, Q_{e_L} = +1$ である．
3. ゲージ場 B_μ の導入は微分演算子を
   (a) $\partial_\mu \to \partial_\mu - ig_B \frac{Y}{2} B_\mu$ に変更することを強制する．
   (b) $\partial_\mu \to \partial_\mu + ig_B \frac{\vec{\tau}}{2} \cdot \vec{B}_\mu$ に変更することを強制する．
   (c) 変更しない．

(d) $\partial_\mu \to \partial_\mu + ig_B \frac{Y}{2} B_\mu$ に変更することを強制する.

4. 弱い相互作用において，$U(1)$ 変換の下での不変性は，
   (a) スーパーチャージ S_Y に関連する.
   (b) ハイパーチャージ Y に関連する.
   (c) 弱アイソスピンチャージ I に関連する
   (d) 弱アイソスピンチャージから弱ハイパーチャージ Y への結合に関連する.
5. 弱相互作用 $SU(2)$ 変換の下で，左巻き場は
   (a) $\Psi_L \to \Psi'_L = e^{-i(\vec{\tau}\cdot\vec{\alpha})/2}\Psi_L = \Psi_L$ のように変換する.
   (b) $\Psi_L \to \Psi'_L = e^{-i(\vec{\tau}\cdot\vec{\alpha})/2}\Psi_L$ のように変換する.
   (c) $\Psi_L \to \Psi_R$ のように変換する.
   (d) $SU(2)L$ 変換は弱理論において，存在しない.
6. ワインバーグ角は
   (a) 弱い媒介された衝突を受けているレプトンの間の散乱する角度を記述する.
   (b) 弱ハイパーチャージと弱アイソスピンチャージの比率を記述する.
   (c) 弱理論のゲージ場に関連する結合定数同士の混合に関係する.
   (d) 弱アイソスピンチャージと弱ハイパーチャージの比率を記述する.
7. W 粒子と Z 粒子の質量は
   (a) $M_Z = \frac{M_W}{\cos\theta_W}$ という関係がある.
   (b) $M_Z = \frac{M_W}{\sin\theta_W}$ という関係がある.
   (c) 直接関係性は表せない.
   (d) $M_Z = \frac{M_W}{\tan\theta_W}$ という関係がある.
8. もし電子の標準電荷を実験で測定された q として定義すると，電弱理論で予測される電子の電荷は
   (a) 電荷 q と等しいかそれより大きい.
   (b) 電荷 q と等しい.

（c）電荷はこの理論からは予測できない.

Chapter 11 経路積分

弦理論のような高度な分野において有効な場の量子論の一つの手法が，経路積分として知られている手法である．経路積分は実のところ，一つの状態から別の状態へ量子遷移する振幅を計算する手法である．ここでの扱いは，とても簡潔で入門的である．詳細はローウェル・ブラウン（Lowell Brown）による教科書，『**Quantum Field Theory**』などを読むと良い．

ガウス積分

経路積分を含むほとんどの計算は**ガウス積分**として知られる単純な形に要約されることが分かる．したがって，経路積分に直接飛ぶ前に，ここではまずガウス積分とは何か，それがどのように計算されるのかをまとめてみよう．

もっとも単純なガウス積分はガウス関数 e^{-x^2} の 1 次元空間全体に渡る積分である．この関数の原点付近の概形は図 11.1 に示した[*1]．

[*1] 訳注：ただし，図 11.1 は縦に 3 倍伸ばしてある．以後この章の図は適宜縦横比を調節するものとする．

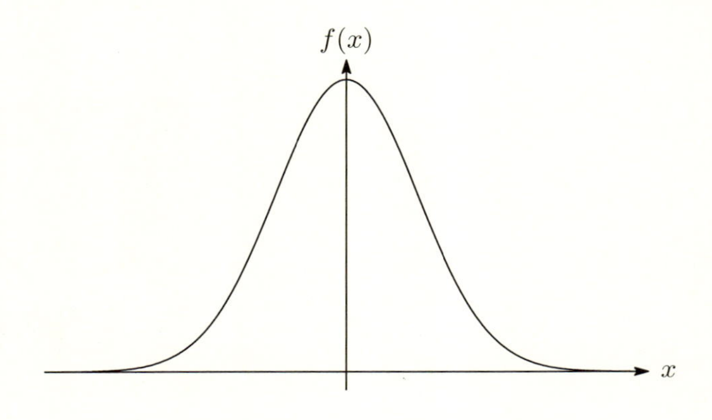

図 11.1　$f(x) = e^{-x^2}$ の概形.

この結果，積分は小さな有限の値に収束することが予想される．期待に反して，積分

$$I = \int_{-\infty}^{\infty} e^{-x^2} dx$$

を計算する初等的な方法はない.

この積分を計算するにはトリックを使う必要がある．その動機は次のようなものである．この積分は実軸上では評価できない．しかし，x^2 項を見ると，極座標を使った平面で上手くいくかどうか試したくなるだろう．まず，この積分の 2 乗をとる．ここで，x はそれが積分の中に現れるとき，それはダミー変数だから，別の文字に置き換えてもよい．そして，のちに極座標を使うためにここでは片方の積分を y で置き換えよう．したがって，

$$I^2 = \int_{-\infty}^{\infty} e^{-x^2} dx \int_{-\infty}^{\infty} e^{-y^2} dy = \int_{-\infty}^{\infty} \int_{-\infty}^{\infty} e^{-(x^2+y^2)} dx dy$$

を得る．次にこれを極座標に変形しよう．極座標変換を思い出すと，

$$x = r \cos\theta$$
$$y = r \sin\theta$$

だから,

$$x^2 + y^2 = r^2 \cos^2 \theta + r^2 \sin^2 \theta = r^2$$

となる．極座標変換を行うと，面要素は

$$dxdy \to rdrd\theta$$

に変化する．これは

$$I^2 = \int_{-\infty}^{\infty} \int_{-\infty}^{\infty} e^{-(x^2+y^2)} dxdy = \int_0^{2\pi} d\theta \int_0^{\infty} e^{-r^2} rdr$$

を導き，こうして指数項を処理できる形が得られた．r に関する積分は基本的な代入 $u = r^2$ を使うことで処理できる．

$$\int_0^{\infty} e^{-r^2} rdr = \frac{1}{2} \int_0^{\infty} e^{-u} du = \frac{1}{2}$$

したがって,

$$I^2 = \int_0^{2\pi} d\theta \int_0^{\infty} e^{-r^2} rdr = \frac{1}{2} \int_0^{2\pi} d\theta = \frac{1}{2} 2\pi = \pi$$

が成り立つ．この両辺の平方根をとると,

$$I = \int_{-\infty}^{\infty} e^{-x^2} dx = \sqrt{\pi} \tag{11.1}$$

という結果が得られる．式 (11.1) に現れる積分はより複雑な状況に拡張できる．始めは定数 a を掛けたものを考えよう．

$$I' = \int_{-\infty}^{\infty} e^{-ax^2} dx$$

式 (11.1) の結果を知っていることより，これは変数の代入によって求めることができる．$y = \sqrt{a}x$ と置くと,

$$I' = \frac{1}{\sqrt{a}} \int_{-\infty}^{\infty} e^{-y^2} dy = \sqrt{\frac{\pi}{a}} \tag{11.2}$$

と求まる．次のガウス積分の基本形 (11.1) の拡張は x の冪の項を加えることである．例えば，

$$I = \int_{-\infty}^{\infty} x^n e^{-ax^2} dx$$

である．n が奇数のとき，これが 0 であることは簡単に分かる．$n = 1$ としよう．図 11.2 の $f(x) = xe^{-x^2}$ の概形はこの関数が奇関数であることを示す．したがって実軸全体で積分することより，この積分は 0 にならなければならない．$(-\infty, 0)$ に渡る積分は丁度 $(0, \infty)$ に渡る積分を打ち消す．

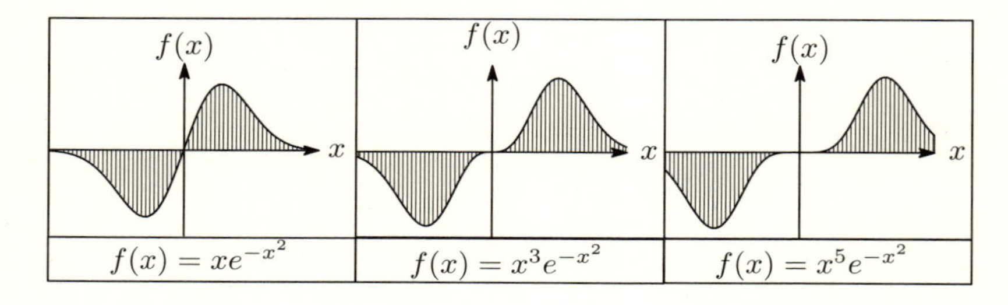

図 11.2　最初のいくつかの奇数冪の掛かった指数関数の概形．これら全ての積分が明らかに 0 になる．

結局，

$$I = \int_{-\infty}^{\infty} x^n e^{-ax^2} dx = 0 \text{（任意の奇数 } n \text{ に対して）} \tag{11.3}$$

が成り立つ．

n が偶数冪のときの結果を得るには，もう少しトリックを使う必要がある．式 (11.2) から始めよう．この式の両辺を a について微分すると，左辺は，

$$\frac{d}{da} \int_{-\infty}^{\infty} e^{-ax^2} dx = -\int_{-\infty}^{\infty} x^2 e^{-ax^2} dx$$

となる．右辺は，

$$\frac{d}{da} \sqrt{\frac{\pi}{a}} = -\frac{\sqrt{\pi}}{2a^{3/2}}$$

となる．この 2 つを等号で結ぶと

$$\int_{-\infty}^{\infty} x^2 e^{-ax^2} dx = \frac{\sqrt{\pi}}{2a^{3/2}}$$

と求まる．いくつかの偶数冪の掛かった指数関数は図 11.3 に示す．

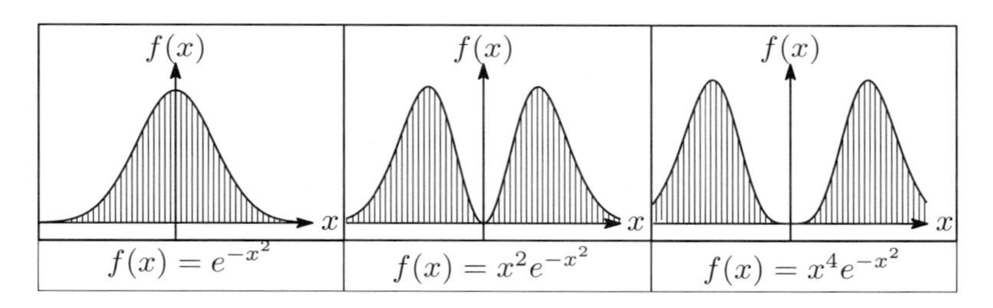

図 11.3　最初のいくつかの偶数冪の掛かった指数関数の概形．これらの積分を計算するには適当な調整が必要である．

この反復過程は幾らでも続けて結果を得ることができる．すると，ある一般の偶数 n に対して，

$$\int_{-\infty}^{\infty} x^n e^{-ax^2} dx = \frac{1 \cdot 3 \cdot 5 \cdots (n-1)\sqrt{\pi}}{2^{n/2} a^{(n+1)/2}} \tag{11.4}$$

が成り立つ．このガウス積分に新しい項を導入するゲームはまだ続けることができる．一つの重要なガウス積分が

$$\int_{-\infty}^{\infty} e^{-ax^2+bx} dx$$

である．この積分は平方完成することによって式 (11.1) の一つの形に変形できる．

$$-ax^2 + bx = -a\left(x^2 - \frac{b}{a}x\right) = -a\left(x - \frac{b}{2a}\right)^2 + \frac{b^2}{4a}$$

これより，

$$
\begin{aligned}
\int_{-\infty}^{\infty} e^{-ax^2+bx}dx =& \int_{-\infty}^{\infty} e^{-a\left(x-\frac{b}{2a}\right)^2+\frac{b^2}{4a}}dx \\
=& e^{\frac{b^2}{4a}}\int_{-\infty}^{\infty} e^{-a\left(x-\frac{b}{2a}\right)^2}dx \\
=& e^{\frac{b^2}{4a}}\sqrt{\frac{\pi}{a}}
\end{aligned}
\tag{11.5}
$$

が得られる．n 次元ではガウス積分は

$$
\int e^{-x^TAx}d^nx
$$

という形をとる．ここで，A は $n\times n$ 行列で，x は n 次元縦ベクトルである．また，$d^nx = dx_1dx_2\dots dx_n$ である．2 次元の場合を考えてみよう．この場合

$$
A = \begin{pmatrix} a & b \\ b & c \end{pmatrix} \qquad x = \begin{pmatrix} x \\ y \end{pmatrix}
$$

となる．指数関数の定義式は，スカラーに短縮される．

$$
x^TAx = (x,y)\begin{pmatrix} a & b \\ b & c \end{pmatrix}\begin{pmatrix} x \\ y \end{pmatrix} = x(ax+by)+y(bx+cy)
$$

すると，

$$
\begin{aligned}
\int e^{-x^TAx}d^nx =& \int_{-\infty}^{\infty}\int_{-\infty}^{\infty} e^{-(ax^2+2bxy+cy^2)}dxdy \\
=& \int_{-\infty}^{\infty}\int_{-\infty}^{\infty} e^{-a\left(x+\frac{by}{a}\right)^2-\left(\frac{ac-b^2}{a}\right)y^2}dxdy \\
=& \sqrt{\frac{\pi}{a}}\int_{-\infty}^{\infty} e^{-\left(\frac{ac-b^2}{a}\right)y^2}dy \\
=& \frac{\pi}{\sqrt{ac-b^2}}
\end{aligned}
$$

が得られる．しかし，$ac-b^2$ は行列 A の行列式である．一般に

$$
\int e^{-x^TAx}d^nx = \frac{\pi^{n/2}}{\sqrt{\mathrm{detA}}}
\tag{11.6}
$$

と書くことができる．これは，次のように拡張できる*2.

$$\int e^{-\frac{1}{2}x^TAx+J^Tx}d^nx=\frac{(2\pi)^{n/2}}{\sqrt{\det A}}e^{\frac{1}{2}J^TA^{-1}J} \tag{11.7}$$

$$\int e^{-\frac{1}{2}x^TAx+iJ^Tx}d^nx=\frac{(2\pi i)^{n/2}}{\sqrt{\det A}}e^{-i\frac{1}{2}J^TA^{-1}J} \tag{11.8}$$

経路積分の基礎

さて，いくつかのガウス積分についてどうやるかわかったので，経路積分を実行する準備ができた．ここでの発展はジー（Zee）とハットフィールド（Hatfield）による明快な解説に従うが，それは多くの場の量子論の教科書に見つけることができる．基本的なトリックは，問題をリーマン和に単純化することである．

経路積分はある状態 $|i\rangle$ から状態 $|f\rangle$ への全ての可能な経路に関する系の状態の振幅を足し合わせることによって $|i\rangle$ から始まり，$|f\rangle$ で終わる系の振幅を計算する方法である．具体例として，経路積分は点 x_0 から点 x_N への粒子の経路の振幅を考えることによって構成される．もし，系の力学がハミルトニアン H によって記述されるとすると，問題の振幅は

$$\langle x_N|e^{-i\hat{H}t}|x_0\rangle \tag{11.9}$$

---

*2 訳注：

$$-\frac{1}{2}x^TAx+J^Tx=-\frac{1}{2}(A^{\frac{1}{2}}x-A^{-\frac{1}{2}}J)^T(A^{\frac{1}{2}}x-A^{-\frac{1}{2}}J)+\frac{1}{2}J^TA^{-1}J$$

であるので，$y=A^{\frac{1}{2}}x-A^{-\frac{1}{2}}J$ と置くと $d^ny=\det A^{\frac{1}{2}}d^nx$ となることより，

$$\begin{aligned}\int e^{-\frac{1}{2}x^TAx+J^Tx}d^nx&=\int e^{-\frac{1}{2}y^Ty+\frac{1}{2}J^TA^{-1}J}\det A^{-\frac{1}{2}}d^ny\\&=\frac{e^{\frac{1}{2}J^TA^{-1}J}}{\sqrt{\det A}}\int e^{-\frac{1}{2}y_1^2-\cdots-\frac{1}{2}y_n^2}d^ny=\frac{(2\pi)^{n/2}}{\sqrt{\det A}}e^{\frac{1}{2}J^TA^{-1}J}\end{aligned}$$

が得られる．

となる．

もっとも単純な場合である質量 m の自由粒子のハミルトニアン

$$\hat{H} = \frac{\hat{p}^2}{2m}$$

を考えよう．x_0 から x_N への全ての可能な経路を考えるために式 (11.9) の振幅を書き換えると，まず経路を細かい小片に分割し，次に極限をとる過程を使う．時間間隔を N 個の等しい空きの間隔 Δt に分けることから始める．

$$\Delta t = \frac{t}{N} \tag{11.10}$$

すると，

$$\begin{aligned} e^{-i\hat{H}t} =& e^{-i\hat{H}(N\Delta t)} \\ =& e^{-i\hat{H}(\Delta t + \Delta t + \cdot + \Delta t)} \\ =& e^{-i\hat{H}\Delta t}e^{-i\hat{H}\Delta t}e^{-i\hat{H}\Delta t} \cdots e^{-i\hat{H}\Delta t} \end{aligned}$$

となる．したがって，振幅は

$$\langle x_N|e^{-i\hat{H}t}|x_0\rangle = \langle x_N|e^{-i\hat{H}\Delta t}e^{-i\hat{H}\Delta t}e^{-i\hat{H}\Delta t} \cdots e^{-i\hat{H}\Delta t}|x_0\rangle$$

と書き換えることができる．

さて，ここで位置固有状態が状態の完全集合を形成するという事実を使う．すなわち，

$$\int dx|x\rangle\langle x| = I \tag{11.11}$$

の関係式を使う．我々は間隔を N 個の部分に分解すると各小片は状態の完全集合を構成するようになる．すなわち，

$$\int dx_j|x_j\rangle\langle x_j| = I$$

が成り立つ．ここで，指数因子の間にこれらを取り出すと，

$$
\begin{aligned}
&\langle x_N|e^{-i\hat{H}t}|x_0\rangle \\
=&\langle x_N|e^{-i\hat{H}\Delta t}e^{-i\hat{H}\Delta t}e^{-i\hat{H}\Delta t}\cdots e^{-i\hat{H}\Delta t}|x_0\rangle \\
=&\langle x_N|e^{-i\hat{H}\Delta t}Ie^{-i\hat{H}\Delta t}Ie^{-i\hat{H}\Delta t}I\cdots Ie^{-i\hat{H}\Delta t}|x_0\rangle \\
=&\langle x_N|e^{-i\hat{H}\Delta t}\int dx_{N-1}|x_{N-1}\rangle\langle x_{N-1}|e^{-i\hat{H}\Delta t}\int dx_{N-2}|x_{N-2}\rangle \\
&\times\cdots\langle x_2|e^{-i\hat{H}\Delta t}\int dx_1|x_1\rangle\langle x_1|e^{-i\hat{H}\Delta t}|x_0\rangle
\end{aligned}
$$

を与える．この表式は，次のように積としてよりコンパクトに書くことができる．

$$
\begin{aligned}
&\langle x_N|e^{-i\hat{H}t}|x_0\rangle \\
&=\prod_{j=1}^{N-1}\int dx_j\langle x_N|e^{-i\hat{H}\Delta t}|x_{N-1}\rangle\langle x_{N-1}|e^{-i\hat{H}\Delta t}|x_{N-2}\rangle \\
&\cdots\langle x_2|e^{-i\hat{H}\Delta t}|x_1\rangle\langle x_1|e^{-i\hat{H}\Delta t}|x_0\rangle
\end{aligned}
$$

いま，この状況は多分望みが薄いように見えるだろう．しかし，これは各独立項を前節で学んだガウス積分に持ちこむことによって計算することができる．これを行うには更なる複雑化が必要である．ここでは，運動量固有状態が完全集合を構成することを思い出すことから始めよう．

$$\frac{1}{2\pi}\int dp|p\rangle\langle p|=I \tag{11.12}$$

ここで，

$$\langle x|p\rangle=e^{ipx}\qquad\langle p|x\rangle=e^{-ipx} \tag{11.13}$$

であることに注意する．そして，自由粒子に対しては

$$
\begin{aligned}
&\hat{H}|p\rangle=\frac{\hat{p}^2}{2m}|p\rangle=\frac{p^2}{2m} \\
&\Rightarrow e^{-i\hat{H}\Delta t}|p\rangle=e^{-i\frac{p^2}{2m}\Delta t}|p\rangle
\end{aligned}
$$

である*3．すると，すぐに積分できる $\langle x_j|e^{-i\hat{H}\Delta t}|x_{j-1}\rangle$ のような表式を得ることができる．

$$\begin{aligned}\langle x_j|e^{-i\hat{H}\Delta t}|x_{j-1}\rangle =&\langle x_j|e^{-i\hat{H}\Delta t}\left(\frac{1}{2\pi}\int dp|p\rangle\langle p|\right)|x_{j-1}\rangle\\=&\frac{1}{2\pi}\langle x_j|\int dp\left(e^{-i\hat{H}\Delta t}|p\rangle\right)\langle p|x_{j-1}\rangle\\=&\frac{1}{2\pi}\langle x_j|\int dp\left(e^{-i\hat{H}\Delta t}|p\rangle\right)e^{-ipx_{j-1}}\\=&\frac{1}{2\pi}\langle x_j|\int dp\left(e^{-i\frac{p^2}{2m}\Delta t}|p\rangle\right)e^{-ipx_{j-1}}\\=&\frac{1}{2\pi}\int dp\left(e^{-i\frac{p^2}{2m}\Delta t}\langle x_j|p\rangle\right)e^{-ipx_{j-1}}\\=&\frac{1}{2\pi}\int dpe^{-i\frac{p^2}{2m}\Delta t}e^{ip(x_j-x_{j-1})}\end{aligned}$$

この積分は式 (11.5) 以外の何物でもない．

$$a=\frac{i}{m}\Delta t \qquad b=i(x_j-x_{j-1})$$

ととると，

$$\begin{aligned}\langle x_j|e^{-i\hat{H}\Delta t}|x_{j-1}\rangle =&\frac{1}{2\pi}\int dpe^{-ip^2/2m\Delta t}e^{ip(x_j-x_{j-1})}\\=&\frac{1}{2\pi}\left(-i\frac{2\pi m}{\Delta t}\right)^{1/2}e^{i(x_j-x_{j-1})^2\frac{m}{2\Delta t}}\end{aligned}$$

を得る．

元の積の各項に対し，この表式を使うことは次のようなコンパクトな表式を書くことを許す：

$$\langle x_N|e^{-i\hat{H}t}|x_0\rangle=\left(-i\frac{m}{2\pi\Delta t}\right)^{\frac{N}{2}}\prod_{j=1}^{N-1}\int dx_j e^{\sum_{j=1}^{N}\frac{im\Delta t}{2}\left[\frac{x_j-x_{j-1}}{\Delta t}\right]^2} \quad (11.14)$$

*3 訳注：演算子が肩に乗った指数関数の定義が演算子の冪級数で表されることを考えれば，この関係式が導かれることが分かる．

さて，ここで $\Delta t \to 0$ とする．極限において，項 $\frac{x_j - x_{j-1}}{\Delta t}$ は単に微分

$$\lim_{\Delta t \to 0} \frac{x_j - x_{j-1}}{\Delta t} = \frac{dx}{dt} = \dot{x}$$

になる．また和は $\sum_{j=1}^{N} \Delta t \to \int_0^t dt'$ になる．したがって式 (11.14) は

$$\langle x_N | e^{-i\hat{H}t} | x_0 \rangle = \lim_{N \to \infty} \left(-i \frac{m}{2\pi \Delta t} \right)^{\frac{N}{2}} \prod_{j=1}^{N-1} \int dx_j e^{i \int_0^t dt' \frac{m}{2} \dot{x}^2}$$

となる．すると経路積分の測度は

$$Dx = \lim_{N \to \infty} \prod_{j=1}^{N-1} \int dx_j \left(-i \frac{m}{2\pi \Delta t} \right)^{\frac{N}{2}} \tag{11.15}$$

となる．ここで $\Delta t = \frac{t}{N}$ である．これより経路積分は次のようなコンパクトな表式で書くことができる．

$$\langle x_N | e^{-i\hat{H}t} | x_0 \rangle = \int Dx e^{i \int_0^t dt' \frac{m}{2} \dot{x}^2} \tag{11.16}$$

これは x_0 から x_N の経路をとる粒子の振幅が作用 S の指数に比例することを教えてくれる．ここで，

$$S = \int L dt$$

と表されることを思いだそう．

この例では，自由粒子を考えた．したがって，$L = \frac{1}{2} m \dot{x}^2$ である．これは量子論を古典力学に結び付ける素晴らしい結果である．我々はラグランジアン L を持つ系の一般的振幅を

$$\langle F | e^{-i\hat{H}t} | I \rangle = \int Dx e^{i \int_0^t dt' L(q, \dot{q})} \tag{11.17}$$

として書くことができる．ここで，$|I\rangle$ と $|F\rangle$ は系の始状態及び終状態である．場の量子論では，経路積分を使って状態 $\varphi_1(t_1)$ から状態 $\varphi_2(t_2)$ への遷移の振幅を計算することができる．

$$\begin{aligned}\langle\varphi_2(t_2)|\varphi_1(t_1)\rangle =&\langle\varphi_2|e^{-i\hat{H}(t_2-t_1)}|\varphi_1\rangle\\ =&\int_{\varphi_1}^{\varphi_2} D\varphi\exp\left(i\int \mathcal{L}d^4x\right)\end{aligned}\tag{11.18}$$

例えば，$\varphi_1=\varphi_2=\varphi_0$ を基底状態と置くと，経路積分の手法を使って真空のエネルギーを計算できる．外部源 $J(x)$ が存在するとき，経路積分は

$$\langle\varphi_2(t_2)|\varphi_1(t_1)\rangle = \int_{\varphi_1}^{\varphi_2} D\varphi\exp\left(i\int\left[\mathcal{L}+\varphi(x)J(x)\right]d^4x\right)\tag{11.19}$$

となる．よって真空から真空への期待値は

$$Z[J]=e^{iW[J]}=\langle 0|0\rangle_J=\int D\varphi\exp\left(i\int d^4x\left[\mathcal{L}+\varphi(x)J(x)\right]\right)\tag{11.20}$$

となる．

まとめ

この章では簡潔に経路積分の概念を導入した．これは 2 つの状態の間のすべての可能な経路を考えることによって 1 つの状態から別の状態へ遷移する系の振幅を計算するために使うことができる手法である．経路積分は場の真空期待値のような場の理論の任意の量を計算するために使うことができる．ガウス積分の使用は経路積分の計算で重要である．

章末問題

1. 積分 $\int_{-\infty}^{\infty}x^3e^{-x^2}$ は
   (a) $\frac{4\sqrt{\pi}}{2^{3/2}a^2}$
   (b) 0
   (c) 不定形
2. 積分 $\int_0^{\infty}x^3e^{-x^2}dx$ は

(a) 1/2

(b) 0

(c) $\int_0^\infty x^3 e^{-x^2} dx \to \infty$ 発散する

3. $x = \begin{pmatrix} x \\ y \\ z \end{pmatrix}$ 及び $A = \begin{pmatrix} 1 & 0 & 3 \\ 0 & 2 & 4 \\ 1 & 0 & 2 \end{pmatrix}$ のとき，$\int e^{-x^T Ax} d^n x$ を計算せよ．

(a) $i\frac{\pi^{3/2}}{\sqrt{2}}$

(b) $\frac{\pi^{3/2}}{\sqrt{2}}$

(c) 0

4. 経路積分はしばしばガウス形を含む．なぜなら，

(a) 経路積分はエネルギー積分の 2 乗であるからである．

(b) 経路積分はガウス形を含まない．

(c) 経路積分は運動量の 2 次従属項を持つラグランジアンを含む．

5. 量子力学的経路積分と古典力学の関係は

(a) 関係性はない．

(b) 経路積分は作用 S の指数を含む．

(c) 作用 S は明示的計算によって経路積分から取り戻す．

(d) 指数の引数の 2 乗は作用を与える．

6. 源を持つ真空から真空の振幅は

(a) $Z[J] = e^{iW[J]} = \langle 0|0\rangle_J = \int D\varphi \exp\left[\int d^4x(\mathcal{L} + \varphi^2(x)J^2(x))\right]$.

(b) $Z[J] = e^{iW[J]} = \langle 0|0\rangle_J = \int D\varphi \exp\left[\int d^4x(\mathcal{L} - \varphi(x)J(x))\right]$.

(c) $Z[J] = e^{iW[J]} = \langle 0|0\rangle_J = \int D\varphi \exp\left[\int d^4x(\mathcal{L} + J(x))\right]$.

(d) $Z[J] = e^{iW[J]} = \langle 0|0\rangle_J = \int D\varphi \exp\left[\int d^4x(\mathcal{L} + \varphi(x)J(x))\right]$.

Chapter 12 超対称性

素粒子物理学の理論の近年の発展は弦理論に先立って超対称性（SUSY）の名の下で 1970 年代に現れた．これはフェルミオンとボソンを関係させるあるいはそれらを混合（合体）する対称性である．フェルミオンは半整数スピンを持つ粒子で，ボソンは整数スピンを持つ粒子である．超対称性のアイデアは全てのフェルミオンに対して対応するボソンが存在するとするものである．力を伝える，あるいは媒介するボソンはスピン 0 かスピン 1 を持つと知られている．したがってクォークや電子などに対応するスピン 1/2 粒子に対し，スピン 0 またはスピン 1 の粒子の対応する粒子（セレクトロン及びスクォークと呼ぶ）が存在するということが確かめたいことである．また，各スピン 0 またはスピン 1 粒子に対応して，半整数スピンの粒子が存在すると考えられる．提唱されている粒子は例えば光子，W 粒子，グルーオンに対応する奇妙な名前を持つ粒子，**フォティーノ**，**ウィーノ**，**グルイーノ**である．懸命な実験にもかかわらず，これを書いている時点で超対称性の実験的証拠は見つかっていない．しかし，2008 年のいつかに大型ハドロン衝突型加速器（LHC）が運用を開始すれば，超対称性の実験的事実が見つかるか，あるいは超対称性は効果的に除外され，それは数学の練習問題または科学史上の産物になると期待されている．

この章ではこの分野の非常に大雑把な導入を提供する．興味のある読者はより進んだ物理の教科書か出版物に目を通してこの理論をより詳しく学ぶことを推奨したい．

超対称性の基本的な概要

導入部で述べたとおり，超対称性は各フェルミオンに対し，ボソンが存在し，またその逆も成り立つと提唱するものである．したがって，**超対称性はボソンとフェルミオンの間に対称性が存在し，自然界は同じ数のフェルミオン状態とボソン状態が存在すると主張するものである**と考えることができる．理想的にはそれらは同じ質量を持つと考えられる．したがって電子と同じ質量を持ち，かつ電子（エレクトロン）のようにスピン 1/2 でなく全て整数スピンをもつボソン的なセレクトロンが存在すると考えられる．明らかに，そのような粒子は確認されていない．これはもし超対称性が現実でセレクトロンが存在するなら，セレクトロンの質量は通常の電子より，ずっと重いか，未知の機構で覆い隠されているに違いないということである．これは何故，セレクトロンがいまだに観測されていないのかを暗示する．つまり，セレクトロンを観測するにはより大きな粒子加速器によってセレクトロンを生成するのに必要なより大きなエネルギーを達成する必要があると考えられる．自然界でそれらの質量が実際異なることより，超対称性は破れていなければならない．

超対称性は観測されていないにもかかわらず，何故それはそれだけの注目を集めているのか？　それは超対称性が素粒子物理学の数多くの未解決の “謎” を解決するからである．一つの目立った重要な問題が**階層性問題（Hierarchy problem）**と呼ばれるものである．m_h で表されるヒッグスボソンの質量は物理学者が**プランク質量**と呼ぶ基本的な量よりはるかに小さいと考えられている．プランク質量は基本定数より計算される．

$$m_p = \sqrt{\frac{\hbar c}{G}} \approx 10^{19}\mathrm{GeV/c^2} \tag{12.1}$$

これは，驚くほど大きい $22\mu g$ である[1]．現時点では

$$m_h \ll m_p \tag{12.2}$$

であると考えられている．

場の量子論ではヒッグス質量がその質量を発散させる 2 次補正項が存在する．そのためヒッグスボソンの質量の自然な値はとても大きいと考えられる．すなわち，それはプランク質量のオーダーを持つと期待される．これは m_h で表されるヒッグス質量の実験的観測値として期待されるものよりはるかに大きい．これが階層性問題である．標準理論がヒッグスボソンの質量として可能な限り大きいものを要求するにもかかわらず，これは観測事実に反する（あるいは少なくとも観測されると期待される値に反する）．何故，ヒッグス質量はその自然な値よりはるかに小さいのか？　超対称性はヒッグス質量の補正を廃止して，より実験的に観測されると期待されるような値のヒッグス質量に近づけることが分かる．

超対称性が有効であると期待される別の理由もある．そのうちの一つが，**ゲージ統一問題**と呼ばれるものである．標準模型の結合定数たちはあるエネルギー以上で統一（同じ強さになる）されると考えられている．場の量子論の標準模型を使うと，これは全く上手くいかない．しかし，超対称性はこの問題を解決し，異なる相互作用の結合定数のエネルギーが単一の値に収束する．

スーパーチャージ

スーパーチャージ演算子 Q を確かめてみることによって超対称性の基本を理解することができる．スーパーチャージ演算子はフェルミオンをボソンに，ボソンをフェルミオンに変換するように作用する．とりあえず，フェルミオン状態を $|F\rangle$，ボソン状態を $|B\rangle$ で表すことにしよう．すると，スー

[1] 原著者注：大きさ，0.1mm の SiO_2 砂の小さな粒の重さが $2.6\mu g$ である．

パーチャージの作用は次のようになる：

$$Q|F\rangle = |B\rangle \tag{12.3}$$
$$Q|B\rangle = |F\rangle \tag{12.4}$$

理論に現れるスーパーチャージの個数がその理論を特徴付ける．もし単一のスーパーチャージのみが存在するなら，$N = 1$ 超対称性が存在するという．もし，2つのスーパーチャージが存在するなら，$N = 2$ 超対称性が存在する．もし，3つのスーパーチャージが存在するなら，$N = 3$ 超対称性が存在する．以下同様である．

演算子 Q 及び $Q^\dagger$ はローレンツ変換の下でスピン 1/2 演算子として変換する．P^μ を保存する4元運動量とすると，Q は反交換関係

$$\begin{aligned} \{Q, Q^\dagger\} &= P^\mu \\ \{Q, Q\} = \{Q^\dagger, Q^\dagger\} &= 0 \end{aligned} \tag{12.5}$$

を満たすスピノルである．演算子 Q 及び $Q^\dagger$ は4元運動量 P^μ と交換する．

$$[Q, P^\mu] = [Q^\dagger, P^\mu] = 0 \tag{12.6}$$

与えられた型のフェルミオン及びボソン状態をそれぞれ $|\Psi_F\rangle$ 及び $|\Psi_B\rangle$ によって定義しよう．例えば，考えている粒子が電子だとすると，$|\Psi_F\rangle$ は電子状態を表すのに対し，$|\Psi_B\rangle$ はその超対称性パートナーのセレクトロン状態である．それらは一方から他方へ

$$\begin{aligned} Q|\Psi_F\rangle &= |\Psi_B\rangle \\ Q|\Psi_B\rangle &= |\Psi_F\rangle \end{aligned}$$

のように変換する．

4元運動量演算子の2乗は状態の質量を与える．すなわち，

$$P^2|\Psi_F\rangle = -m_F^2|\Psi_F\rangle \tag{12.7}$$

である．Q と $Q^\dagger$ が 4 元運動量 P^μ と交換することより，$[A, BC] = [A, B]C + B[A, C]$ を使うことにより，それらが 4 元運動量の 2 乗とも交換することが分かる．これより，

$$
\begin{aligned}
&[P^2, Q] = P^2Q - QP^2 = 0 \\
&\Rightarrow P^2Q = QP^2
\end{aligned}
$$

が成り立つ．この結果は，超対称性パートナーが同じ質量を持つことを示している．まず最初に，

$$P^2Q|\Psi_F\rangle = P^2|\Psi_B\rangle$$

が成り立つが，$P^2Q = QP^2$ より，

$$P^2Q|\Psi_F\rangle = QP^2|\Psi_F\rangle = -Qm_F^2|\Psi_F\rangle$$

と書くことができる．しかしここで m_F^2 は単なるスカラーだから，

$$P^2Q|\Psi_F\rangle = -Qm_F^2|\Psi_F\rangle = -m_F^2Q|\Psi_F\rangle = -m_F^2|\Psi_B\rangle$$

を得る．すると $P^2Q|\Psi_F\rangle = P^2|\Psi_B\rangle$ と一緒にすると，

$$P^2|\Psi_B\rangle = -m_F^2|\Psi_B\rangle$$

となることが分かる．

これはもし交換関係が満たされていると仮定すると，粒子と超対称性パートナー状態は同じ質量を持つことを証明している．既に述べたとおり，これは実際に自然界で見られることではない．もしそうでなければ，セレクトロンのような軽い質量の超対称性パートナーははるか以前に実験的に検出されていたことだろう．超対称性はもしそれが存在するなら自然界では破れており，超対称性パートナーははるかに重い質量を持つ．

超対称性の基本的な計画は一つかより多くのスーパーチャージを標準模型の場に付け加え，スーパーチャージに関する作用の変分をとったとき何が起

こるのかを決定することである．結果はある残った項である．そののち追加の項を付け加えて要らない項を消去する．最終的には作用は超対称性変換の下で不変性を保つようにする．

追加項は新しい場であり，既に以前述べた粒子に関連する．したがって，セレクトロンやスクォークのような各フェルミオンに対するボソン的超対称性パートナーが超対称性変換の下での不変性を保つために標準模型に追加される必要がある．不変性を保つために作用に追加されるボソン的粒子，例えばヒッグス粒子に対応する**ヒグシーノ**のようなフェルミオン的場も存在する．単一のスーパーチャージを持つ $N=1$ 超対称性の場合は**最小超対称標準模型（Minimally Supersymmetric Standard Model）**または MSSM と呼ばれる．

これから，標準模型における超対称性についてより詳しく説明する．しかし，最初に**超対称量子力学**と呼ばれるものを使って超対称性を導入するより単純な方法を見てみよう．

超対称量子力学

超対称量子力学は超対称性のいくつかのアイデアをより単純な非相対論的量子力学に適用したものである．超対称量子力学は何故超対称性が破れているのかの理解など超対称性のいくつかの問題に対する直感を養うために開発された．超対称性の破れとは知られている粒子の同じ質量の超対称性パートナーが自然界に存在しないということである．超対称量子力学では，ハミルトニアンと交換する N 個のスーパーチャージ Q_i が存在する．

$$[Q_i, H] = 0 \tag{12.8}$$

これらのスーパーチャージはそれらを H に関係させる反交換関係の組を満たす．

$$\{Q_i, Q_j\} = \delta_{ij} H \tag{12.9}$$

そして，すぐに役割が明らかになる**スーパーポテンシャル** $W(x)$ が存在する．ここでは，1 空間次元 x を持つ 2 状態系の波動関数

$$\Psi(x) = \begin{pmatrix} \alpha(x) \\ \beta(x) \end{pmatrix} \tag{12.10}$$

を考える．2 つのスーパーチャージ Q_1 と Q_2 が存在する．それらはパウリ行列とスーパーポテンシャル $W(x)$ を一緒に使って

$$\begin{aligned} Q_1 &= \frac{1}{2}[\sigma_1 p + \sigma_2 W(x)] \\ Q_2 &= \frac{1}{2}[\sigma_2 p - \sigma_1 W(x)] \end{aligned} \tag{12.11}$$

と定義することができる．

例 12.1

式 (12.11) によって定義されるスーパーチャージに対応するハミルトニアンを計算せよ．

解

ハミルトニアンは $\{Q_i, Q_j\} = \delta_{ij} H$ を使うことで求まる．ここでは，Q_1 を使おう．いま，

$$\begin{aligned} \{Q_1, Q_1\} &= Q_1 Q_1 + Q_1 Q_1 \\ &= 2Q_1 Q_1 \\ &= 2Q_1^2 \end{aligned}$$

である．これより，ハミルトニアンは直ちにスーパーチャージを使って $H = 2Q_1^2$ と書ける．具体的に成分を書くと，

$$\begin{aligned} Q_1 Q_1 &= \frac{1}{2}[\sigma_1 p + \sigma_2 W(x)] \frac{1}{2}[\sigma_1 p + \sigma_2 W(x)] \\ &= \frac{1}{4}[\sigma_1 p \sigma_1 p + \sigma_1 p \sigma_2 W(x) + \sigma_2 W(x) \sigma_1 p + \sigma_2^2 W^2(x)] \end{aligned}$$

となる．ここで，パウリ行列の 2 乗は単位行列だから，

$$\sigma_2^2 = I$$

である．さらに，パウリ行列と運動量演算子は何ら問題なくお互いにすり抜けられる．したがって，最初の項は

$$\sigma_1 p \sigma_1 p = \sigma_1^2 p^2 = p^2$$

となる．さて，これらの行列のリー代数を思いだそう．それは次のようなものであった：

$$\sigma_1\sigma_2 = \begin{pmatrix} 0 & 1 \\ 1 & 0 \end{pmatrix}\begin{pmatrix} 0 & -i \\ i & 0 \end{pmatrix} = \begin{pmatrix} i & 0 \\ 0 & -i \end{pmatrix} = i\sigma_3$$

$$\sigma_2\sigma_1 = \begin{pmatrix} 0 & -i \\ i & 0 \end{pmatrix}\begin{pmatrix} 0 & 1 \\ 1 & 0 \end{pmatrix} = \begin{pmatrix} -i & 0 \\ 0 & i \end{pmatrix} = -i\sigma_3$$

さらに，位置の任意関数と運動量演算子の交換子が

$$[F(x), p] = F(x)p - pF(x) = i\frac{dF}{dx}$$

となることを思い出すと，

$$\begin{aligned}\sigma_1\sigma_2 pW + \sigma_2\sigma_1 Wp =& \sigma_1\sigma_2 pW + \sigma_2\sigma_1\left(pW + i\frac{dW}{dx}\right)\\ =& (\sigma_1\sigma_2 + \sigma_2\sigma_1)pW + i\sigma_2\sigma_1\frac{dW}{dx}\\ =& (i\sigma_3 - i\sigma_3)pW + \sigma_3\frac{dW}{dx}\\ =& \sigma_3\frac{dW}{dx}\end{aligned}$$

が得られる．これらの結果を全て一緒にすると，

$$Q_1^2 = \frac{1}{4}\left(p^2 + \sigma_3\frac{dW}{dx} + W^2(x)\right)$$

が得られる．以上より，ハミルトニアンは

$$H = 2Q_1^2 = \frac{1}{2}\left(p^2 + \sigma_3 \frac{dW}{dx} + W^2(x)\right)$$

となる．式 (12.3) 及び式 (12.4) で記述されている通り，場の量子論におけるスーパーチャージの作用を振り返ってみよう．非相対論的量子力学のこの例におけるスーパーチャージの作用を見てみると，どのようにして超対称性理論の単純なモデルを構築できるかが分かる．スピンアップ及びスピンダウン状態を

$$|+\rangle = \begin{pmatrix} 1 \\ 0 \end{pmatrix} \qquad |-\rangle = \begin{pmatrix} 0 \\ 1 \end{pmatrix}$$

のように定義する．すると，

$$\begin{aligned}
Q_1|+\rangle =& \frac{1}{2}(\sigma_1 p + \sigma_2 W(x))|+\rangle \\
=& \frac{p}{2}\begin{pmatrix} 0 & 1 \\ 1 & 0 \end{pmatrix}\begin{pmatrix} 1 \\ 0 \end{pmatrix} + \frac{W(x)}{2}\begin{pmatrix} 0 & -i \\ i & 0 \end{pmatrix}\begin{pmatrix} 1 \\ 0 \end{pmatrix} \\
=& \frac{p}{2}\begin{pmatrix} 0 \\ 1 \end{pmatrix} + \frac{W(x)}{2}\begin{pmatrix} 0 \\ i \end{pmatrix} = \frac{1}{2}\begin{pmatrix} 0 \\ p + iW \end{pmatrix}
\end{aligned}$$

が成り立つ．これはすなわち，スーパーチャージ Q_1 はスピンアップ状態をスピンダウン状態に変える，つまり言わばこれはフェルミオンをボソンに変えるスーパーチャージに**似ている**．次にスピンダウン状態への Q_1 の作用を考えよう．

$$\begin{aligned}
Q_1|-\rangle =& \frac{1}{2}(\sigma_1 p + \sigma_2 W(x))|-\rangle \\
=& \frac{p}{2}\begin{pmatrix} 0 & 1 \\ 1 & 0 \end{pmatrix}\begin{pmatrix} 0 \\ 1 \end{pmatrix} + \frac{W(x)}{2}\begin{pmatrix} 0 & -i \\ i & 0 \end{pmatrix}\begin{pmatrix} 0 \\ 1 \end{pmatrix} \\
=& \frac{p}{2}\begin{pmatrix} 1 \\ 0 \end{pmatrix} + \frac{W(x)}{2}\begin{pmatrix} -i \\ 0 \end{pmatrix} = \frac{1}{2}\begin{pmatrix} p - iW \\ 0 \end{pmatrix}
\end{aligned}$$

もし超対称量子力学が破れていないなら，状態 $\Psi(x)$ はユニタリ変換

$$U = e^{-i\alpha_i Q_i}$$

で不変性を残す．さらに言えば，スーパーチャージによって消滅させられる状態 $\Psi_0(x)$ が存在する．すなわち，

$$Q_1 \Psi_0(x) = 0 \tag{12.12}$$

となる状態が存在する．これは次のように系の基底状態がゼロエネルギーを持つことを意味する．

$$H\Psi_0(x) = 2Q_1^2 \Psi_0(x) = 0$$

例 12.2

基底状態 $\Psi_0(x)$ の表式を求めよ．

解

スーパーチャージが式 (12.11) で表され，さらに式 (12.12) の状態を消滅させるという事実を使う．

$$\begin{aligned}
Q_1 \Psi_0(x) =& 0 \\
\Rightarrow 0 =& \frac{1}{2}(\sigma_1 p + \sigma_2 W(x))\Psi_0(x) \\
=& \sigma_1 p \Psi_0(x) + \sigma_2 W(x) \Psi_0(x) \\
=& -i\sigma_1 \frac{d\Psi_0}{dx} + \sigma_2 W(x)\Psi_0(x)
\end{aligned}$$

この式に σ_1 を掛けて，$\sigma_1^2 = I$ ならびに $\sigma_1\sigma_2 = i\sigma_3$ を使うと，

$$\begin{aligned}
0 &= -i\frac{d\Psi_0}{dx} + i\sigma_3 W(x)\Psi_0(x) \\
\Rightarrow \frac{d\Psi_0}{dx} &= \sigma_3 W(x)\Psi_0(x)
\end{aligned}$$

が得られる．$\Psi_0(0)$ を初期条件として積分すると，

$$\Psi_0(x) = \exp\left(\int_0^x \sigma_3 W(x')dx'\right)\Psi_0(0)$$

が得られる．

単純化されたヴェス・ズミノモデル（Wess-Zumino Model）

さて，超対称量子力学を大雑把に眺めることによって超対称性を簡単に経験したので，単純な超対称な場の量子論を始める準備ができた．ここでは，ラグランジアンがボソン的場とフェルミオン的場から成り，それらを混合する変換へと発展できることを示した 1974 年に提唱された超対称な理論であるヴェス・ズミノモデルについて議論する．

カイラル表現

超対称性では，ディラック行列を

$$\gamma_\mu = \begin{pmatrix} 0 & \sigma_\mu \\ \overline{\sigma}_\mu & 0 \end{pmatrix} \tag{12.13}$$

とする表現を使うのが便利である．ここで，バーの付いたパウリ行列は符号を変えることによって得られ，

$$\begin{aligned}
&\overline{\sigma}^0 = \sigma^0 = \begin{pmatrix} 1 & 0 \\ 0 & 1 \end{pmatrix} \\
&\overline{\sigma}^1 = -\sigma^1 = \begin{pmatrix} 0 & -1 \\ -1 & 0 \end{pmatrix} \qquad \overline{\sigma}^2 = -\sigma^2 = \begin{pmatrix} 0 & i \\ -i & 0 \end{pmatrix} \\
&\overline{\sigma}^3 = -\sigma^3 = \begin{pmatrix} -1 & 0 \\ 0 & 1 \end{pmatrix}
\end{aligned} \tag{12.14}$$

となる．ここで，$i = 1, 2, 3$ のとき，添字を下げると符号が変わることに注意しよう．したがって例えば，

$$\overline{\sigma}_3 = -\sigma_3 = \begin{pmatrix} 1 & 0 \\ 0 & -1 \end{pmatrix}$$

となる．次の関係は便利である*2.

$$\sigma^\mu \overline{\sigma}^\nu + \sigma^\nu \overline{\sigma}^\mu = -2g^{\mu\nu} I \qquad (12.15)$$

単純な SUSY ラグランジアン

超対称性へのカギはラグランジアンを書き下し，そして，我々の旧友に頼ることである：それはボソン及びフェルミオン状態の変分を共に計算し，その作用の変分をゼロであることを要請するというものである．これは保存する**スーパーカレント**を導入することを意味する．この意味は S がスーパーカレントだとすると全発散が 0 になるということである．

$$\partial_\mu S^\mu = 0$$

スーパーカレントはスーパーチャージを計算することを許す．超対称性がどのように働くかを説明する単純なモデルがヴェス・ズミノモデルである．以下，ここでは，もっとも単純な可能な例である単一の質量ゼロのスピン 0 ボソン場 A と単一の質量ゼロのスピン 1/2 フェルミオン場 Ψ から成るモデルを考える．ここで，スピン 0 ボソンのスカラー場を複素場とすると，ラグ

*2 訳注：原著には $\{\sigma^\mu, \overline{\sigma}^\nu\} = -2g^{\mu\nu}$ との記述があるが，これは誤植と思われる．実際，$\{\sigma^0, \overline{\sigma}^k\} = \sigma^0\overline{\sigma}^k + \overline{\sigma}^k\sigma^0$ であるが，σ^0 は単位行列なので，右辺は $2\overline{\sigma}^k$ となり，$-2g^{0k}I = 0$ にならない．なお，ここから先は，計量の符号系として $g = \eta = (-, +, +, +)$ を採用している．

ランジアンは

$$\mathcal{L}_B = -\partial_\mu A^* \partial^\mu A$$

となる．もし，スピノル場を右巻きにとると，質量ゼロのスピン 1/2 場のラグランジアンは

$$\mathcal{L}_F = \frac{i}{2}\partial_\mu \Psi^\dagger \bar{\sigma}^\mu \Psi - \frac{i}{2}\Psi^\dagger \bar{\sigma}^\mu \partial_\mu \Psi$$

と書くことができる．

SUSY 代数を閉じるために**補助的な場** F を追加する必要がある．補助場に対するラグランジアンは次のような単純な形をしている．

$$\mathcal{L}_{\mathrm{aux}} = F^* F$$

すると，超対称的ラグランジアンはこれら独立なラグランジアンの和である．すなわち，

$$\begin{aligned} \mathcal{L} =& \mathcal{L}_B + \mathcal{L}_F + \mathcal{L}_{\mathrm{aux}} \\ =& -\partial_\mu A^* \partial^\mu A + \frac{i}{2}\partial_\mu \Psi^\dagger \bar{\sigma}^\mu \Psi - \frac{i}{2}\Psi^\dagger \bar{\sigma}^\mu \partial_\mu \Psi + F^* F \end{aligned} \tag{12.16}$$

である．超対称性の下でこのラグランジアンが不変であるために，

$$\delta S = \delta \int \mathcal{L} d^4 x = 0$$

を要請する．ここで超対称的変分はボソンをフェルミオンに換えたりその逆を行う．このラグランジアンに現れる各場に対して働く変分が必要である．したがって，

$$\begin{aligned} &\delta A = \sqrt{2}\varepsilon\Psi \qquad \delta A^* = \sqrt{2}\varepsilon^\dagger \Psi^\dagger \\ &\delta\Psi = i\sqrt{2}\sigma^\mu \varepsilon^\dagger \partial_\mu A + \sqrt{2}\varepsilon F \qquad \delta\Psi^\dagger = -i\sqrt{2}\varepsilon\sigma^\mu \partial_\mu A^* + \sqrt{2}\varepsilon^\dagger F^* \\ &\delta F = i\sqrt{2}\varepsilon^\dagger \bar{\sigma}^\mu \partial_\mu \Psi \qquad \delta F^* = -i\sqrt{2}\partial_\mu \Psi^\dagger \bar{\sigma}^\mu \varepsilon \end{aligned} \tag{12.17}$$

を得る．

ここで，新しい量である2成分ワイルスピノル ε を導入した．超対称性が大域的な場合，ε は時空に依存しないので

$$\partial_\mu \varepsilon = 0 \tag{12.18}$$

が成り立つ．これは超対称変換が局所的な場合は当てはまらない．

ラグランジアンの変分を項別に考えることにしよう．まず最初は式(12.16)の初項から始めよう．

$$\begin{aligned}\delta\mathcal{L}_B =& \delta(-\partial_\mu A^* \partial^\mu A) \\ =& -\partial_\mu(\delta A^*)\partial^\mu A - \partial_\mu A^* \partial^\mu(\delta A) \\ =& -\partial_\mu(\sqrt{2}\varepsilon^\dagger \Psi^\dagger)\partial^\mu A - \partial_\mu A^* \partial^\mu(\sqrt{2}\varepsilon\Psi) \\ =& -\sqrt{2}\varepsilon^\dagger \partial_\mu \Psi^\dagger \partial^\mu A - \sqrt{2}\varepsilon \partial_\mu A^* \partial^\mu \Psi \end{aligned} \tag{12.19}$$

ここで，上の式の1行目から2行目への変形は $\delta(\partial_\mu \varphi) = \partial_\mu(\delta\varphi)$ となることを使って行った．次に式(12.16)の第2項の変分を計算すると，

$$\begin{aligned}\delta\left(\frac{i}{2}\partial_\mu \Psi^\dagger \overline{\sigma}^\mu \Psi\right) =& \frac{i}{2}\partial_\mu(\delta\Psi^\dagger)\overline{\sigma}^\mu \Psi + \frac{i}{2}\partial_\mu \Psi^\dagger \overline{\sigma}^\mu(\delta\Psi) \\ =& \frac{i}{2}\partial_\mu(-i\sqrt{2}\varepsilon\sigma^\nu \partial_\nu A^* + \sqrt{2}\varepsilon^\dagger F^*)\overline{\sigma}^\mu \Psi \\ &+ \frac{i}{2}\partial_\mu \Psi^\dagger \overline{\sigma}^\mu(i\sqrt{2}\sigma^\nu \varepsilon^\dagger \partial_\nu A + \sqrt{2}\varepsilon F) \\ =& \frac{1}{\sqrt{2}}\varepsilon\sigma^\nu \overline{\sigma}^\mu(\partial_\mu \partial_\nu A^*)\Psi + \frac{i}{\sqrt{2}}\varepsilon^\dagger \partial_\mu F^* \overline{\sigma}^\mu \Psi \\ &- \frac{1}{\sqrt{2}}\partial_\mu \Psi^\dagger \overline{\sigma}^\mu \sigma^\nu \varepsilon^\dagger \partial_\nu A + \frac{i}{\sqrt{2}}\partial_\mu \Psi^\dagger \overline{\sigma}^\mu \varepsilon F \end{aligned} \tag{12.20}$$

となる．計算を続けてみると次の項は似たようになる．

$$\begin{aligned}\delta\left(-\frac{i}{2}\Psi^\dagger\overline{\sigma}^\mu\partial_\mu\Psi\right) =& -\frac{i}{2}(\delta\Psi^\dagger)\overline{\sigma}^\mu\partial_\mu\Psi - \frac{i}{2}\Psi^\dagger\overline{\sigma}^\mu\partial_\mu(\delta\Psi)\\ =& -\frac{i}{2}(-i\sqrt{2}\varepsilon\sigma^\nu\partial_\nu A^* + \sqrt{2}\varepsilon^\dagger F^*)\overline{\sigma}^\mu\partial_\mu\Psi\\ &- \frac{i}{2}\Psi^\dagger\overline{\sigma}^\mu\partial_\mu(i\sqrt{2}\sigma^\nu\varepsilon^\dagger\partial_\nu A + \sqrt{2}\varepsilon F)\\ =& -\frac{1}{\sqrt{2}}\varepsilon\sigma^\nu\overline{\sigma}^\mu\partial_\nu A^*\partial_\mu\Psi - \frac{i}{\sqrt{2}}\varepsilon^\dagger F^*\overline{\sigma}^\mu\partial_\mu\Psi\\ &+ \frac{1}{\sqrt{2}}\Psi^\dagger\overline{\sigma}^\mu\sigma^\nu\varepsilon^\dagger\partial_\mu\partial_\nu A - \frac{i}{\sqrt{2}}\Psi^\dagger\overline{\sigma}^\mu\varepsilon\partial_\mu F \end{aligned} \quad (12.21)$$

パウリ行列はスピノルにしか働かないからそれらはどのようにでもボソン場をすり抜けて移動することができることを思いだそう．最後に δF^*F を計算する．

$$\begin{aligned}\delta(F^*F) =&(\delta F^*)F + F^*(\delta F)\\ =&(-i\sqrt{2}\partial_\mu\Psi^\dagger\overline{\sigma}^\mu\varepsilon)F + F^*(i\sqrt{2}\varepsilon^\dagger\overline{\sigma}^\mu\partial_\mu\Psi)\end{aligned} \quad (12.22)$$

さて，ここで ε のみに依存する項を考えるのは便利である．式 (12.19) から式 (12.22) を使ってそれらをグループ化すると

$$\begin{aligned}\delta\mathcal{L}_\varepsilon =& -\sqrt{2}\varepsilon\partial_\mu A^*\partial^\mu\Psi + \frac{1}{\sqrt{2}}\varepsilon\sigma^\nu\overline{\sigma}^\mu(\partial_\mu\partial_\nu A^*)\Psi + \frac{i}{\sqrt{2}}\partial_\mu\Psi^\dagger\overline{\sigma}^\mu\varepsilon F\\ &- \frac{1}{\sqrt{2}}\varepsilon\sigma^\nu\overline{\sigma}^\mu\partial_\nu A^*\partial_\mu\Psi - \frac{i}{\sqrt{2}}\Psi^\dagger\overline{\sigma}^\mu\varepsilon\partial_\mu F - i\sqrt{2}\partial_\mu\Psi^\dagger\overline{\sigma}^\mu\varepsilon F\end{aligned} \quad (12.23)$$

が得られる．

$\delta S = \delta\int\mathcal{L}d^4x = 0$ を満足することを許す全微分として書くためにこの表式を単純化したい．まず，式 (12.23) は次のように書くことができる．

$$
\begin{aligned}
\delta\mathcal{L}_\varepsilon =& -\sqrt{2}\varepsilon\partial_\mu A^*\partial^\mu\Psi + \frac{1}{\sqrt{2}}\varepsilon\sigma^\nu\overline{\sigma}^\mu(\partial_\mu\partial_\nu A^*)\Psi - \frac{1}{\sqrt{2}}\varepsilon\sigma^\nu\overline{\sigma}^\mu\partial_\nu A^*\partial_\mu\Psi \\
&- \frac{i}{\sqrt{2}}\partial_\mu\Psi^\dagger\overline{\sigma}^\mu\varepsilon F - \frac{i}{\sqrt{2}}\Psi^\dagger\overline{\sigma}^\mu\varepsilon\partial_\mu F \\
=&\partial_\mu\left(-\frac{i}{\sqrt{2}}\Psi^\dagger\overline{\sigma}^\mu\varepsilon F\right) - \sqrt{2}\varepsilon\partial_\mu A^*\partial^\mu\Psi + \frac{1}{\sqrt{2}}\varepsilon\sigma^\nu\overline{\sigma}^\mu(\partial_\mu\partial_\nu A^*)\Psi \\
&- \frac{1}{\sqrt{2}}\varepsilon\sigma^\nu\overline{\sigma}^\mu\partial_\nu A^*\partial_\mu\Psi
\end{aligned}
$$

さてここで，式 (12.15) を適用するとこの式をより単純化できる．次を思いだそう．

$$
\begin{aligned}
&\sigma^\mu\overline{\sigma}^\nu + \sigma^\nu\overline{\sigma}^\mu = -2g^{\mu\nu}I \\
&\Rightarrow \sigma^\mu\overline{\sigma}^\nu = -2g^{\mu\nu}I - \sigma^\nu\overline{\sigma}^\mu
\end{aligned}
$$

また，上下に繰り返して現れる同じ添字は**ダミー添字**なので，取り替えてよいことに注意しよう．最後から一つ手前の項は次のように書き換えることができる．

$$
\begin{aligned}
\frac{1}{\sqrt{2}}\varepsilon\sigma^\nu\overline{\sigma}^\mu(\partial_\mu\partial_\nu A^*)\Psi =&\frac{1}{\sqrt{2}}\varepsilon\sigma^\mu\overline{\sigma}^\nu(\partial_\nu\partial_\mu A^*)\Psi \\
=&\frac{1}{\sqrt{2}}\varepsilon\sigma^\mu\overline{\sigma}^\nu(\partial_\mu\partial_\nu A^*)\Psi
\end{aligned}
$$

さて，関係式 (12.15) を適用し，計量によって添字を上げると，

$$
\begin{aligned}
\frac{1}{\sqrt{2}}\varepsilon\sigma^\mu\overline{\sigma}^\nu(\partial_\mu\partial_\nu A^*)\Psi =&\frac{1}{\sqrt{2}}\varepsilon(-2g^{\mu\nu} - \sigma^\nu\overline{\sigma}^\mu)(\partial_\mu\partial_\nu A^*)\Psi \\
=& -\sqrt{2}\varepsilon g^{\mu\nu}(\partial_\mu\partial_\nu A^*)\Psi - \frac{1}{\sqrt{2}}\varepsilon\sigma^\nu\overline{\sigma}^\mu(\partial_\mu\partial_\nu A^*)\Psi \\
=& -\sqrt{2}\varepsilon(\partial_\mu\partial^\mu A^*)\Psi - \frac{1}{\sqrt{2}}\varepsilon\sigma^\nu\overline{\sigma}^\mu(\partial_\mu\partial_\nu A^*)\Psi
\end{aligned}
$$

となる．したがって，

$$
\begin{aligned}
&-\sqrt{2}\varepsilon\partial_\mu A^*\partial^\mu\Psi+\frac{1}{\sqrt{2}}\varepsilon\sigma^\nu\overline{\sigma}^\mu(\partial_\mu\partial_\nu A^*)\Psi-\frac{1}{\sqrt{2}}\varepsilon\sigma^\nu\overline{\sigma}^\mu\partial_\nu A^*\partial_\mu\Psi\\
=&-\sqrt{2}\varepsilon\partial^\mu A^*\partial_\mu\Psi-\sqrt{2}\varepsilon(\partial_\mu\partial^\mu A^*)\Psi-\frac{1}{\sqrt{2}}\varepsilon\sigma^\nu\overline{\sigma}^\mu(\partial_\mu\partial_\nu A^*)\Psi\\
&-\frac{1}{\sqrt{2}}\varepsilon\sigma^\nu\overline{\sigma}^\mu\partial_\nu A^*\partial_\mu\Psi\\
=&-\partial_\mu(\sqrt{2}\varepsilon\partial^\mu A^*\Psi)-\partial_\mu\left(\frac{1}{\sqrt{2}}\varepsilon\sigma^\nu\overline{\sigma}^\mu\partial_\nu A^*\Psi\right)
\end{aligned}
$$

を得る．これより，全微分として書いた ε に依存する項についてのラグランジアンの変分は次のようになる．

$$
\delta L_\varepsilon=\partial_\mu\left(-\frac{i}{\sqrt{2}}\Psi^\dagger\overline{\sigma}^\mu\varepsilon F\right)-\partial_\mu(\sqrt{2}\varepsilon\partial^\mu A^*\Psi)-\partial_\mu\left(\frac{1}{\sqrt{2}}\varepsilon\sigma^\nu\overline{\sigma}^\mu\partial_\nu A^*\Psi\right)
$$

これによってカレントを定義しよう．

$$
K^\mu_{\ \varepsilon}=-\frac{i}{\sqrt{2}}\Psi^\dagger\overline{\sigma}^\mu\varepsilon F-\sqrt{2}\varepsilon\partial^\mu A^*\Psi-\frac{1}{\sqrt{2}}\varepsilon\sigma^\nu\overline{\sigma}^\mu\partial_\nu A^*\Psi \tag{12.24}
$$

$\varepsilon^\dagger$ に依存するカレントは同様の手順を使うことによって定義することができ，これらが全カレントを与える．

$$
K^\mu=K^\mu_{\ \varepsilon}+K^\mu_{\ \varepsilon^\dagger} \tag{12.25}
$$

ネーターカレント J^μ を計算することによって，保存するスーパーカレントに到達することができる．

$$
\begin{aligned}
S^\mu&=J^\mu-K^\mu\\
\partial_\mu S^\mu&=0
\end{aligned} \tag{12.26}
$$

ネーターカレントは次のようにして計算される．まず，ラグランジアンの運動エネルギー部

$$
J^\mu=\frac{i}{2}(\delta\Psi^\dagger)\overline{\sigma}^\mu\Psi-\frac{i}{2}\Psi^\dagger\overline{\sigma}^\mu(\delta\Psi)-(\delta A^*)\partial^\mu A-\partial^\mu A^*(\delta A)
$$

をとる．変分の手続きは δL を計算するのに使ったのと同じ流れで式 (12.17) を使って成し遂げられる．ここで再び，ε に依存するネーターカレントと $\varepsilon^\dagger$

に依存するネーターカレントに展開できる．すると，次のようになることが示せる．

$$J_\varepsilon^\mu = \frac{1}{\sqrt{2}}\varepsilon\sigma^\nu\overline{\sigma}^\mu\Psi\partial_\nu A^* - \frac{i}{\sqrt{2}}\Psi^\dagger\overline{\sigma}^\mu\varepsilon F - \sqrt{2}\varepsilon\Psi\partial^\mu A^*$$

これより，式 (12.26) の ε に依存するスーパーカレントは次のような比較的単純な形になる．

$$S_\varepsilon^\mu = \sqrt{2}\varepsilon\sigma^\nu\overline{\sigma}^\mu\Psi\partial_\nu A^* \tag{12.27}$$

スーパーチャージは電磁気学の場合と似た流れでスーパーカレントの時間成分を積分することによって計算される．例えば，

$$Q_\varepsilon = \int d^3x S_\varepsilon^0 = \int d^3x\sqrt{2}\varepsilon\sigma^\nu\overline{\sigma}^0\Psi\partial_\nu A^* \tag{12.28}$$

である．

まとめ

超対称性はフェルミオンとボソンの間に対称性を導入することを提唱するものである．もし，そのような対称性が存在するなら，フェルミオン状態をボソン状態にしたり，その逆にしたりするスーパーチャージ演算子が存在する．その最も基本的な形において，理論はスーパーチャージ演算子を作用させることによって得られる既知粒子の超対称性パートナーがその粒子と同じ質量を持つと予想する．これは実験事実に反する．もし，超対称性が現実に存在するなら，それは破れていて，超対称性パートナーの質量がそれに対応する既知粒子の質量よりはるかに大きく，これが何故未だに実験的に検知されていないかを説明する．そのため（もし超対称性理論が正しいならば）超対称性は破れていることが分かる．理論家たちは超対称性という考え方が理論物理学の多くの未解決問題，例えばヒッグス粒子の質量（階層性問題）などを解明することのために，この理論に大きな望みを懸けている．超対称性

はまた謎めいたダークマター粒子の存在も説明するかも知れない．そしてそれは，超弦理論において根本的に重要である．

章末問題

1. 例 12.1 及び 12.2 で述べられた超対称量子力学を考えよ．このとき，$\{Q_1, Q_2\}$ と $\{Q_2, Q_2\}$ を計算せよ．

   問 2 から問 4 までは，スピン 0 複素場と相互作用しない左巻きスピノル χ を記述するラグランジアン

$$\mathcal{L} = \frac{i}{2}\partial_n \chi \sigma^n \overline{\chi} - \frac{i}{2}\chi \sigma^n \partial_n \overline{\chi} - \partial_n \bar{A} \partial^n A + \bar{F} F$$

   を考えるものとする．

2. 場の方程式を求めよ．
3. 超対称変換が

$$\begin{aligned} \delta A =& \sqrt{2}\chi\varepsilon \\ \delta\chi =& - i\sqrt{2}\bar{\varepsilon}\bar{\sigma}^m \partial_m A + \sqrt{2}\varepsilon F \\ \delta F =& - i\sqrt{2}\partial_m \chi \sigma^m \bar{\varepsilon} \end{aligned}$$

   であるとき，SUSY カレントを求めよ．

4. スーパーチャージの表式を求めよ．
5. S をスピン演算子とするとき演算子 A は $A = (-1)^{2S}$ で与えられるものとする．ここで

$$\{Q, A\} = \{Q^\dagger, A\} = 0$$

   とするとき，$\sum_i \langle i|(-1)^{2S} P^\mu |i\rangle$ を計算せよ．ここで，$|i\rangle$ は同じ多重項に属するフェルミオンまたはボソン状態の組である．（ヒント：状

態は完全性関係

$$\sum_j |j\rangle\langle j| = I$$

を満たすと仮定する．この計算の結果は各超多重項が同じ個数のボソン及びフェルミオン自由度を含むことを示唆する．）

巻末問題

1. 次のエネルギー，質量及び運動量に関するアインシュタインの関係式を考えよ．

$$E^2 = \vec{p}^{\,2} + m^2$$

量子力学における，演算子への便利な置き換え，すなわち，

$$E \to i\frac{\partial}{\partial t} \qquad \vec{p} \to -i\nabla$$

を使って得られる場の方程式を求めよ．

2. φ を実スカラー場とするとき，$\mathcal{L} = \frac{1}{2}\{(\partial_\mu\varphi)^2 - m^2\varphi^2\}$ とせよ．このとき，保存量 Q を決定せよ．
3. 質量を伴う電磁場を考え，$S = \int(-\frac{1}{4}F_{\mu\nu}F^{\mu\nu} + \frac{m^2}{2}A_\mu A^\mu)$ と置け．このとき，作用の変分をとって運動方程式を決定せよ．
4. 前問の作用とそこから求めた運動方程式に戻ろう．この運動方程式はベクトルポテンシャルにどのような条件を課すことを示唆しているか？
5. $\mathcal{L} = \frac{1}{2}\partial_\mu\varphi\partial^\mu\varphi - \frac{m^2}{2}\varphi^2 + \frac{\lambda^3}{6}\varphi^3 + \frac{\rho^4}{24}\varphi^4$ とするとき，この場がパリティー変換 $\varphi \to -\varphi$ で不変と仮定する．これはこのラグランジアンにどのような制限を課すか？
6. $\mathrm{tr}(\gamma^\mu\gamma^\nu)$ を計算せよ．
7. $i\partial_\mu(\bar{\Psi}\gamma^\mu\Psi)$ を求めよ．
8. $\not{\partial}\,\not{\partial}$ を計算せよ．ここで $\not{a} = \gamma^\mu a_\mu$ であった．
9. ディラック方程式は，
   (a) スピン 1 粒子に適用される．
   (b) スピン 3/2 粒子に適用される．
   (c) スピン 1/2 粒子に適用される．

(d) (b) と (c) 両方に適用される.

10. $\gamma^\mu \partial_\mu \Psi = 0$ とするとき, $\gamma^\mu \partial_\mu (\gamma_5 \Psi)$ を求めよ.

11. $\Psi = \begin{pmatrix} \Psi_L \\ \Psi_R \end{pmatrix}$ と置くとき, $(I + \gamma_5)\Psi$ を求めよ.

12. 超対称性は

(a) 半整数場同士を関係付ける対称性である.

(b) スカラー場とヒッグス場を関係付ける対称性である.

(c) クォークと反クォークを関係付ける対称性である.

(d) フェルミオンとボソンを関係付ける対称性である.

13. ヒッグス場は次のことを最も的確に説明する.

(a) ダークエネルギー

(b) ダークマター

(c) 基本粒子に質量を与える.

(d) 超対称性を $SU(5)$ 変換に関係付ける.

14. もし超対称性が破れていないとすると,

(a) フェルミオンの質量とその超対称性パートナーのボソンの質量は等しい.

(b) フェルミオンの質量とその超対称性パートナーのボソンの質量は逆である.

(c) フェルミオンとその超対称性パートナーのボソンの質量は無関係である.

(d) ヒッグス粒子の質量は 100GeV である.

15. スーパーチャージ Q が従う交換または反交換関係は,

(a) $[Q, Q^\dagger] = P^\mu$

(b) $[Q, Q^\dagger] = 0$

(c) $\{Q, Q^\dagger\} = P^\mu$

(d) $\{Q, Q^\dagger\} = 0$

16. スーパーチャージ演算子 Q と 4 元運動量の間の交換関係は,

(a) $[P^2, Q] = 0$ を満たす.

(b) $[P^2, Q] = \lambda$ を満たす.

(c) $[P^2, Q] = -Q$ を満たす.

(d) $[P^2, Q] = Q^\dagger$ を満たす.

17. 超対称量子力学では，スーパーチャージは

(a) $\{Q_i, Q_j\} = 0$ を満たす.

(b) $\{Q_i, Q_j\} = \delta_{ij}$ を満たす.

(c) $[Q_i, Q_j] = \delta_{ij} H$ を満たす.

(d) $\{Q_i, Q_j\} = \delta_{ij} H$ を満たす.

18. カイラル表現では，パウリ行列は

(a) $\{\sigma^\mu, \overline{\sigma}^\nu\} = \sigma^\mu \overline{\sigma}^\nu + \overline{\sigma}^\nu \sigma^\mu - 2g^{\mu\nu}$ を満たす.

(b) $\{\sigma^\mu, \overline{\sigma}^\nu\} = 2g^{\mu\nu}$ を満たす.

(c) $\{\sigma^\mu, \overline{\sigma}^\nu\} = \sigma^\mu \overline{\sigma}^\nu + \overline{\sigma}^\nu \sigma^\mu = -2g^{\mu\nu}$ を満たす.

(d) $\sigma^\mu \overline{\sigma}^\nu + \sigma^\nu \overline{\sigma}^\mu = -2g^{\mu\nu}$ を満たす.

19. スーパーカレントは

(a) J^μ をネーターカレントとするとき，$\partial_\mu S^\mu = J^\mu$ を満たす.

(b) $\partial_\mu S^\mu = 0$ を満たす.

(c) 保存できない.

(d) スーパーチャージに関する不確定性関係を満たす.

20. 超対称代数を閉じるために

(a) 補助場の導入が必要である.

(b) 超対称ハミルトニアン演算子の導入が必要である.

(c) 不確定性関係の導入が必要である.

(d) コーシー・シュワルツの補題の導入が必要である.

21. 群はもし群の要素 a と b に対して

(a) $\{a, b\} = ab + ba = 0$ を満たすとき可換であるという.

(b) e を単位元とするとき，$[ab - ba] = e$ を満たすとき可換であるという.

(c) $[ab - ba] = 0$ を満たすとき可換であるという.

(d) その積 ab が閉じているとき可換であるという.

22. リー群は
    (a) 連続パラメータ θ_i の有限集合に依存する.
    (b) 周期 2π の離散パラメータの有限集合に依存する.
    (c) 群の要素に関する導関数を持たない.
    (d) 開いた代数に従う.
23. リー代数において，生成子 X は群の要素 g と
    (a) $X = \left.\frac{\partial g}{\partial \theta}\right|_{\theta=\pi}$ を介して関係がある.
    (b) $X = \left.\frac{\partial^2 g}{\partial \theta^2}\right|_{\theta=0}$ を介して関係がある.
    (c) $X = \left.\frac{\partial g}{\partial \theta}\right|_{\theta=0} + \int_0^{2\pi} g(\phi)d\phi$ を介して関係がある.
    (d) $X = \left.\frac{\partial g}{\partial \theta}\right|_{\theta=0}$ を介して関係がある.
24. 群の表現 D は生成子 X と
    (a) $D(\varepsilon\theta) \approx 1 + i\varepsilon\theta X$ を使って関連付けることができる.
    (b) $D(\varepsilon\theta) \approx i\varepsilon\theta X$ を使って関連付けることができる.
    (c) $D(\varepsilon\theta) \approx \varepsilon\frac{\partial X}{\partial \theta}$ を使って関連付けることができる.
    (d) $D(\varepsilon\theta) \approx \lim_{\theta\to\infty} 1 - i\varepsilon\theta X$ を使って関連付けることができる.
25. もし群 X の生成子がハミルトニアンであるなら，表現 D は
    (a) 反ハミルトニアンである.
    (b) ユニタリである.
    (c) 反ユニタリである.
26. 群のリー代数は $[X_i, X_j] = if_{ijk}X_k$ である．このときこの係数 f_{ijk} を
    (a) 表現定数と呼ぶ.
    (b) 群の生成子と呼ぶ.
    (c) 微細構造定数と呼ぶ.
    (d) 群の構造定数と呼ぶ.
27. 群 $SO(N)$ は
    (a) $N \times N$ 直交行列で行列式が $+1$ のものの集まりである.

(b) $N \times N$ 直交行列で行列式が -1 のものの集まりである.

(c) $N \times N$ ユニタリかつ直交な行列で行列式が $+1$ のものの集まりである.

(d) $N \times N$ ユニタリ行列で行列式が $+1$ のものの集まりである.

28. 特殊ユニタリ群 $SU(2)$ は

(a) 1 つの生成子を持つ.

(b) 3 つの生成子を持つ.

(c) 2 つの生成子を持つ.

(d) 8 つの生成子を持つ.

29. 特殊ユニタリ群 $SU(3)$ は

(a) 1 つの生成子を持つ.

(b) 3 つの生成子を持つ.

(c) 4 つの生成子を持つ.

(d) 8 つの生成子を持つ.

30. ユニタリ群 $U(1)$ は

(a) $U = e^{-i\theta}$ と表すことができる.

(b) $U = \int e^{-i\theta}$ と表すことができる.

(c) $U = \dfrac{dg}{d\theta}$ と表すことができる.

31. パウリ行列は

(a) $SU(3)$ の表現である.

(b) $U(1)$ の表現である.

(c) $SU(2)$ の表現である.

(d) $SU(1)$ の表現である.

32. 群のランク（階数）は

(a) 対角化された生成子の行列表現の個数である.

(b) 生成子の個数である.

(c) （生成子の個数 -1）である.

(d)（対角化された生成子の行列表現の個数 -1）である．

33. カシミール演算子は
    (a) 群の有限表現を構成する．
    (b) 全ての生成子と交換する．
    (c) どの生成子とも交換しない．
    (d) ランクの表現と交換する．
34. 量子数を考えよ．もし量子数が乗法的ならば
    (a) 複合系の量子数は独立した量子数の積 $\prod_i n_i$ になる．
    (b) 複合系の量子数は独立した量子数の和になる．
    (c) 量子数は基本定数の積になる．
    (d) 量子数は基本定数の和になる．
35. パリティーの固有値は
    (a) $\alpha = 0, \pm 1$
    (b) $\alpha = 0, 1$
    (c) $\alpha = \pm 1$
36. 波動関数が偶数パリティーを持つなら
    (a) $\Psi(-x) = \Psi(x)$
    (b) $\Psi(-x) = -\Psi(x)$
    (c) $\Psi(-x) = 0$
    (d) $\Psi(-2x) = 2\Psi(x)$
37. パリティー演算子 P は
    (a) $P^2 = iI$ を満たす．
    (b) $P^2 = 0$ を満たす．
    (c) $P^2 = -I$ を満たす．
    (d) $P^2 = I$ を満たす．
38. パリティー演算子は角運動量状態に
    (a) $P|L, m_z\rangle = (-1)^{m_z, L}|L, m_z\rangle$ のように働く．
    (b) $P|L, m_z\rangle = L|L, m_z\rangle$ のように働く．

(c) $P|L, m_z\rangle = -|L, m_z\rangle$ のように働く.

(d) $P|L, m_z\rangle = (-1)^L|L, m_z\rangle$ のように働く.

39. 慣例によって,

(a) 電子は正のパリティーを持つ.

(b) 電子は負のパリティーを持つ.

(c) 陽電子は正のパリティーを持つ.

(d) 電子のパリティーは不確定である.

40. 複合系 ab のパリティーは各独立したパリティーを P_a, P_b とすれば,

(a) $-P_aP_b$

(b) P_aP_b

(c) $(-1)^{P_aP_b}P_aP_b$

(d) $(-1)^{P_a+P_b}P_aP_b$

41. パリティーは

(a) 電磁相互作用と強い相互作用で保存する.

(b) 弱い相互作用で保存しない.

(c) 弱い相互作用で保存する.

(d) (a) と (b) 両方が成り立つ.

(e) (a) と (c) 両方が成り立つ.

42. 0^- で表される粒子は

(a) スピン 0 かつ負のパリティーを持つ.

(b) パリティーを持たず, スピン-1/2 を持つ.

(c) スカラー粒子で負のパリティーを持つ.

(d) 電荷ゼロで負のパリティーを持つ.

43. 荷電共役は

(a) ベクトル粒子のみに適用される.

(b) 粒子を反粒子に変える.

(c) 粒子を反粒子に変え, 符号を変える.

(d) スカラーボソンの電荷を反転させる.

44. 荷電共役演算子 C は電磁場に

(a) $CA^{\mu}C^{-1} = -A^{\mu}$ のように働く．

(b) $CA^{\mu}C^{-1} = A^{\mu}$ のように働く．

(c) $CA^{\mu}C^{-1} = -J^{\mu}$ のように働く．

(d) $CA^{\mu}C^{-1} = J^{\mu}$ のように働く．

45. CP は

(a) 決して破れない．

(b) 強い相互作用で破れている．

(c) 弱い相互作用で破れている．

(d) 電弱相互作用で破れている．

46. 演算子 A を反ユニタリとすると，それは

(a) $\langle A\phi|A\Psi\rangle = \langle\phi|\Psi\rangle$ を満たす．

(b) $\langle A^{\dagger}\phi|A\Psi\rangle = \langle\phi|\Psi\rangle^{*}$ を満たす．

(c) $\langle A\phi|A\Psi\rangle = \langle\phi|\Psi\rangle^{*}$ を満たす．

(d) $\langle A\phi|A\Psi\rangle = -\langle\phi|\Psi\rangle^{*}$ を満たす．

47. 反線形演算子は

(a) $T(\alpha|\Psi\rangle + \beta|\phi\rangle) = \alpha^{*}|\Psi'\rangle + \beta^{*}|\phi'\rangle$ を満たす．

(b) $T(\alpha|\Psi\rangle + \beta|\phi\rangle) = -\alpha|\Psi\rangle - \beta|\phi\rangle$ を満たす．

(c) $T(\alpha|\Psi\rangle + \beta|\phi\rangle) = \alpha^{*}\langle\Psi| + \beta^{*}\langle\phi|$ を満たす．

48. CPT 定理は

(a) CPT が弱い相互作用を除く全ての相互作用で保存することを示唆する．

(b) CPT が全ての相互作用で保存することを示唆する．

(c) CPT が弱い相互作用でのみ保存することを示唆する．

(d) CPT が K 中間子の崩壊を除いて保存することを示唆する．

49. 荷電共役の固有値は

(a) $c = \pm 1$

(b) $c = 0, \pm 1$

(c) $c = \pm q$

(d) $c = 0, \pm q$

50. もし，CP が弱い相互作用で保存するなら，

(a) $|K_1\rangle$ は 2 つの π 中間子にしか崩壊しない．

(b) $|K_1\rangle$ は 3 つの π 中間子にしか崩壊しない．

(c) 時間不変性は満たされない．

(d) $|K_2\rangle$ は 2 つの π 中間子にしか崩壊しない．

51. 単一粒子の波動方程式と解釈されるとき，クライン-ゴルドン方程式は

(a) 無限大の問題に苦しめられる．

(b) 負の確率密度を導く．

(c) 常にゼロを与える．

(d) シュレディンガー方程式と同じ結果を与える．

52. ローレンツ変換 $\Lambda^{\mu}{}_{\nu}$ の下で，スカラー場は

(a) $\varphi'(x) = -\varphi(\Lambda^{-1}x)$ のように変換する．

(b) $\varphi'(x) = \quad \varphi(\Lambda x)$ のように変換する．

(c) $\varphi'(x) = -\varphi(\Lambda x)$ のように変換する．

(d) $\varphi'(x) = \quad \varphi(\Lambda^{-1}x)$ のように変換する．

53. クライン-ゴルドン方程式は正しくないと考えられた．何故ならそれはエネルギーの解として

(a) $E = \pm\sqrt{p^2 + m^2}$ を導くからである．

(b) $E = -\sqrt{p^2 + m^2}$ を導くからである．

(c) $E = \sqrt{p^2 + m^2}$ を導くからである．

(d) $E = p^2 + m^2$ を導くからである．

54. クライン-ゴルドン方程式の確率密度は

(a) $\rho = \varphi^*\varphi$ によって与えられる．

(b) $\rho = -i\left(\varphi^*\dfrac{\partial\varphi}{\partial t} - \varphi\dfrac{\partial\varphi^*}{\partial t}\right)$ によって与えられる．

(c) $\rho = i\left(\varphi^*\dfrac{\partial\varphi}{\partial t} - \varphi\dfrac{\partial\varphi^*}{\partial t}\right)$ によって与えられる．

(d) $\rho = -\varphi^*\varphi$ によって与えられる．

55. 第二量子化は

(a) 場とその共役運動量に**同時刻**交換関係を課す.

(b) 場とその共役運動量に**無時刻**交換関係を課す.

(c) 時間を演算子に昇格する.

(d) 同じ時空上の点の場に**同時刻**交換関係を課す.

56. 相対論的エネルギーになると粒子は生成されたり消滅されたりができる. 特に

(a) 高エネルギー過程は $E = mc^2$ により反粒子を生成する傾向がある.

(b) 反粒子を生成するにはその静止質量 $E = mc^2$ が必要である.

(c) 粒子を生成するにはその静止質量 $E = mc^2$ が必要である.

(d) 粒子を生成するには, その静止質量 $E = mc^2$ の 2 倍が必要で, これが粒子-反粒子ペアを生成する.

57. 調和振動子の生成及び消滅演算子は

(a) $[\hat{a}, \hat{a}^\dagger] = i$ を満たす.

(b) $[\hat{a}, \hat{a}^\dagger] = 1$ を満たす.

(c) $[\hat{a}, \hat{a}^\dagger] = -1$ を満たす.

(d) $[\hat{a}, \hat{a}^\dagger] = -i$ を満たす.

58. 数演算子は

(a) $\hat{N} = \hat{a}\hat{a}^\dagger$ によって定義される.

(b) $\hat{N} = \hat{a}^\dagger\hat{a}$ によって定義される.

(c) $\hat{N} = -\hat{a}^\dagger\hat{a}$ によって定義される.

59. 数演算子は

(a) $[\hat{N}, \hat{a}^\dagger] = \hat{a}^\dagger$ を満たす.

(b) $[\hat{N}, \hat{a}^\dagger] = -\hat{a}^\dagger$ を満たす.

(c) $[\hat{N}, \hat{a}] = \hat{a}^\dagger$ を満たす.

(d) $[\hat{N}, \hat{a}] = \hat{a}$ を満たす.

60. スカラー場 φ に対して, 満たされるべき同時刻交換関係は

(a) $[\hat{\varphi}(x), \hat{\pi}(y)] = 0$ である.

(b) $[\hat{\varphi}(x), \hat{\pi}(y)] = i\delta(\vec{x} - \vec{y})$ である.

(c) $[\hat{\varphi}(x), \hat{\pi}(y)] = i$ である.

(d) $[\hat{\varphi}(x), \hat{\pi}(y)] = -i\delta(\vec{x} - \vec{y})$ である.

61. 場のフーリエ展開が

$$\varphi(x) = \int \frac{d^3p}{\sqrt{(2\pi)^3 2p^0}} \left[a(\vec{p})e^{ipx} + a^\dagger(\vec{p})e^{-ipx}\right]$$

で与えられるとき，共役運動量を求めよ.

62. 場の理論では，生成及び消滅演算子は

(a) $\left[a(\vec{p}), a^\dagger(\vec{p}')\right] = \delta^3(\vec{p} - \vec{p}\,')$ を満たす.

(b) $\left[a(\vec{p}), a^\dagger(\vec{p}')\right] = 0$ を満たす.

(c) $\left[a(\vec{p}), a^\dagger(\vec{p}')\right] = i$ を満たす.

(d) $\left[a(\vec{p}), a^\dagger(\vec{p}')\right] = \delta_{\vec{p},\vec{p}'}$ を満たす.

63. 真空のエネルギーを求めるためには

(a) $\langle 0|0\rangle$ を求める.

(b) $\langle 0|\hat{a} + \hat{a}^\dagger\rangle$ を求める.

(c) 真空のエネルギーは求められない.

(d) $\langle 0|\hat{H}|0\rangle$ を求める.

64. 正規積は

(a) $:\hat{a}(\vec{k})\hat{a}^\dagger(\vec{k}) := \hat{a}^\dagger(\vec{k})\hat{a}(\vec{k})$ である.

(b) $:\hat{a}(\vec{k})\hat{a}^\dagger(\vec{k}) := \hat{a}(\vec{k})\hat{a}^\dagger(\vec{k})$ である.

(c) $:\hat{a}(\vec{k})\hat{a}^\dagger(\vec{k}) := -\hat{a}^\dagger(\vec{k})\hat{a}(\vec{k})$ である.

(d) $:\hat{a}(\vec{k})\hat{a}^\dagger(\vec{k}) := -\hat{a}(\vec{k})\hat{a}^\dagger(\vec{k})$ である.

65. 2 つの場の時間順序積は

(a) $T(\varphi(t_1)\Psi(t_2)) = \Psi(t_2)\varphi(t_1) - \varphi(t_1)\Psi(t_2)$ である.

(b) $T(\varphi(t_1)\Psi(t_2)) = \begin{cases} \varphi(t_1)\Psi(t_2) & t_1 > t_2 \text{のとき} \\ \Psi(t_2)\varphi(t_1) & t_2 > t_1 \text{のとき} \end{cases}$ である.

(c) $T(\varphi(t_1)\Psi(t_2)) = \begin{cases} \Psi(t_2)\varphi(t_1) & t_1 > t_2 \text{のとき} \\ \varphi(t_1)\Psi(t_2) & t_2 > t_1 \text{のとき} \end{cases}$ である.

66. 粒子と反粒子を含む場合，

(a) 反粒子のために消滅演算子を含めるだけである.

(b) 粒子のために生成演算子を含めるだけである.

(c) 場の演算子を得るために，負振動数部を粒子，正振動数部を反粒子として一緒に足し合わせる.

(d) 場の演算子を得るために，正振動数部を粒子，負振動数部を反粒子として一緒に足し合わせる.

67. 反粒子の生成・消滅演算子は

$\left[\hat{b}(\vec{k}), \hat{b}^\dagger(\vec{k}')\right] = \delta^3(\vec{k} - \vec{k}')$ を満たす.

$\left[\hat{b}(\vec{k}), \hat{b}^\dagger(\vec{k}')\right] = -\delta^3(\vec{k} - \vec{k}')$ を満たす.

$\hat{a}^\dagger$ が粒子を生成するとき $\left[\hat{b}(\vec{k}), \hat{a}^\dagger(\vec{k}')\right] = \delta^3(\vec{k} - \vec{k}')$ を満たす.

$\left[\hat{b}(\vec{k}), \hat{b}^\dagger(\vec{k}')\right] = 0$ を満たす.

68. 荷電場に対して，電荷演算子は

(a) $\hat{Q} = \int d^3k\vec{k}\left[\hat{a}^\dagger(\vec{k})\hat{a}(\vec{k}) + \hat{b}^\dagger(\vec{k})\hat{b}(\vec{k})\right] = \hat{N}_{\hat{a}} - \hat{N}_{\hat{b}}$ として書くことができる.

(b) $\hat{Q} = \int d^3kq\left[\hat{a}^\dagger(\vec{k})\hat{a}(\vec{k}) + \hat{b}^\dagger(\vec{k})\hat{b}(\vec{k})\right] = q(\hat{N}_{\hat{a}} - \hat{N}_{\hat{b}})$ として書くことができる.

(c) $\hat{Q} = \int d^3kk\left[\hat{a}^\dagger(\vec{k})\hat{a}(\vec{k}) + \hat{b}^\dagger(\vec{k})\hat{b}(\vec{k})\right] = \hat{N}_{\hat{a}} - \hat{N}_{\hat{b}}$ として書くことができる.

(d) $\hat{Q} = \int d^3k\left[\hat{a}^\dagger(\vec{k})\hat{a}(\vec{k}) - \hat{b}^\dagger(\vec{k})\hat{b}(\vec{k})\right] = \hat{N}_{\hat{a}} - \hat{N}_{\hat{b}}$ として書くことができる.

69. 真空のエネルギーを

$$\hat{H}_R = \hat{H} - \int d^3k = \int d^3k\omega_k\hat{N}(\vec{k}) = \int d^3k\omega_k\hat{a}^\dagger(\vec{k})\hat{a}(\vec{k})$$

を使って求めよ.

70. 相互作用描像の状態ベクトルは

(a) ハミルトニアンの相互作用部に応じて時間発展する.

(b) ハミルトニアンの自由部に応じて時間発展する.

(c) 静的である（時間によって変化しない）.

(d) 全ハミルトニアンに応じて時間発展する.

71. 相互作用描像（A_I）とシュレディンガー描像の演算子（A_S）は

(a) $A_I = e^{iH_0t}A_Se^{-iH_It}$ の関係にある.

(b) $A_I = e^{iH_It}A_Se^{-iH_It}$ の関係にある.

(c) $A_I = e^{iH_0t}A_Se^{-iH_0t}$ の関係にある.

(d) $A_I = -e^{iH_0t}A_Se^{-iH_0t}$ の関係にある.

72. 相互作用描像において，演算子の時間発展は

(a) 全ハミルトニアンによって決定する.

(b) ハミルトニアンの相互作用部によって決定する.

(c) ハミルトニアンの自由部によって決定する.

(d) 演算子は静的である（時間によって変化しない）.

73. 場の量子論では，散乱は

(a) 力を媒介するボソンの交換の結果として起こる.

(b) 力を媒介するフェルミオンの交換の結果として起こる.

74. ファインマンダイアグラムにおいて，粒子の矢印が時間の流れる向きと逆向きならば

(a) それは力を伝えるボソンである.

(b) それは入射または出射する反粒子である.

(c) それは入射する反粒子か出射する粒子である.

(d) それは入射または出射する粒子である.

75. ファインマンダイアグラムにおいて，頂点での運動量保存は

(a) ディラックのデルタ関数 $\delta^4(\sum p_i - q)$ によって強制される.

(b) 運動量は保存されない.

(c) 対応する吸収頂点で強制される.

(d) 4 元運動量は保存されない.

76. ファインマンダイアグラムの各頂点で

(a) 結合定数 g の 2 つの因子を加える.

(b) 結合定数 g の 2 つの因子の積をとる.

(c) 結合定数 g の 1 つの因子を含める．

(d) 結合定数の逆数 ig^{-1} の 1 つの因子を加える．

77. プロパゲーターは

(a) ファインマンダイアグラムの内線に関連付けられる．

(b) ファインマンダイアグラムの出射する線に関連付けられる．

(c) 結合定数に関連付けられる．

78. 粒子の寿命は

(a) 過程の振幅の 2 乗に比例する．

(b) 過程のマグニチュードに比例する．

(c) 過程の振幅の 2 乗の逆数に比例する．

(d) 摂動論では見積もれない．

79. 過程の崩壊率は

(a) 過程の振幅の 2 乗に比例する．

(b) 摂動展開を使っては計算できない．

(c) 過程の振幅の 2 乗の逆数に比例する．

80. ファインマンダイアグラムは

(a) トリックとして最も良く説明される．

(b) 摂動展開の記号的表現として最も良く説明される．

(c) 厳密な計算として最も良く説明される．

(d) 2 次の過程を厳密に記述するために使うことができる．

81. 量子電磁力学において，電磁力は

(a) 光子の交換の結果として起こる．

(b) 光子と W 粒子の交換の結果として起こる．

(c) 光子，W 粒子及び Z 粒子の交換の結果として起こる．

(d) 場のみの結果として起こる．

82. 4 元運動量と光子状態の偏極ベクトルは

(a) $p_\mu \varepsilon^\mu = -1$ を満たす．

(b) $p_\mu \varepsilon^\mu = 1$ を満たす．

(c) $p_\mu \varepsilon^\nu = g_\mu{}^\nu$ を満たす．

(d) $p_\mu \varepsilon^\mu = 0$ を満たす.

83. 電磁気学のゲージ群は
   (a) $SU(3)$ である.
   (b) $SU(2) \otimes U(1)$ である.
   (c) $SU(2)$ である.
   (d) $U(1)$ である.

84. 電弱理論のゲージ群は
   (a) $SU(3)$ である.
   (b) $SU(2) \otimes U(1)$ である.
   (c) $SU(2)$ である.
   (d) $U(1)$ である.

85. ディラック粒子は電磁場と相互作用する．相互作用ラグランジアンの表式として最も良い記述は
   (a) $\mathcal{L}_{\text{int}} = -q\bar{\Psi}\gamma^\mu \Psi A_\mu$ である.
   (b) $\mathcal{L}_{\text{int}} = -\bar{\Psi}\gamma^\mu \Psi A_\mu$ である.
   (c) $\mathcal{L}_{\text{int}} = -q\bar{\Psi}\Psi A_\mu$ である.
   (d) $\mathcal{L}_{\text{int}} = m^2\bar{\Psi}\Psi A_\mu$ である.

86. 大域的 $U(1)$ 変換は
   (a) $\Psi(x) \to e^{i\theta(x)}\Psi(x)$ と書くことができる.
   (b) $\Psi(x) \to e^{i\theta}\Psi(x)$ と書くことができる.
   (c) $\Psi(x) \to e^{-i\theta(x)}\Psi(x)$ と書くことができる.
   (d) $\Psi(x) \to e^{i\theta}\Psi(x) + \partial_\mu \theta$ と書くことができる.

87. 電磁相互作用過程のファインマンダイアグラムを考える．出射粒子は
   (a) $\bar{u}(p,s)$ によって表される.
   (b) $u(p,s)$ によって表される.
   (c) $-\bar{u}(p,s)$ によって表される.
   (d) $\bar{u}(-p,s)$ によって表される.

88. QED 過程のファインマンダイアグラムでは，各頂点で
   (a) $g_e = \sqrt{4\pi\alpha}$ を付け加える.

(b) $-ig_e\gamma^\mu$ を付け加える.

(c) $ig_e\gamma^\mu$ を付け加える.

(d) $ig_e\gamma^0$ を付け加える.

89. QED のファインマンダイアグラムの内線に対して，電子または陽電子は

(a) $\dfrac{i\gamma^\mu q_\mu}{q^2-m^2}$ の形のプロパゲーターに関連付けられている.

(b) $\dfrac{im}{q^2-m^2}$ の形のプロパゲーターに関連付けられている.

(c) $\dfrac{i\gamma^\mu}{q^2-m^2}$ の形のプロパゲーターに関連付けられている.

(d) $\dfrac{i(\gamma^\mu q_\mu+m)}{q^2-m^2}$ の形のプロパゲーターに関連付けられている.

90. 自発的対称性の破れは

(a) 最小ポテンシャルエネルギーを結合定数に設定する.

(b) 最小ポテンシャルエネルギーを基底状態のエネルギーによって減らす.

(c) 最小ポテンシャルエネルギーをずらし，その結果，基底状態のエネルギーをゼロ以外にする.

91. スカラー場を考えよ．ラグランジアンの質量項は

(a) 場の 2 次の項として見つけることができる.

(b) 場の 4 次の項として見つけることができる.

(c) 線形な項として見つけることができる.

(d) 実数項として見つけることができる.

92. 共変微分は

(a) オイラー-ラグランジュ方程式を満たすことを保証にする.

(b) ローレンツ変換の下でラグランジアンが不変であることを保証にする.

(c) 量子電磁力学では使われない.

(d) 弱い力の理論でのみ使われる.

93. $\Psi=\begin{pmatrix}\Psi_R\\ \Psi_L\end{pmatrix}$ とするとき，$\frac{1}{2}(1-\gamma_5)\Psi$ を計算せよ.

94. 随伴スピノルは

(a) $\Psi^\dagger$ によって与えられる.

(b) $\bar{\Psi} = \Psi^\dagger\gamma^0$ によって与えられる.

(c) $\bar{\Psi} = \gamma^0\Psi$ によって与えられる.

(d) γ^0 によって与えられる.

95. スピノルに関して，ラグランジアンは次のように左巻きまたは右巻き運動エネルギー部に分かれる：

(a) $\mathcal{L} = i\overline{\Psi}_L\gamma^\mu\partial_\mu\Psi_L + i\overline{\Psi}_R\gamma^\mu\partial_\mu\Psi_R$

(b) $\mathcal{L} = i\overline{\Psi}_L\gamma^\mu\partial_\mu\Psi_L - i\overline{\Psi}_R\gamma^\mu\partial_\mu\Psi_R$

(c) $\mathcal{L} = i\overline{\Psi}_L\gamma^\mu\partial_\mu\Psi_L + i(1+\gamma_5)\Psi_R$

(d) $\mathcal{L} = i\overline{\Psi}_L(1-\gamma_5)\gamma^\mu\partial_\mu\Psi_L + i\overline{\Psi}_R(1+\gamma_5)\gamma^\mu\partial_\mu\Psi_R$

96. ニュートリノのアイソスピンは

(a) 0

(b) $I_\nu^3 = +\frac{3}{2}$

(c) $I_\nu^3 = +\frac{1}{2}$

(d) $I_\nu^3 = -\frac{1}{2}$

97. 右巻き電子は

(a) アイソスピン $+1/2$ を持つ.

(b) アイソスピン $-1/2$ を持つ.

(c) アイソスピン $+3/2$ を持つ.

(d) アイソスピン 0 を持つ.

98. 電弱理論では，ハイパーチャージの保存は

(a) 3 つのゲージ場，$SU(2) : W_\mu^1, W_\mu^2, W_\mu^3$ を記述する対称性に対応する.

(b) 単一のゲージ場 $U(1) : B_\mu$ に対応する.

(c) 3 つのゲージ場，$SU(2) : W_\mu^+, W_\mu^-, Z$ を記述する対称性に対応する.

99. 電弱理論の $SU(2)$ 変換は

(a) パウリ行列を生成子とするとき $U(\alpha) = e^{i\frac{\alpha_j}{2}\tau_j}$ と書くことがで

きる.

(b) λ_j をゲルマン行列とするとき $U(\alpha) = e^{i\frac{\lambda_j}{2}\tau_j}$ と書くことができる.

(c) 電弱理論を不変に保つような $SU(2)$ 変換は存在しない.

100. ワインバーグ角は

(a) 量子色力学において $SU(2)$ と $SU(3)$ 対称性を混合する.

(b) 散乱断面積を与える.

(c) 電弱理論のゲージ場を混合して，質量ゼロの電磁場と質量のある Z ベクトルボソンを生じさせる.

章末問題と巻末問題の解答

Chapter1

1. d
2. a
3. a
4. c
5. b
6. a
7. c
8. c
9. c
10. d

Chapter2

1. $\dfrac{d^2x}{dt^2} + \omega^2 x = \dfrac{\alpha}{m}$
2. (a) $\partial_\mu \partial^\mu \varphi + m^2 \varphi = -\dfrac{\partial V}{\partial \varphi}$

   (b) $\pi = \dot{\varphi}$

   (c) $H = \int d^3x \left(\dfrac{1}{2}\dot{\varphi} + \dfrac{1}{2}(\nabla \varphi)^2 + \dfrac{1}{2} m^2 \varphi^2 + V(\varphi) \right)$
3. $J^\mu = \alpha \partial^\mu \varphi$
4. 各場は別々にクライン-ゴルドン方程式を満たす．すなわち，$\partial_\mu \partial^\mu \varphi + m^2 \varphi = 0$，$\partial_\mu \partial^\mu \varphi^\dagger + m^2 \varphi^\dagger = 0$ である．この結果を得るためには式 (2.14) をラグランジアン (2.37) に適用する．
5. $Q = i \int d^3x \left(\varphi^\dagger \dfrac{\partial \varphi}{\partial t} - \varphi \dfrac{\partial \varphi^\dagger}{\partial t} \right)$
6. 作用はこの変換で不変である．

Chapter3

1. $U = \cos\left(\frac{\alpha}{2}\right) I + i \sin\left(\frac{\alpha}{2}\right) \sigma_x$
2. $2\delta_{ij}$
3. 1
4. $\vec{\sigma} = \sigma_x^2 + \sigma_y^2 + \sigma_z^2$ を試せ.
5. $K_x = -i \begin{pmatrix} 0 & 1 & 0 & 0 \\ 1 & 0 & 0 & 0 \\ 0 & 0 & 0 & 0 \\ 0 & 0 & 0 & 0 \end{pmatrix}$
6. $K_y = -i \begin{pmatrix} 0 & 0 & 1 & 0 \\ 0 & 0 & 0 & 0 \\ 1 & 0 & 0 & 0 \\ 0 & 0 & 0 & 0 \end{pmatrix}$
7. しない．何故なら，生成子の間の代数は角運動量演算子の導入を必要とするからである．したがってローレンツ変換は回転と一緒になって初めて群を構成する．

Chapter4

1. c
2. a
3. d
4. a
5. c

Chapter5

1. $i\dfrac{\partial\overline{\Psi}}{\partial x^{\mu}}\gamma^{\mu}+m\overline{\Psi}$
2. 0
3. $v=\dfrac{-\vec{k}\cdot\vec{\sigma}}{\omega_k+m}u$
4. $\Psi(0)=\sqrt{2m}\begin{pmatrix}u\\v\end{pmatrix}$
5. $-\dfrac{i}{2}\begin{pmatrix}\sigma_1 & 0\\0 & -\sigma_1\end{pmatrix}$
6. $\gamma^{\mu}(i\partial_{\mu}-qA_{\mu})\Psi-m\Psi=0$

Chapter6

1. 0
2. $\left[n(\vec{k})+1\right]\hat{a}^{\dagger}(\vec{k})|n(\vec{k})\rangle$
3. 0
4. $[H,Q]=0$

Chapter7

1. $-i\dfrac{g^2}{(p_2-p_4)^2-m_b^2}$
2. $\dfrac{1}{g^2}$
3. b
4. c

5. a
6. $\alpha = 1/137$

Chapter8

1. $iqF_{\mu\nu}$
2. a
3. $-g_e^2\overline{u}(p_3, s_3)\gamma^\mu u(p_1, s_1)\dfrac{g_{\mu\nu}}{(p_1 - p_3)^2}v(p_4, s_4)\gamma^\nu\overline{v}(p_2, s_2)$
4. c
5. a

Chapter9

1. これは質量のある粒子を記述している．$\cosh ax = 1 + \dfrac{a^2x^2}{2!} + \dfrac{a^4x^4}{4!} + O(x^6)$ を使え．
2. b
3. $\mathcal{L} = \partial_\mu\Psi\partial^\mu\Psi + \Psi^2\partial_\mu\theta\partial^\mu\theta - \dfrac{\lambda}{4}\left(\Psi^2 - \dfrac{\mu^2}{\lambda}\right)^2$
4. $-\dfrac{\mu^2}{2}\Psi$
5. $-\dfrac{\lambda}{4}\Psi^4$

Chapter10

1. b
2. a
3. d
4. b
5. b
6. b
7. a
8. a

Chapter11

1. b
2. a
3. a
4. c
5. b
6. d

Chapter12

1. 0 $\quad \frac{1}{2}p^2 + \frac{1}{2}W^2 + \frac{1}{2}\sigma_3\frac{dW}{dx}$
2. $i\sigma^n\partial_n\overline{\chi} = 0 \qquad \partial_n\partial^n A = 0 \qquad F = 0$
3. $S^n_\varepsilon = \sqrt{2}\chi\sigma^n\bar{\sigma}^m\varepsilon\partial_n\overline{A}$
4. $Q^a = \sqrt{2}\int d^3x(\chi\sigma^0\bar{\sigma}^m)^a\partial_m\overline{A}$
5. 0．この状態は運動量の固有状態だから，$P^\mu|i\rangle = p^\mu|i\rangle$ である．すると，

$$\sum_i \langle i|(-1)^{2S}P^\mu|i\rangle = p^\mu \mathrm{tr}[(-1)^{2S}] = p^\mu(n_B - n_F) = 0$$
$$\Rightarrow n_B = n_F$$

巻末問題

1. これはクライン-ゴルドン方程式 $\dfrac{\partial^2\varphi}{\partial t^2} - \nabla^2\varphi + m^2\varphi = 0$ である.
2. 保存量は存在しない $Q = 0$.
3. $\partial^\mu F_{\mu\nu} + m^2 A_\nu = 0$
4. $\partial^\mu A_\mu = 0$
5. φ^3 項は落ちなければならない，したがって

$$\mathcal{L} = \frac{1}{2}\partial_\mu\varphi\partial^\mu\varphi - \frac{m^2}{2}\varphi^2 + \frac{\rho^4}{24}\varphi^4$$

   である.

6. $4g^{\mu\nu}$
7. 0
8. $\partial_\mu\partial^\mu = \partial^2$
9. c
10. 0
11. $2\Psi_R$
12. d
13. c
14. a
15. c
16. a
17. d
18. d
19. b
20. a
21. c
22. a
23. d
24. a
25. b
26. d
27. a
28. b
29. d
30. a
31. c
32. a
33. b
34. a
35. c
36. a
37. d
38. d
39. a
40. b
41. d
42. a
43. b
44. a
45. c
46. c
47. a
48. b
49. a
50. a
51. b
52. d
53. a

54. c
55. a
56. d
57. b
58. b
59. a
60. b

61. $i\int \frac{d^3p}{\sqrt{(2\pi)^3}}\sqrt{\frac{p^0}{2}}\left[a(\vec{p}e^{ipx} - a^\dagger(\vec{p})e^{-ipx}\right]$

62. a
63. d
64. a
65. b
66. d
67. a
68. b
69. 0
70. b
71. c
72. c
73. a
74. b
75. a
76. c
77. a
78. c
79. a
80. b
81. a
82. d
83. d
84. b
85. a
86. b
87. a
88. c
89. d
90. c
91. a
92. b
93. Ψ_L
94. b
95. a
96. c
97. d
98. b
99. a
100. c

参考文献

『**Ma·Ru·Wa·Ka·Ri サイエンティフィック シリーズ I　場の量子論**』はこの難解で豊かな分野に関する大まかな，入門書である．この理論の深い知識を求める読者はこの本を制作する過程で参考にした多くの本や論文に当たってみるべきだろう．これらは，以下に一覧する．

Burgess, C.P.: “A Goldstone Boson Primer”, http://arxiv.org/abs/hep-ph/9812468.

Cahill, K.: “Elements of Supersymmetry”, http://xxx.lanl.gov/abs/hep-ph/9907295.

Cottingham, W.N., and D.A.Greenwood: *An Introduction to the Standard Model of Particle Physics*, Cambridge University Press,London (1998).

Griffiths, D.: *Introduction to Elementary Particles*, John Wiley & Sons, Inc., Hoboken, N.J.(1987).

Guidry, M.: *Gauge Field Theories, An introduction with Appolications*, John Wiley & Sons, Hoboken, N.J.(1980).

Halzen, F.and A.Martin *Quarks and Leptons:An Introductory Course in Modern Particle Physics*, John Wiley & Sons, Hoboken, N.J.(1984).

Itzykson, C.and J.B.Zuber: *Quantum Field Theory*, McGraw-Hill, Inc., New York, N.Y.(1980).

Martin, S.: “A Supersymmetry Primer”, http://xxx.lanl.gov/abs/hep-ph/9709356.

Peskin, M.and D.Schroeder: *An Introduction to Quantum Field Theory*, Addison-Wesley, Reading, Mass.(1995).

Ryder, L.H.: *Quantum Field Theory*, Cambridge University Press, London(1996).

Seiden, A.: *Particle Physics:A Comprehensive Introduction*, Addison Wesley, San Francisco, Calif.(2005).

Weinberg, S.: *The Quantum Theory of Fields:Volume I Foundations*, Cambridge University Press, London(1995).

Zee, A.: *Quantum Field Theory in a Nutshell*, Princeton University Press, Princeton, N.J.(2003).

訳者あとがき

現代的な形での素粒子物理学の誕生は，事実上 1925 年から 1927 年ごろにかけてのハイゼンベルクの行列力学やシュレディンガーの波動力学までさかのぼる．この 2 つの量子論は見かけは違っても数学的には同値であり，最大の特徴は位置や運動量，エネルギーなどの物理量が演算子になるというものである．これは，粒子の位置と運動量を基本変数として量子化するもので，今日量子力学と呼ばれている．

これに対し，量子力学成立直後の 1930 年ごろから，素粒子も含め全ての物理的物体を場によって表す立場の量子論が生まれた．この，基本変数を場とその共役運動量に選び，それらを量子化するという立場で展開される量子論を，“場の量子論” といい，素粒子の標準模型や，ワインバーグ-サラム理論，量子電磁力学などは全てこの場の量子論を土台とする理論である．

本書は表題を見ればわかる通り，この，場の量子論の教科書である．したがって本書は，素粒子論の入門書であるともいえる．素粒子論は，ご存知かもしれないが，扱うべきテーマが大変多く，また，くりこみなどの処方はあるものの，発散の問題がいまだに数学的に未解明なことも手伝い，困難を極め，多くの初学者がその入り口付近でつまずいてしまうようである．

かと言って易しい啓蒙書などに手を出してみても，こちらはいわばただのお話であり，それを読んだところで，ワインバーグやペスキンの教科書が読めるようになるわけではない．従来，この中間を埋めるきちんとした教科書が存在しなかった．そこへ本書の原書『quantum field theory DeMYSTiFieD』が登場した．この本は，量子力学と特殊相対論を学んだ理工系学部 2，3 年生の学生ならだれでも読み始められる，場の量子論，素粒子論，統一理論の教科書である．必要となる数学的予備知識も最小限に抑えられ，例えば本書を読むのに複素解析の知識はいらない．また計算過程も詳しく書かれ，場の理論全体に渡って重要な，場のオイラー-ラグランジュ方程式やネーターの定理の導出などは丁寧すぎるくらいきちんと書かれ，読者がつまずくことはまずないだろうと思われる．

このように丁寧に書かれていながら，そのカバーする範囲は広く，ディラック方程式，ファインマンダイアグラム，自発的対称性の破れ，ヒッグス機構，量子電磁力学，電弱理論（ワインバーグ-サラム理論として知られる），そして最後には超対称性理論までが議論されている．残念ながら，強い相互作用を扱う量子色力学 (QCD) に関する記述は十分とは言えないが，これはページ数と入門書である本書の性格上，致し方ないだろう．

このような，初学者に優しい記述と内容であるためか，原書『quantum field theory DeMYSTiFieD』は大変好評を博している．しかし，原著者ディビッド・マクマーホン (David McMahon) 氏の英語は明快で易しいとはいえ，日本の読者のなかには（初学者ならなおさら）語学力の面で手を出しづらいという向きもあるだろう．内容的にいって，本格的な場の量子論への橋渡しをする "入門書" として考えた場合，物理的内容や数学的記述ではなく，この言語の壁がハードルを上げているというのは大変残念なことである．そういったこともあり，主に量子力学や特殊相対論を学びたての学生や，趣味で場の理論や素粒子論を学びたい方たちのために，邦訳版の本書の出版に踏み切ることになった．

邦訳版である本書は，原書のスムーズな論理展開を損ねることなく，出来るだけ易しい記述を心掛けた．また，原書は十分易しい記述をとっているが，一部，初学者には行間を埋めるのが困難と思われる箇所もあり，そういった場合には訳注を付けた．読者の助けとなれば幸いである．

最後に訳稿全体に渡り，目を通していただき，助言をしていただいた松田太郎氏に感謝の意を表したい．氏の丁寧な確認作業がなければ，本書はここまで明快にはならなかったに違いない．その上で，もし，誤訳，誤植等があったとしても，それは全て訳者である私の責任である．本書を通して，挫折しがちな場の量子論の本格的学習の第一歩を踏んでいただければ，訳者としてこれほどの喜びはない．

訳者

2015 年 8 月

索引

か

さ

た

な

は

ま

や

ら

わ

◉訳者略歴

富岡 竜太（とみおか りゅうた）

1974年　神奈川県生まれ.
1998年　東京理科大学理学部応用数学科卒業.
2000年　筑波大学大学院数学研究科博士前期課程中途退学.
著書『あきらめない一般相対論』（プレアデス出版）

MaRu-WaKaRi サイエンティフィックシリーズ——I
場の量子論

2015 年 11 月 10 日　第 1 版第 1 刷発行

著　者　ディビッド・マクマーホン
訳　者　富岡　竜太
発行者　麻畑　　仁
発行所　(有)プレアデス出版
〒399-8301　長野県安曇野市穂高有明7345-187
TEL 0263-31-5023　FAX 0263-31-5024
http://www.pleiades-publishing.co.jp
装　丁　松岡　　徹
印刷所　亜細亜印刷株式会社

落丁・乱丁本はお取り替えいたします。定価はカバーに表示してあります。

ISBN978-4-903814-76-6　C3042　　Printed in Japan